"十二五"普通高等教 　　　　　 材

21 世纪高等学校机械设计制造及其自动化专业系列教材

华中科技大学"双一流"建设机械工程学科系列教材

机械制造工艺基础

（第四版）

主　编　彭江英　　周世权　　田文峰

华中科技大学出版社

中国·武汉

内 容 简 介

本书以机械制造工艺原理、工艺方法及工艺过程为基础，以零件制造工艺设计的一般步骤、零件的结构工艺性及工艺规程的制定为主线，同时吸收新技术、新工艺，将机械制造工艺的学习分为铸造工艺、锻压工艺、焊接工艺、材料成形方法的选择、切削加工基础、表面加工方法、特种加工、机械加工工艺规程等部分，同时适当增加了工程实例分析，引导读者将基础理论应用于实际工程问题的分析。此外，本书介绍了某些典型产品加工工艺的发展演变，使读者了解工艺技术的发展脉络。

为便于读者理解掌握，全书还配套提供了相关的数字视频资源，读者使用手机微信扫描书中二维码即可阅读相关资料。

本书是培养具有分析和解决实际工程问题能力、综合制造工艺能力和现代制造技术创新能力的人才的入门教材，既可作为高等院校机械大类和机电类专业的"机械制造工艺基础"或"金属工艺学"基础课程的教材，亦可供有关工程技术人员自学参考。

图书在版编目(CIP)数据

机械制造工艺基础/彭江英，周世权，田文峰主编.—4 版.—武汉:华中科技大学出版社,2022.1
ISBN 978-7-5680-7779-8

Ⅰ.①机… Ⅱ.①彭… ②周… ③田… Ⅲ.①机械制造工艺-高等学校-教材 Ⅳ.①TH16

中国版本图书馆 CIP 数据核字(2022)第 019306 号

机械制造工艺基础(第四版)　　　　　　　　　　　　　　　　彭江英　周世权　田文峰　主编
Jixie Zhizao Gongyi Jichu(Di-si Ban)

策划编辑：万亚军
责任编辑：程　青
封面设计：原色设计
责任监印：周治超
出版发行：华中科技大学出版社(中国·武汉)　　　　电话：(027)81321913
　　　　　武汉市东湖新技术开发区华工科技园　　　　邮编：430223
录　　排：武汉市洪山区佳年华文印部
印　　刷：武汉市籍缘印刷厂
开　　本：787mm×1092mm　1/16
印　　张：18.5
字　　数：482 千字
版　　次：2022 年 1 月第 4 版第 1 次印刷
定　　价：58.00 元

21世纪高等学校
机械设计制造及其自动化专业系列教材

总 序 一

"中心藏之，何日忘之"，在新中国成立 60 周年之际，时隔"21 世纪高等学校机械设计制造及其自动化专业系列教材"出版 9 年之后，再次为此系列教材写序时，《诗经》中的这两句诗又一次涌上心头。衷心感谢作者们的辛勤写作，感谢多年来读者对这套系列教材的支持与信任，感谢为这套系列教材出版与完善作过努力的所有朋友们。

追思世纪交替之际，华中科技大学出版社在众多院士和专家的支持与指导下，根据 1998 年教育部颁布的新的普通高等学校专业目录，紧密结合"机械类专业人才培养方案体系改革的研究与实践"和"工程制图与机械基础系列课程教学内容和课程体系改革研究与实践"两个重大教学改革成果，约请全国 20 多所院校数十位长期从事教学和教学改革工作的教师，经多年辛勤劳动编写了"21 世纪高等学校机械设计制造及其自动化专业系列教材"。这套系列教材共出版了 20 多本，涵盖了"机械设计制造及其自动化"专业的所有主要专业基础课程和部分专业方向选修课程，是一套改革力度比较大的教材，集中反映了华中科技大学和国内众多兄弟院校在改革机械工程类人才培养模式和课程内容体系方面所取得的成果。

这套系列教材出版发行 9 年来，已被全国数百所院校采用，受到了教师和学生的广泛欢迎。目前，已有 13 本列入普通高等教育"十一五"国家级规划教材，多本获国家级、省部级奖励。其中的一些教材（如《机械工程控制基础》《机电传动控制》《机械制造技术基础》等）已成为同类教材的佼佼者。更难得的是，"21 世纪高等学校机械设计制造及其自动化专业系列教材"也已成为一个著名的丛书品牌。9 年前为这套教材作序的时候，我希望这套教材能加强各兄弟院校在教学改革方面的交流与合作，对机械工程类专业人才培养质量的提高起到积极的促进作用，现在看来，这一目标很好地达到了，让人倍感欣慰。

李白讲得十分正确："人非尧舜，谁能尽善?"我始终认为，金无足赤，人无完人，文无完文，书无完书。尽管这套系列教材取得了可喜的成绩，但毫无疑问，这套书中，某本书中，这样或那样的错误、不妥、疏漏与不足，必然会存在。何况形势总在不断地发展,更需要进一步来完善,与时俱进,奋发前进。较之 9 年前,机械工程学科有了很大的变化和发展,为了满足当前机械工程类专业人才培养的需要,华中科技大学出版社在教育部高等学校机械学科教学指导委员会的指导下,对这套系列教材进行了全面修订,并在原基础上进一步拓展,在全国范围内约请了一大批知名专家,力争组织最好的作者队伍,有计划地更新和丰富"21 世纪高等学校机械设计制造及其自动化专业系列教材"。此次修订可谓非常必要,十分及时,修订工作也极为认真。

"得时后代超前代,识路前贤励后贤。"这套系列教材能取得今天的成绩,是几代机械工程教育工作者和出版工作者共同努力的结果。我深信,对于这次计划进行修订的教材,编写者一定能在继承已出版教材优点的基础上,结合高等教育的深入推进与本门课程的教学发展形势,广泛听取使用者的意见与建议,将教材凝练为精品;对于这次新拓展的教材,编写者也一定能吸收和发展原教材的优点,结合自身的特色,写成高质量的教材,以适应"提高教育质量"这一要求。是的,我一贯认为我们的事业是集体的,我们深信由前贤、后贤一起一定能将我们的事业推向新的高度!

尽管这套系列教材正开始全面的修订,但真理不会穷尽,认识不是终结,进步没有止境。"嘤其鸣矣,求其友声",我们衷心希望同行专家和读者继续不吝赐教,及时批评指正。

是为之序。

中国科学院院士

2009. 9. 9

21世纪高等学校
机械设计制造及其自动化专业系列教材

总 序 二

制造业是立国之本,兴国之器,强国之基。当今世界正处于以数字化、网络化、智能化为主要特征的第四次工业革命的起点,世界各大强国无不把发展制造业作为占据全球产业链和价值链高端位置的重要抓手,并先后提出了各自的制造业国家发展战略。我国要实现加快建设制造强国、发展先进制造业的战略目标,就迫切需要培养、造就一大批具有科学、工程和人文素养,具备机械设计制造基础知识,以及创新意识和国际视野,拥有研究开发能力、工程实践能力、团队协作能力,能在机械制造领域从事科学研究、技术研发和科技管理等工作的高级工程技术人才。我们只有培养出一大批能够引领产业发展、转型升级和创造新兴业态的创新人才,才能在国际竞争与合作中占据主动地位,提升核心竞争力。

自从人类社会进入信息时代以来,随着工程科学知识更新速度加快,高等工程教育面临着学校教授的课程内容远远落后于工程实际需求的窘境。目前工业互联网、大数据及人工智能等技术正与制造业加速融合,机械工程学科在与电子技术、控制技术及计算机技术深度融合的基础上还需要积极应对制造业正在向数字化、网络化、智能化方向发展的现实。为此,国内外高校纷纷推出了各项改革措施,实行以学生为中心的教学改革,突出多学科集成、跨学科学习、课程群教学、基于项目的主动学习的特点,以培养能够引领未来产业和社会发展的领导型工程人才。我国作为高等工程教育大国,积极应对新一轮科技革命与产业变革,在教育部推进下,基于"复旦共识""天大行动"和"北京指南",各高校积极开展新工科建设,取得了一系列成果。

国家"十四五"规划纲要提出要建设高质量的教育体系。而高质量的教育体系,离不开高质量的课程和高质量的教材。2020年9月,教育部召开了在我国教育和教材发展史上具有重要意义的首届全国教材工作会议。近年来,包括华中科技大学在内的众多高校的机械工程专业结合自身的办学特色,引入先进的教育理念,在专业建设、人才培养模式、教学内容、教学方法、课程建设等方面积极开展教学改革,取得了较好的效果,建设了一大批优质课程。为了将这些优秀的教学改革经验和教学内容推广给全国高校,华中科技大学出版社联合华中科技大学在内的一批高校,在"21世纪高等学校机械设计制造及其自动化专业系列教材"的基础

上,再次组织修订和编写了一批教材,以支持我国机械工程专业的人才培养。具体如下:

(1)根据机械工程学科基础课程的边界再设计,结合未来工程发展方向修订、整合一批经典教材,包括将画法几何及机械制图、机械原理、机械设计整合为机械设计理论与方法系列教材等。

(2)面向制造业的发展变革趋势,积极引入工业互联网及云计算与大数据、人工智能技术,并与机械工程专业相关课程融合,新编写智能制造、机器人学、数字孪生技术等教材,以开阔学生视野。

(3)以学生的计算分析能力和问题解决能力、跨学科知识运用能力、创新(创业)能力培养为导向,建设机械工程学科概论、机电创新决策与设计等相关课程教材,培养创新引领型工程技术人才。

同时,为了促进国际工程教育交流,我们也规划了部分英文版教材。这些教材不仅可以用于留学生教育,也可以满足国际化人才培养需求。

需要指出的是,随着以学生为中心的教学改革的深入,借助日益发展的信息技术,教学组织形式日益多样化;本套教材将通过互联网链接丰富多彩的教学资源,把各位专家的成果展现给各位读者,与各位同仁交流,促进机械工程专业教学改革的发展。

随着制造业的发展、技术的进步,社会对机械工程专业人才的培养还会提出更高的要求;信息技术与教育的结合,科研成果对教学的反哺,也会促进教学模式的变革。希望各位专家同仁提出宝贵意见,以使教材内容不断完善提高;也希望通过本套教材在高校的推广使用,促进我国机械工程教育教学质量的提升,为实现高等教育的内涵式发展贡献一份力量。

中国科学院院士

2021 年 8 月

第四版前言

《机械制造工艺基础》是一本主要研究常用机器零件的成形与制造工艺原理的综合性技术基础教材,它是在"金属工艺学"课程教材的基础上经过对教材内容的拓宽、加深而形成的。本书2008年入选"普通高等教育'十一五'国家级规划教材",2014年入选"'十二五'普通高等教育本科国家级规划教材"。

随着工程技术和信息化教学手段的不断发展,教材知识体系和教学资源也需不断向前推进。2015年以来,在华中科技大学责任教授课程建设项目的支持下,根据教育部机械基础课程教学指导分委员会立项教研项目"工程材料与机械制造基础课程知识体系和能力要求"研究成果,我们对本教材的教学内容、教学资源、教学方法进行了系列的研究和建设,在此基础上对教材进行了进一步修订。

第四版着重从以下几个方面进行了修改和充实:

(1)吸收发展前景好的新技术、新工艺,以及有关学科的前沿知识,按照技术发展自身的逻辑,更新教材知识体系,保持教材内容的先进性和前瞻性。

增加了铸造凝固过程数值模拟技术、快速铸造技术、板料柔性加工工艺简介、窄间隙焊、钎焊微连接工艺、焊接机器人等内容。

(2)强化基础理论。对重难点如铸造内应力、塑性变形机理、焊接应力、刀具角度等给出较详细的推理和阐述,以突出重点,夯实基础。

(3)增加了第4章"材料成形方法的选择",对常用材料成形技术和典型零件成形方法进行归纳总结,引导读者学会综合应用。

(4)增加工程实例分析。每一章均增加了相关的工程实例分析,一方面,通过对工程实例的深入分析,引导读者将基础理论应用于解决实际工程问题,提高读者理论结合实际、综合分析和解决实际问题的能力;另一方面,通过介绍某些产品加工工艺的发展演变,如汽车发动机缸体、凸轮轴,使读者了解工艺技术发展的脉络,激发创新思维和能力。

(5)本教材内容与工程实践联系紧密,为便于读者理解掌握,新版教材中以二维码形式增加了与相关知识点配套的视频资源,形成立体化教材。

(6)本次修订版重新审视了"机械制造工艺基础"课程与相关前导课程、后续课程之间相互支撑的关系,进一步厘清边界,避免重复,删除了六点定位原理、加工余量的确定等内容。

(7)更新了相关的国家标准。

本书是普通高等学校本科机械大类平台课程系列教材之一,是培养具有分析和解决实际工程问题能力、综合制造工艺能力和现代制造技术创新能力的人才的入门教材,既可作为机械大类和机电类专业本科教材,亦可供有关工程技术人员自学参考。

第四版主编为彭江英、周世权、田文峰。参加本次修订的人员有华中科技大学彭江英(绪论、第 1 章第 2～5 节、第 2 章第 1～2 节、第 5 章、第 8 章)、罗云华(第 2 章第 3 节)、周世权(第 3 章)、赵觅(第 4 章)、朗静(第 6 章)、张臻(第 7 章),武汉纺织大学龚文邦(第 1 章第 1、6 节)。华中科技大学田文峰、刘世平、李喜秋、温东旭、朱岩参与了本书视频资源的制作。全书由彭江英统稿。

本次修订得到了华中科技大学许多领导和同行的支持,陈永洁、余圣甫教授等提供了不少宝贵意见。在修订过程中,我们参考了有关院校的大量文献,部分文献可能由于疏漏未能列出,在此一并表示衷心的感谢。

由于编者水平和经验所限,书中难免存在错误或欠妥之处,敬请读者批评指正,不胜感激。

编　者

2021 年 9 月

目　　录

图 0-0　神舟十号载人飞船返回舱进入大气层

<h1 style="text-align:center">绪　　论</h1>

1. 本课程的性质、地位和作用

"机械制造工艺基础(fundamentals of manufacturing processes)"课程研究从原材料到合格产品的制造工艺技术,是获得机械制造基本知识的综合性技术基础课。

"机械制造工艺基础"课程是学习机械制造系列课程必不可少的先修课,也是机械学科大类的平台课程。

2. 本课程的内涵

制造无处不在,我们周围的一切用具,包括交通工具、家用器具、运动器材,等等,基本上都是由多个零件装配起来的,而所有的零件都是由原材料经一定的制造工艺过程生产出来的。图 0-1 所示的航空发动机的内部结构复杂,由于零件受力复杂,工作环境恶劣,故零件性能要求严苛,相应地对零件的制造工艺提出了很高的要求。现代社会中,制造业是国民经济的基础,而机械制造业担负着向其他各部门提供工具、仪器和机械设备与技术装备(如高端机床、精密仪器等)的任务。可以说,机械制造业的发展水平是衡量一个国家经济实力和科学技术水平的重要标志之一。

机械制造工程学科研究物质由原材料通过制造工艺变为具有一定结构形状和功能的零部件或机器的过程。机械制造工艺主要包括材料成形和机械加工两大部分(见图 0-2)。

材料成形是指从初始的锭材、棒材、板材等工业原材料到具有一定结构形状、性能的毛坯或产品的制造工艺过程,其核心是成形和控性。由于材料成形一般在高温下进行,通常将其称为热加工,主要包括铸造、锻压、焊接、热处理、粉末冶金、塑料成形、陶瓷和复合材料的成形、快速成形等,但其内涵远远地超过了所谓热加工的范畴,如图 0-2 所示,生产中大量使用的法兰盘零件可以采用铸造工艺获得毛坯。

机械加工工艺一般是指由材料成形所获得的毛坯,通过切除的工艺,最终获得具有一定结构形状、精度和表面质量的产品的工艺,其核心是高效高精。机械加工一般在常温下进行,通常将其称为冷加工,主要包括车削、铣削、磨削、特种加工(如超声波、电火花和激光加工等),但

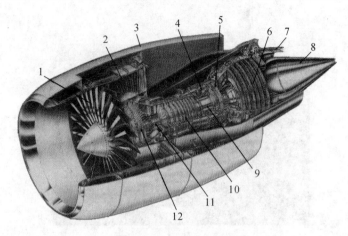

图 0-1　航空发动机的结构

1—叶片;2—风扇定子;3—扇形喷嘴;4—环形燃烧室;5—高压涡轮;6—低压涡轮;
7—核心喷嘴;8—喷嘴中心体;9—高压轴;10—高压压缩器;11—低压轴;12—低压压缩器

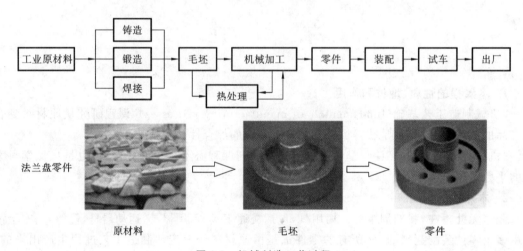

图 0-2　机械制造工艺过程

其内涵远远地超过了所谓冷加工的范畴。如图 0-2 所示,法兰盘铸造成形后经机械加工获得最后的产品。

3. 本课程的特点

机械制造工程是综合的系统工程。一方面,机械制造一般是经过材料成形(铸造、锻压、焊接等)和机械加工获得最终的产品;另一方面,制造过程中不仅要保证零件宏观的结构尺寸,更重要的是要保证其微观内部组织和物理性能。因此,课程内容涵盖了材料学、材料工程、机械制造工艺的基础知识,系统性、综合性是本课程的基本特征。

随着现代科技的迅猛发展,自动化技术、微电子技术、新材料技术、信息技术、计算机技术、智能化技术有了迅速发展,出现了数控技术、计算机辅助设计和制造技术、激光技术、机器人技术等,推动着机械制造技术朝着数字化、柔性化、智能化的方向发展,制造业正在发生着显著的变化。如计算机辅助设计及制造、计算机辅助工程、快速成形技术在铸造生产中的应用使快速铸造成为可能,产品的研发周期从以前的数月、半年缩短至数周,使企业能快速响应市场。再如,随着激光技术的发展,激光焊接和切割工艺已在汽车车身制造中大量应用,车身侧围板采用激光拼焊(见图 0-3),可以将若干不同材质、不同厚度的金属板材一体化成形,不需要加强板,减少了大量冲压加工的设备、模具和工序,零部件的数量显著减少且重量减轻。与技术发展相对应,机械制造工程的外延不断拓展,各学科、专业间交叉融合越来越深入,其界限逐渐淡化。

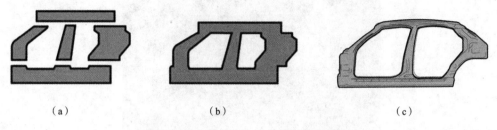

（a）　　　　　　　　　　　　（b）　　　　　　　　　　　　（c）

图 0-3　激光拼焊在汽车车身制造中的应用
（a）激光切割；（b）激光焊接；（c）冲压成形

4. 本课程的主要任务

（1）使学习者掌握主要的机械制造工艺的基本原理、工艺特点和相关装备知识,建立对"材料-工艺-装备"的综合认识,并具有正确选择毛坯材料、成形和加工方法的初步能力。

（2）使学习者建立对毛坯成形-机械制造的完整工艺路线的认识;熟悉典型机械零件的制造工艺及所用的主要设备和工具;通过分析制造过程中工艺参数的变化对零件质量的影响规律,使学习者具有各种制造方法的工艺参数选择和技术经济性分析的基本能力,能够进行简单产品的工艺设计,能独立制订主要工种制造工艺计划,并具有一定的工程实践的能力。

（3）培养学习者的零件工艺结构设计能力。以工艺原理和特点为基础,以零件结构设计的合理性为目标,使学习者掌握分析零件结构工艺性的原理和方法,建立零件工艺结构设计能力。

（4）使学习者建立机械制造工程的系统观,了解机械制造工程的发展和未来的趋势,激发学习者的创新意识和能力。

5. 本课程的教学方法

（1）本书对每种工艺方法均按照"基本原理-工艺过程-综合应用"组织内容,对重点、难点给出了较详细的分析和推理,重点知识点都有相关实例分析。教师在教学中应循序渐进,在学习者掌握工艺原理的基础上,通过对实例的讨论和分析,引导学习者将基本原理应用于工程实际,初步建立理论结合实际的综合分析能力。

（2）本课程有配套的线上教学资源,建议教师充分利用线上教学资源,开展线上线下混合式教学,加强教学互动,培养学习者自主学习的能力。

（3）结合典型工程案例,从机械工程技术的发展,尤其是新技术、新材料、新工艺推动机械制造业升级发展的角度,激发和培养学习者的创新思维和能力。

图 1-0　真空铸造的精密整体涡轮超合金铸件

第 1 章　铸 造 工 艺

　　铸造(casting)是历史最为悠久的金属成形工艺,也是当今机械制造中毛坯生产的重要工艺方法。在机械制造业中,铸件的应用十分广泛。在一般机械设备中,铸件的质量往往要占机器总质量的 70%～80%,有些甚至更高。

　　铸造具有以下特点:

　　(1) 铸造是一种液态成形技术。形状十分复杂的铸件可以通过铸造成形,如带有复杂内腔的内燃机的缸体和缸盖、机床的床身和箱体、涡轮机的机壳和涡轮等,都是采用铸造方法成形的。

　　(2) 铸造生产的适应范围非常广。首先,各种金属材料,如工业上常用的碳钢、合金钢、铸铁、铜合金、铝合金等,都可以通过铸造的方法制造出零件,其中应用广泛的铸铁件只能通过铸造方法获得;其次,铸件的大小几乎不限,质量从几克到几百吨,壁厚从 1 mm 以下到 1 m 以上的各种尺寸的零件均可通过铸造工艺生产;再次,各种批量的零件生产,从单件生产到大量生产,铸造方法均能适应。

　　(3) 铸造生产的成本较低。首先,铸件的加工余量小,可减少切削加工量,节省金属,从而可降低制造成本;其次,铸造过程中各项费用较低,铸件本身生产成本较低。

　　但是,一般来说,由于铸态金属的晶粒较为粗大,不可避免地存在一些化学成分的偏析、非金属夹杂物及缩孔或缩松等铸造缺陷,因此,铸造零件的力学性能和可靠性较锻造零件的差。近几十年来,随着铸造合金和铸造工艺的发展,原来用钢材锻造的某些零件,如某些内燃机的曲轴、连杆等,现在也改用铸钢或球墨铸铁来铸造,由此大大降低了生产成本,其工作的可靠性也没有受到影响。

1.1　铸造工艺基础

铸造生产过程非常复杂，影响铸件品质的因素也非常多。除铸造生产工艺外，造型材料、铸造合金、熔炼及浇注工艺等，也会对铸件品质产生重要的影响。

合金铸造性能是指合金通过铸造成形，获得外形尺寸准确、内在组织及性能符合技术要求的铸件的能力，主要包括合金的流动性、凝固特性、收缩性、吸气性等，它们对铸件质量有很大影响。依据合金铸造性能的特点，采取必要的工艺措施，对获得优质铸件有着重要意义。

1.1.1　液态合金的充型

1. 液态合金的流动性与充型能力

液态合金充填型腔的过程称为充型。液态合金充满型腔，获得形状完整、轮廓清晰铸件的能力称为合金的充型能力（mold filling capacity）。合金一般是在纯液态下充满型腔的，但也有边充型边结晶的情况。在充填型腔的过程中，液态合金中形成的晶粒堵塞充型通道时，流动被迫停止。如果在型腔被充满之前液态合金就停止流动，铸件就会因"浇不足"而出现形状不完整的情况。

液态合金的充型能力首先取决于合金本身的流动能力，同时又与外界条件，如铸型性质、浇注条件、铸件结构等因素密切相关，是各种因素的综合体现。

液态合金本身的充型能力称为合金的流动性（fluidity），与合金的成分、杂质含量、物理性质和温度等有关，而与外界因素无关，是表征合金铸造性能的主要方面之一。

流动性好的合金充型能力强，便于浇注出轮廓清晰、壁薄而形状复杂的铸件，同时也有利于非金属夹杂物和气体的上浮与排除，还有利于对合金冷却凝固过程所产生的收缩进行补偿。反之，流动性差的合金充型能力也较差，但可以通过外界条件的改善来提高其充型能力。

由于影响合金充型能力的因素很多，难以对各种合金在不同条件下的充型能力进行比较，因此，常用固定条件下所测得的合金流动性来表示合金的充型能力。

2. 影响合金充型能力的主要因素

1）合金性质

合金性质是内因，决定了合金本身的流动能力——流动性。图 1-1 所示为测定合金流动性的螺旋形标准试样。将合金浇注到试样铸型（一般用砂型铸造）中，冷凝后测量合金充型试样的长度，浇出的试样愈长，说明合金的流动性愈好。由试验得知，灰铸铁的流动性最好，铸钢的流动性最差。

（1）合金的成分。图 1-2 所示为 Fe-C 合金的流动性与成分的关系，可以看出，合金的流动性与其成分之间存在着一定的规律性。纯金属、共晶成分合金在恒温下凝固（逐层凝固），已凝固的固体层从铸件表面逐层向中心推进，与尚未凝固的液体之间界面分明，且固体层内表面比较光滑，对液态合金的流动阻力小，故流动性好（见图 1-3（a））。其他成分合金的凝固是在一定温度范围内进行的（趋于糊状凝固），此时结晶在一定凝固区内同时进行，由于初生的树枝状晶体使固体层内表面粗糙，对合金液的流动阻力大，因此合金的流动性差。合金的结晶温度范围越大，同时结晶的区域也越宽，树枝状晶体也越发达，合金的流动性也就越差（见图 1-3（b））。

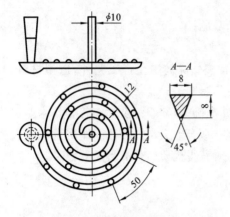

图 1-1　螺旋形标准试样

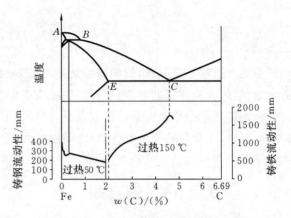

图 1-2　Fe-C 合金的流动性与成分的关系

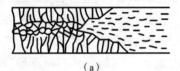

(a)

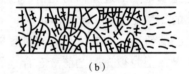

(b)

图 1-3　金属与合金的凝固与流动特性

(a) 纯金属与共晶成分的合金；(b) 具有较宽结晶区域的合金

(2) 结晶潜热(latent heat of crystallization)。结晶潜热占液态合金热量的85%～90%，但它对不同类型合金的流动性的影响是不一样的。纯金属和共晶成分的合金在恒温下凝固，结晶潜热的作用能够发挥，凝固过程中释放的潜热越多，流动性就越好。对于结晶温度范围较宽的合金，当固相体积达一定量(一般体积分数为 20% 左右)时，晶粒就形成了网状结构而阻碍流动，大部分的潜热不能发挥作用，故潜热对流动性的影响不大。但如果初生相不是树枝状晶体形态，而是对流动阻碍较小的等轴晶形态，则由于初生相对流动阻碍较小，停止流动时固相可以达到相当多的量，潜热对流动性的影响就较大。

2) 铸型性质

铸型的阻力影响液态合金的充型速度，铸型与合金的热交换强度影响液态合金保持流动的时间。

(1) 铸型材料。铸型材料的比热容越大，对液态合金的激冷作用越强，合金的充型能力就越差；铸型材料的热导率越大，铸型-金属界面向外传递热量的能力就越强，对液态合金的冷却作用也就越大，合金的充型能力就越差。

(2) 铸型温度。铸型温度越高，液态合金与铸型的温差越小，热量的散失速度越小，因此合金保持流动的时间越长。生产中有时采用预热铸型的方法来提高合金的充型能力。

(3) 铸型中的气体。在液态合金的热作用下，铸型(尤其是砂型)将产生大量的气体，如果气体不能及时排出，型腔中的气压将增大，从而对合金的充型产生阻碍。提高铸型的透气性，减少铸型的发气量，以及在远离浇口的最高部位开设出气口等均可降低型腔中气体对充型的阻碍。

3) 浇注条件

浇注温度、浇注系统等对液态合金的充型有重要影响。

(1) 浇注温度(pouring temperature)。浇注温度对合金的充型能力有决定性的影响。浇注温度提高,液态合金的过热度增大,保持流动的时间会延长。因此,在一定温度范围内,充型能力随温度的提高而直线上升。但温度超过某一界限后,由于液态合金氧化、吸气增加,合金充型能力提高的幅度会越来越小。

对于薄壁铸件或流动性差的合金,采用提高浇注温度的措施可以有效地防止浇不足或冷隔等铸造缺陷。但随着浇注温度的提高,铸件的一次结晶组织会变得粗大,且容易产生气孔、缩孔、缩松、黏砂、裂纹等铸造缺陷,故在保证充型能力足够的前提下,浇注温度应尽量低。

(2) 充型压力。液态合金在流动方向上所受到的压力越大,充型能力就越好。如增加直浇道的高度,使液态合金充型压力增大,可改善充型能力。某些特种工艺,如压力铸造、低压铸造、离心铸造、实型负压铸造等,充型时液态合金受到的压力较大,充型能力较强。

(3) 浇注系统(gating system)。浇注系统的结构越复杂,流动的阻力就越大,液态合金在浇注系统中的散热也越大,充型能力也就下降。因此,浇注系统的结构、浇道截面的尺寸都会影响充型能力。在浇注系统中设置过滤或挡渣结构,一般会使合金的充型能力明显下降。

1.1.2 铸件的凝固与收缩

铸件的成形过程是液态合金在铸型中的凝固过程。合金的凝固方式对铸件的质量、性能及铸造工艺等都有极大的影响。浇入铸型的液态合金在冷却凝固过程中,其液态收缩和凝固收缩若不能得到有效补充,铸件将产生缩孔或缩松缺陷。必须采取适当的工艺措施,防止因收缩引起的铸造缺陷。

1. 铸件的凝固

1) 铸件的凝固方式

在铸件的凝固过程中,其截面上一般存在三个区域,即固相区、凝固区和液相区,其中,对铸件品质影响较大的主要是液相和固相并存的凝固区的宽窄。铸件的凝固方式就是依据凝固区的宽窄来划分的。

(1) 逐层凝固(planar solidification)。纯金属或共晶成分合金在凝固过程中因不存在液、固并存的凝固区,故截面上外层的固体和内层的液体由一界面(凝固前沿)清楚地分开(见图1-4(a))。随着温度的下降,固体层厚度不断加大,液体层厚度不断减小,直至凝固前沿到达铸件的中心。这种凝固方式称为逐层凝固。

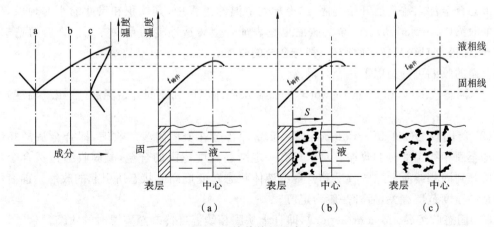

图 1-4 铸件的凝固方式

(a) 逐层凝固;(b) 中间凝固;(c) 糊状凝固

(2) 糊状凝固(mushy solidification)。如果合金的结晶温度范围很宽,且铸件的温度分布较为平坦,则在凝固的某段时间内,铸件表面并不存在固体层,而液、固并存的凝固区贯穿整个截面(见图1-4(c))。在凝固过程中合金先呈糊状而后固化,故称这种凝固方式为糊状凝固。

(3) 中间凝固(intermediate solidification)。大多数合金的凝固介于逐层凝固和糊状凝固之间(见图1-4(b)),这种凝固方式称为中间凝固。

铸件的质量与其凝固方式密切相关。一般来说:逐层凝固时,合金的充型能力强,有利于防止缩孔和缩松;糊状凝固时,铸件易产生缩松,难以获得致密的铸件。

2) 影响铸件凝固方式的主要因素

从图1-5可以看出,合金的凝固方式主要受合金的结晶温度范围和凝固时铸件截面上温度分布梯度的影响。

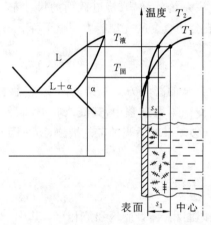

图1-5　温度梯度对凝固区域的影响

(1) 合金的结晶温度范围。由相图可知,合金的结晶温度范围仅与合金的化学成分有关。合金结晶温度范围愈小,凝固区域愈窄,合金愈倾向于逐层凝固。从Fe-C相图可知,钢的结晶温度范围随碳含量的增大而增大,因而在砂型铸造时,低碳钢倾向于逐层凝固,中碳钢倾向于中间凝固,高碳钢倾向于糊状凝固。

(2) 铸件的温度梯度。在合金成分已定的情况下,合金的结晶温度范围已经确定,铸件凝固区的宽窄主要取决于铸型内熔体的温度梯度。若铸件的温度梯度较小,如图1-5中的曲线 T_1 的温度梯度小于曲线 T_2 的,则 T_1 对应的凝固区较宽($s_1 > s_2$),合金倾向于糊状凝固。

逐层凝固的合金流动性较好,充型能力强,缩孔、缩松比较集中,便于防止,合金铸造性能较好。糊状凝固的合金流动性较差,易产生浇不足、冷隔等缺陷,而且易产生缩松,难以获得组织致密的铸件。在常用合金中,灰铸铁、铝合金等倾向于逐层凝固,而球墨铸铁、锡青铜、铝铜合金等倾向于糊状凝固。

2. 铸造合金的收缩

液态合金注入铸型后开始凝固,在冷却到室温的过程中,其体积和尺寸缩小的现象,称为合金的收缩(contraction)。合金的收缩也是表征合金铸造性能的重要方面。许多铸造缺陷,如缩孔、缩松、变形、开裂等的产生,都与合金的收缩有关。

合金的收缩可分为以下三个阶段:

(1) 液态收缩(liquid contraction),即合金从浇注温度到凝固开始温度(液相线温度)时的收缩。

(2) 凝固收缩(solidification contraction),即合金在凝固阶段的收缩,即合金从液相线温度冷却至固相线温度时的收缩。对于具有一定结晶温度范围的合金,凝固收缩包括合金从液相线冷却到固相线所发生的收缩和合金由液体状态转变成固体状态所引起的收缩。前者与合金的结晶温度范围有关,后者一般为定值。

(3) 固态收缩(solid contraction),即合金从固相线温度冷却至室温时的收缩。

合金的液态收缩和凝固收缩表现为合金体积的减小,常用单位体积收缩量(即体积收缩率)来表示;合金的固态收缩不仅引起体积上的缩减,且更明显地表现为铸件尺寸上的缩减,因此,固态收缩常用单位长度上的收缩量(即线收缩率)来表示。合金的总收缩量为以上三个阶段收缩量之和,它与金属本身的成分、浇注温度及凝固特性有关。

一般来说,凝固收缩与液态收缩是铸件产生缩孔和缩松的基本原因;而合金的固态收缩对铸件的形状和尺寸精度有直接影响,也是铸件产生铸造应力、热裂、冷裂和变形等缺陷的基本原因。

3. 铸件中的缩孔和缩松

1) 铸件中缩孔和缩松的形成

浇入铸型的液态合金在凝固过程中,如果液态收缩和凝固收缩所缩减的体积得不到补充,则在铸件最后凝固部位将形成孔洞。按孔洞的大小和分布,可将其分为缩孔和缩松。

(1) 缩孔　缩孔(shrinkage)是指在铸件上部或最后凝固部位出现的体积较大的孔洞。其形状极不规则,孔壁粗糙并带有枝晶状,多呈倒圆锥形。

缩孔的形成如图1-6所示。假设合金逐层凝固,当液态合金填满型腔后,随温度下降,合金产生液态收缩。此时,内浇道尚未凝固,型腔是充满的。在温度降到结晶温度后,紧靠铸型的合金首先凝固,形成一层外壳,同时内浇道凝固(见图1-6(b))。随着温度继续下降,固体层加厚。当铸型内合金的液态收缩和凝固收缩大于固态收缩时,内部剩余液体的体积变小,液面下降,在铸件上部出现空隙。由于大气压力,硬壳上部也可能向内凹陷(见图1-6(c))。继续冷却、凝固、收缩,金属全部凝固,在最后凝固的部位(铸件上部)形成一个倒锥形的孔洞——缩孔(见图1-6(d))。铸件完全凝固后,整个铸件还会发生固态收缩,外形尺寸进一步缩小(见图1-6(e)),直至温度达到室温为止。

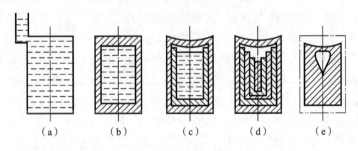

图1-6　缩孔形成示意图

(a) 充满型腔;(b) 外层凝固;(c) 内部金属液面下降;(d) 缩孔形成;(e) 外形缩小

纯金属和成分靠近共晶点的合金,在恒温或较窄的温度范围内凝固时呈逐层凝固的方式,合金流动性好,倾向于形成集中的缩孔。

(2) 缩松　铸件截面上出现的分散、细小缩孔称为缩松(dispersed shrinkage)。缩松有时需借助放大镜才能发现。缩松形成的原因和缩孔基本相同,即铸型内合金的液态收缩和凝固收缩大于固态收缩,同时在铸件最后凝固的区域液态合金得不到补充。缩松通常发生于合金的凝固温度范围较宽、合金倾向于糊状凝固时,当树枝晶长到一定程度后,枝晶分叉间的液体被分离成彼此孤立的"液岛",它们继续冷却凝固时也将产生收缩。这时铸件中心虽有液体存在,但由于枝晶的阻碍无法进行补缩,在凝固后的枝晶分叉间就形成许多微小孔洞。缩松一般出现在铸件壁的轴线、内浇道附近和缩孔的下方。

由以上缩孔和缩松形成过程可以得到如下规律:合金的液态收缩和凝固收缩愈大,铸件愈易形成缩孔;合金的浇注温度愈高,液态收缩愈大,愈易形成缩孔;结晶温度范围宽的合金,倾向于糊状凝固,易形成缩松;纯金属和共晶成分合金倾向于逐层凝固,易形成集中缩孔。图 1-7 是具有共晶反应的合金的成分与组织间的关系示意图。从图可见,纯金属和共晶成分合金易形成缩孔,而远离共晶成分的合金形成缩松的倾向更大。

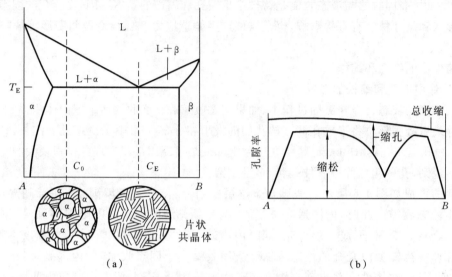

图 1-7 共晶系统成分、组织与性能间的关系

(a) 共晶系统及共晶和亚共晶组织;(b) 总收缩、缩孔和缩松与成分的关系

2）铸件中缩孔和缩松的防止

缩孔和缩松使铸件受力的有效面积减小,在孔洞部位易产生应力集中现象而使铸件的力学性能下降,而且还会使铸件的气密性、物理性能和化学性能下降。缩孔与缩松严重时,铸件不得不报废,因此,生产中应采取必要的工艺措施予以防止。

防止铸件产生缩孔的根本措施是采用顺序凝固(directional solidification)工艺。所谓顺序凝固,即使铸件按规定方向从一部分到另一部分逐渐凝固的过程。在顺序凝固时,先凝固部位的收缩,由后凝固部位的液态合金来补充;后凝固部位的收缩,由冒口(riser)或浇注系统的液态合金来补充,这样,铸件各部分的收缩都能得到补充,而将缩孔转移到铸件多余部分的冒口或浇注系统中(见图 1-8)。切除多余部分便可得到无缩孔的致密铸件。

实现顺序凝固的措施是在铸件可能出现缩孔的厚大部位(热节)安放冒口,或者在铸件远离内浇道、冒口的部位增设冷铁(chill)等。冒口除补缩外,有时还可起到排气、集渣的作用。图 1-9 所示的铸件中有多个热节,仅靠顶部冒口难以对底部的凸台厚大部位进行补缩,为此,

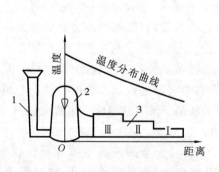

图 1-8 顺序凝固示意图

1—浇注系统;2—冒口;3—铸件

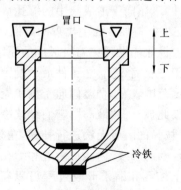

图 1-9 冷铁的应用

在底部凸台处安放两块冷铁。由于冷铁加快了该处的冷却速度，使底部凸台处最先凝固，从而实现了自下而上的顺序凝固，有效防止了凸台厚大部位缩孔、缩松的产生。冷铁本身并不起补缩作用，只能加快某些部位的冷却速度，以达到控制铸件凝固顺序的目的。

但对于倾向于糊状凝固的合金，开始结晶后，发达的树枝状晶架会布满整个铸件的截面，使冒口的补缩通道堵塞，难以实现顺序凝固，因而易产生显微缩松。

1.1.3 铸造内应力、铸件的变形和裂纹

铸件凝固后会继续收缩，有些合金在冷却过程中将发生固态相变，这都会使铸件的体积和长度发生变化。这种变化若受到阻碍，铸件中便会产生应力，称为铸造内应力。铸件落砂后并冷却到常温时内部留存的应力，称为残余应力。

残余应力对铸件质量影响很大，当外作用力方向和残余应力方向一致，内外应力总和超过材料强度极限时就会引起裂纹。有残余应力的铸件，在机械加工切去金属层的同时，应力的平衡关系也会被破坏，从而引起残余应力的重新分布而使零件变形，降低了加工精度。此外，在腐蚀性介质中工作的零件，还会因残余应力而产生"应力腐蚀"，降低零件的耐蚀性能。因此，应尽量减小铸件的残余应力。

1. 铸造应力的形成

铸造应力按产生的原因不同，分为热应力、机械应力和相变应力三种。铸造应力就是这三种应力之和。

1）热应力

铸件在凝固和冷却过程中，不同部位由于不均衡的收缩而引起的应力称为热应力（thermal stress）。

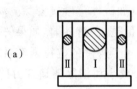

现以图 1-10 所示的应力框铸件来说明热应力的形成过程。应力框（见图 1-10(a)）由长度为 L 的粗杆 I、两根细杆 II 和横梁组成。为简明起见，作如下假设：

(1) 液态合金在冷却过程中没有固态相变，铸件收缩不受铸型阻碍；

(2) 材料的线收缩率和弹性模量不随温度变化；

(3) 横梁为刚体，铸件无挠曲变形。

液态合金充满铸型后，初始阶段细杆中液态合金冷却快先凝固，开始线收缩，而粗杆中液态合金仍处于液态，因而不产生内应力。温度继续下降至粗杆形成枝晶骨架，线收缩后（t_1 时刻），铸件内开始产生内应力。

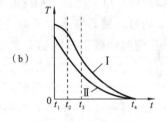

图 1-10(b)所示为两杆都开始线收缩的冷却曲线，前期杆 I 的冷却速率比杆 II 的小，因最终温度相同，冷却后期杆 I 的冷却速率比杆 II 的大。两杆的温差变化如图 1-10(c)所示。由于两杆收缩不同步，铸件内会产生内应力，如图 1-10(d)所示。

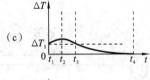

在 $t_1 \sim t_2$ 时间内，两杆都产生线收缩，随着时间的推移，其温差逐渐增大。若两杆能自由收缩，则杆 II 的收缩量比杆 I 的大，但由于刚性横梁的约束，杆 II 被拉长，杆 I 被

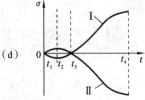

图 1-10 应力框铸件残余应力的形成

(a) 应力框铸件；

(b) 粗杆和细杆的温度-时间曲线；

(c) 两杆的温差-时间曲线；

(d) 粗杆和细杆的内应力-时间曲线

压缩(假定均为弹性变形),因此,杆Ⅱ内产生拉应力,杆Ⅰ内产生压应力。至 t_2 时刻,两杆温差达到最大值,应力也达到极值。

在 $t_2 \sim t_3$ 时间内,两杆的温差逐渐缩小,至 t_3 时刻,温差又回到 ΔT_1。在此阶段,杆Ⅰ的冷却速率比杆Ⅱ的大,杆Ⅰ的自由收缩速度比杆Ⅱ的大,两杆内的应力逐渐减小直至降为零。

在 $t_3 \sim t_4$ 时间内,杆Ⅰ的冷却速率仍然比杆Ⅱ的大,即其自由收缩速度比杆Ⅱ的大,因此,杆Ⅰ被拉长,产生拉应力,杆Ⅱ被压缩,产生压应力。冷却至室温时,应力残留在铸件内部,形成残余内应力。

热应力使冷却较慢的厚壁处或心部受拉,冷却较快的薄壁处或表面受压。铸件的壁厚差别愈大,合金的线收缩率或弹性模量愈大,热应力就愈大。资料表明,试验测得铝硅合金(亚共晶)的残余应力为 $2 \sim 8$ MPa,灰铸铁为 $50 \sim 70$ MPa,铸钢约为 300 MPa。顺序凝固时,由于铸件各部分的冷却速度不一致,产生的热应力较大,铸件容易出现变形和裂纹,生产中应加以考虑。

2) 机械应力

铸件在固态收缩时,因受到铸型、型芯、浇注系统、冒口、箱挡等的外力阻碍而产生的应力称为机械应力(mechanical stress)。机械应力常表现为拉应力或切应力。形成应力的原因一经消除(如铸件落砂或去除浇注系统后),机械应力也就随之消失。所以,机械应力是一种临时应力。但是,在落砂前,如果铸件受到机械应力与热应力(特别是在厚壁处)的共同作用,其瞬间应力大于铸件的抗拉强度,铸件会产生裂纹。图 1-11 所示为铸件产生机械应力的示意图。

3) 减小和消除铸造应力的措施

铸件形状愈复杂,各部分壁厚相差愈大,冷却时温度愈不均匀,铸造应力愈大。因此,在设计铸件时应尽量使铸件形状简单、对称、壁厚均匀。

同时凝固是减小和消除铸造应力的重要工艺措施。所谓同时凝固,是指采取一些工艺措施,使铸件各部分的温差很小,几乎同时凝固(见图 1-12)。铸件如按这种方式凝固,则铸件不易产生热应力和热裂纹,变形较小,而且不必设置冒口,工艺简单,节约金属。但同时凝固的铸件中心易出现缩松,影响铸件的致密性。所以,同时凝固一般用于收缩较小的灰铸铁、球墨铸铁件、壁厚均匀的薄壁铸件,以及倾向于糊状凝固、气密性要求不高的锡青铜铸件等。

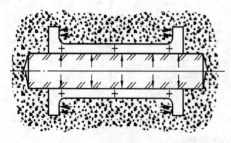

图 1-11　机械应力

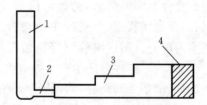

图 1-12　同时凝固示意图

1—直浇道;2—内浇道;3—铸件;4—冷铁

2. 铸件的变形及其防止

处于应力状态的铸件是不稳定的,将自发地通过变形来减小应力,趋于稳定状态。有残余压应力的部分自发伸长,有残余拉应力的部分自动缩短,结果使铸件变形,发生挠曲。图 1-13 所示为车床床身挠曲变形示意图,其导轨部分较厚,冷却速度较慢,容易形成内部残余拉应力;

床腿较薄,容易形成内部残余压应力,于是朝着导轨方向产生内凹的挠曲变形。图 1-14 所示为平板铸件,尽管壁厚均匀,但其中心比边缘冷却慢而受拉,边缘则受压;铸型上部比下部散热冷却快,于是平板产生图 1-14 所示的挠曲变形。

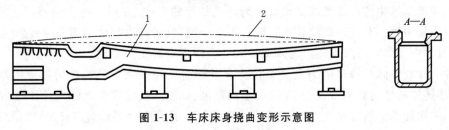

图 1-13　车床床身挠曲变形示意图
1—床身;2—反挠度

铸件变形量不仅取决于残余应力的大小,而且与结构的刚度有关。在相同残余应力的条件下,结构刚度越小,铸件变形量就越大。故刚度小的细长杆件、大而薄的平板类铸件易变形。

为防止铸件变形,除在铸件设计时尽可能使铸件的壁厚均匀、形状对称外,在铸造工艺上应采用同时凝固原则,以便冷却均匀。对于长而易变形的铸件,还可采用"反变形"工艺。反变形工艺是指在统计铸件变形规律的基础上,在模样上预先做出相当于铸件变形量的反挠度,以抵消铸件变形的一种工艺。

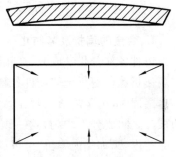

图 1-14　平板铸件的变形

实践证明,尽管变形后铸件的应力有所减小,但并未彻底去除,这样的铸件经机械加工之后,由于应力的重新分布,还将缓慢地发生微量变形,零件会丧失应有的精度。为此,对于不允许变形的重要零件必须进行时效处理。时效处理宜在粗加工之后进行,以便将粗加工产生的应力一并消除。

3. 铸件的裂纹及其防止

当铸造应力超过材料的抗拉强度时,铸件便产生裂纹(crack)。裂纹是一种严重的铸造缺陷,必须设法防止。裂纹按形成的温度范围分为热裂纹和冷裂纹两种。

1)热裂纹

热裂纹(thermal crack)一般是在凝固末期,金属处在固相线附近的高温下形成的。一方面,在金属凝固末期,固体的骨架已经形成,但枝晶间仍残留少量液态合金,此时合金如果收缩,就可能将液膜拉裂,形成裂纹;另一方面,合金在固相线温度附近的强度、塑性非常低,铸件的收缩如果稍受铸型、型芯或其他因素的阻碍,产生的应力很容易超过该温度下合金的强度极限,导致铸件开裂。

热裂纹常发生在铸件的拐角处、截面厚度突变处等应力集中的部位或铸件最后凝固区的缩孔附近。裂纹往往沿晶界产生和发展,外形曲折、不规则,裂缝较宽,裂口表面氧化较严重。铸件结构不合理、合金的收缩大、型(芯)砂退让性差及铸造工艺不合理等均可能引起热裂。硫易在晶界处形成低熔点的共晶体,使得铸件的热裂倾向明显增大。

合理调整合金成分(如严格控制钢和铁中的硫、磷含量),合理设计铸件结构,采取同时凝固的工艺和改善型(芯)砂退让性等,都是防止热裂纹的有效措施。

2）冷裂纹

冷裂纹（cold crack）是铸件冷却到低温处于弹性状态时，铸造应力超过合金的强度极限而产生的。冷裂纹常穿过晶粒，外形呈连续直线状。裂缝细小，宽度均匀，断口表面干净光滑，具有金属光泽或微氧化色。冷裂纹常出现在铸件受拉伸的部位，特别是内尖角、缩孔、非金属夹杂物等应力集中处。有些冷裂纹在落砂时并不会出现，但铸件内部已有很大的残余应力，在清理、搬运过程中受到震动或出砂后受到激冷时就会产生冷裂纹。

铸件的冷裂倾向与铸造应力及合金的力学性能有密切关系。凡是使铸造应力增大的因素，都能使铸件的冷裂倾向增大；凡是使合金的强度、韧度降低的因素，也都能使铸件的冷裂倾向增大。磷增加了钢的冷脆性，使钢的冲击韧度下降，而且磷含量超过0.5%（质量分数），往往有大量网状磷共晶出现，使钢的强度、韧度显著下降，冷裂倾向增大。

1.1.4　合金的偏析和铸件中的气孔

1. 合金的偏析及其防止

铸件各部分化学成分、金相组织不一致的现象称为偏析（segregation），可分为微观偏析和宏观偏析等。偏析会使铸件各部分的性能不一致，对重要铸件应防止出现偏析。

凝固时，由于溶质元素在固液相中的重新分配及扩散，先结晶出来的枝晶的枝干和后结晶的枝叶之间成分不均匀，这一现象称为微观偏析（micro-segregation）。这种偏析出现在同一个晶粒内，又称晶内偏析，可以通过高温长时间的退火消除。

宏观偏析（macro-segregation）包括图 1-15 所示的三种形式。正偏析多出现在逐层凝固的合金中，随着凝固低熔点组元被推向中心，气体析出将加速这一过程。负偏析是具有枝晶凝固方式的合金，由于高溶质液体沿枝晶生长相反方向流回枝晶间而出现表面溶质含量高于中心的现象。密度偏析是凝固早期所形成的固相的漂浮或下沉，如铸铁件中的石墨漂浮、高熔点或高密度组元下沉等造成的。宏观偏析范围大，一旦产生就不能消除，只能通过采取一定的措施防止或减少它的产生。

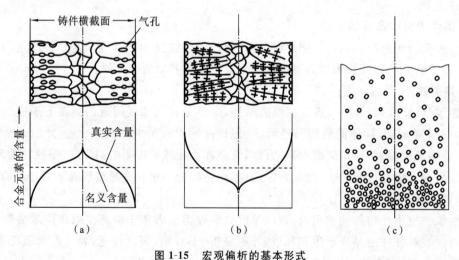

图 1-15　宏观偏析的基本形式
（a）正偏析；（b）负偏析；（c）密度偏析

2. 铸件中的气孔

气孔（blow hole）是气体在铸件内形成的孔洞，表面常常比较光滑、明亮或略带氧化色，一般呈梨形、圆形、椭圆形等,是铸造生产中最常见的缺陷之一。气孔减小了合金的有效承载面积,并在气孔附近引起应力集中,降低了铸件的力学性能。同时,铸件中存在的弥散性气孔还可以促使缩松缺陷形成,从而降低了铸件的气密性。气孔对铸件的耐蚀性和耐热性也有不利影响。

按产生的原因和来源不同,气孔可分为析出性气孔、侵入性气孔和反应性气孔。

(1) 析出性气孔 在金属的熔炼和浇注过程中,一些气体(如 H_2、N_2、O_2 等)可被液态合金吸收,其中氢气不与金属形成化合物,在液态合金冷凝过程中氢气的溶解度降低,氢原子结合成分子呈气泡状从液态合金中逸出,上浮的气泡若被阻碍或因熔体冷却时黏度增大,其不能上浮,就会在铸型中形成析出性气孔。防止析出性气孔的主要方法是出炉前对液态合金进行"除气处理",以减少液态合金的含气量。

(2) 侵入性气孔 侵入性气孔指铸型和型芯在浇注时产生的气体聚集在型腔壁并侵入液态合金所形成的气孔,多出现在铸件上表面附近。防止侵入性气孔的基本途径是提高铸型的透气性,减少砂型及型芯的发气量。

(3) 反应性气孔 它是由于高温液态合金与铸型材料之间的化学反应而产生的气体进入铸件内造成的气孔。防止反应性气孔的基本途径有控制型砂的含水量、清除冷铁表面的铁锈及油污等。

1.2 砂型铸造

依据造型材料、造型工艺的不同,铸造成形工艺一般可以分为以下几种。

(1) 消耗性铸型的铸造工艺:铸型材料由非金属耐火材料粉末、黏结剂均匀混制,经造型形成铸型,当金属液充型冷却后,需破坏铸型取出铸件。这一类铸造工艺包括砂型铸造、熔模铸造、消失模铸造等。铸型材料耐火性好,适用于铸造各种金属材料。

(2) 永久性铸型的铸造工艺:铸型材料一般为金属材料,铸型可重复使用。这一类铸造工艺包括金属型铸造、压力铸造、离心铸造等。金属铸型导热快,铸件冷却迅速,晶粒细化,力学性能好。但受到金属铸型耐火性的影响,适用的金属材料受到限制。

在这些铸造工艺中,砂型铸造工艺历史最悠久,应用最广泛,适用于大小、形状和批量不同的各种金属铸件,成本低廉。砂型铸造以外的其他铸造工艺归为特种铸造,特种铸造在铸件品质、生产率等方面优于砂型铸造,但其使用有局限性,成本比砂型铸造的高。

图 1-16 所示为弯管铸件的砂型铸造工艺过程:首先根据零件的形状和尺寸设计并制造出模样和芯盒,配制好型砂和芯砂,然后造型和制芯,下芯并合型,将熔化好的金属液浇入铸型中,冷却凝固后,经落砂清理和检验即得所需铸件。

1.2.1 造型材料

型砂和芯砂由原砂、黏结剂、水及附加物(如煤粉、重油、木屑等)按一定比例混制而成,根据黏结剂的种类可分为黏土砂、水玻璃砂、树脂砂等。据统计,铸件废品的产生 50% 以上与造型材料有关,因此必须严格控制型(芯)砂的品质。对型砂的基本性能要求有强度高,透气性、流动性、退让性好等。芯砂处于金属液的包围之中,其工作条件更加恶劣,所以对芯砂的基本性能要求更高。

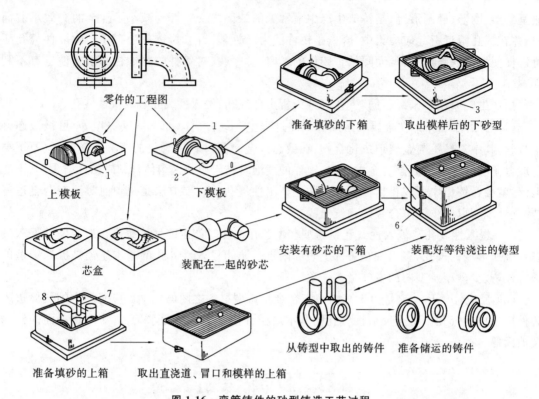

图 1-16　弯管铸件的砂型铸造工艺过程

1—芯头；2—浇道；3—底板；4—上箱；5—下箱；6—合箱销；7—直浇道；8—冒口

1. 黏土砂

以黏土作黏结剂的型(芯)砂称为黏土砂(clay-bonded sand)。常用的黏土为膨润土和高岭土。黏土在与水混合时才能发挥黏结作用，因此必须使黏土砂保持一定的水分。此外，为了防止铸件黏砂，还需在型砂中添加一定量的煤粉或其他附加物。

根据浇注时铸型的干燥情况可将其分为湿型、表干型及干型三种。湿型铸造具有生产效率高、铸件不易变形、适合大批量流水作业等优点，广泛用于中、小型铸铁件的生产，而大型复杂铸铁件则采用干型或表干型铸造。

到目前为止，黏土砂依然是铸造生产中应用最广泛的型(芯)砂，但它的流动性较差，造型时需消耗较多的紧实能量。用湿型砂生产大件，浇注时由于水分的迁移，在铸件的表面容易形成夹砂、胀砂、气孔等缺陷。而使用干型则生产周期长、铸型易变形，同时也会增加能源的消耗。因此，人们研究开发了其他的铸造用黏结剂。

2. 水玻璃砂

用水玻璃作黏结剂的型(芯)砂称为水玻璃砂(sodium silicate-bonded sand)。它的硬化过程主要是化学反应过程，并可采用多种方法使之自行硬化，属于化学硬化砂的一种。

水玻璃砂与黏土砂相比，具有强度高、透气性好、流动性好等特点，易于紧实，所得铸件缺陷少，内在品质好；造型(芯)周期短，耐火度高，适用于生产大型铸铁件及所有铸钢件。当然，水玻璃砂也存在一些缺点，如退让性差、旧砂回用较复杂等。针对这些问题，人们进行了大量的研究工作，以逐步改善水玻璃砂的应用情况。目前国内用于生产的水玻璃砂有二氧化碳硬化水玻璃砂、硅酸二钙水玻璃砂、水玻璃石灰石砂等，而其中以二氧化碳硬化水玻璃砂用得最多。

3. 树脂砂

以合成树脂作黏结剂的型(芯)砂称为树脂砂(resin-bonded sand)。目前国内铸造用的树脂黏结剂主要有酚醛树脂、尿醛树脂和糠醇树脂三类。但这三类树脂的性能都有一定的局限性,单一使用时不能完全满足铸造生产的要求,故常采用各种方法将它们改性,生成各种不同性能的新型树脂。

目前用树脂砂制芯(型)主要有四种方法:壳芯(型)法、热芯盒法、冷芯盒法和温芯盒法。各种方法所用的树脂及硬化形式都不一样。与湿型黏土砂相比,树脂砂型芯可直接在芯盒内硬化,且硬化反应快,不需进炉烘干,大大提高了生产效率;制芯(型)工艺过程简化,便于实现机械化和自动化;型芯硬化后取出,变形小,精度高,可制作形状复杂、尺寸精确、表面粗糙度低的型芯和铸型。

由于树脂砂对原砂的品质要求较高,树脂黏结剂的价格较高,树脂硬化时会放出有害气体,对环境有污染,所以树脂砂仅用来制作形状复杂、品质要求高的中、小型铸件的型芯及壳型(芯)。

1.2.2 造型/制芯方法

按照紧砂和起模的方法,造型/制芯可分为手工造型/制芯和机器造型/制芯两大类。手工造型/制芯主要用于单件、小批生产,机器造型/制芯主要用于成批、大量生产。

1. 手工造型/制芯

手工造型/制芯(hand molding and core-making)时,填砂、紧实和起模都用手工完成。其优点是操作灵活,工艺装备(如模样、芯盒和砂箱等)简单,生产准备时间短,适应性强,可用于各种尺寸大小、形状不同铸件的生产。但手工造型/制芯生产效率低,劳动强度大,铸件品质不稳定,因此主要用于单件、小批生产。

实际生产中,铸件的尺寸、形状及生产条件不同,可以采用不同的造型方法。常用手工造型方法的特点及适用范围如表1-1所示。

表1-1 常用手工造型方法的特点和适用范围

造型方法	图例	主要特点	适用范围
整模造型		模样是整体式的;型腔全部在一个半型内;操作简单,铸件不会产生错型缺陷	适用于形状简单、最大截面在一端的铸件,如齿轮、端盖等
分模造型		模样从最大截面处分成两半;型腔分别位于上、下两个半型内;造型简单	适用于形状较复杂、最大截面在中部的铸件,如套筒、阀体等

造 型 方 法	图　　例	主 要 特 点	适 用 范 围
三箱造型		铸型由上、中、下三部分组成,模样从最小截面处分成两半,分别从两个分型面取出;易产生错型;费工时,不易机械化	适用于单件小批生产、形状复杂、需两个分型面的铸件,如槽轮等
挖砂造型		模样是整体式的,但分型面是曲面;造型时需挖取妨碍起模的型砂;费工时,不易机械化	适用于单件小批量生产、分型面不是平面的铸件,如手轮等
活块造型		铸件上局部有妨碍起模的凸起或凹槽等,制模时将此部分做成活块,起模时先起出主体模型,再从侧面取出活块;操作麻烦,不易机械化	适用于单件小批生产、局部有妨碍起模部分的铸件

2. 机器造型/制芯

机器造型(machine molding)是将填砂、紧砂和起模等工序用造型机来完成的造型方法。机器造型生产效率高,铸型紧实度高且均匀,型腔轮廓清晰,铸件品质稳定,工人的劳动强度低。但机器造型设备和工艺装备费用高,生产准备时间较长,故只适用于中小型铸件的成批、大量生产。

常用紧实型砂的方法有振击紧实、压实紧实、射砂紧实和气流紧实等,现代造型机为获得最佳的紧砂效果,往往将几种紧砂方法结合起来。根据施加在砂型单位面积上的压力大小,机器造型可分为低压(0.13~0.40 MPa)造型、中压(0.4~0.7 MPa)造型、高压(大于 0.7 MPa)造型。按照紧砂方法不同,机器造型又可分为以下几种。

1) 振压造型

振压造型(jolt squeeze molding)是采用振击与压实复合的方法紧实型砂的一种造型方法。图 1-17 所示为振压造型工作原理。以压缩空气为动力,工作时,首先将压缩空气引入振实气缸,使振动活塞带动工作台振击。待砂箱底部型砂紧实后,将压缩空气通入压实气缸,使压实活塞带动工作台上升,利用压板压实型砂。紧砂过程全部完成后,压缩空气通入顶杆气缸,顶杆将砂箱顶起,完成起模过程。

振压造型机结构简单,价格低廉,但造型时噪声大,压实比压较低(为 0.15~0.4 MPa),型砂紧实度不高,铸件品质和生产效率不能满足日益提高的要求,因而出现了微振压实造型机,即在压实型砂的同时进行微振,以提高铸型的紧实度。

2）高压造型

近年来，国内外大量发展和采用高压造型（high pressure molding）。高压造型铸型硬度、紧实度高，铸件力学性能和精度等级也较高。图 1-18 所示为多触头高压造型工作原理，压头分成许多小压头，每个小压头的压力大致相等，各个触头都能随模样的高低压入不同的深度，以使砂型的紧实度均匀化。压实的同时还进行微振。

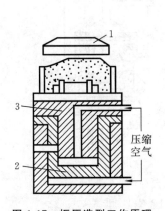

图 1-17 振压造型工作原理

1—压板；2—压实活塞；3—振动活塞

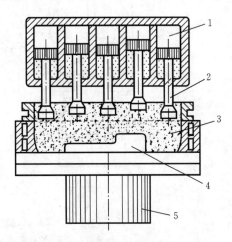

图 1-18 多触头高压造型工作原理

1—上压实缸；2—上压头；3—型砂；4—模样；5—下活塞

高压微振造型机噪声小，生产效率高，制出的砂型生产的铸件尺寸精确。但高压微振造型机结构复杂，价格高昂，对工艺装备及设备维修、保养的要求很高，仅用于大量生产的铸件，如汽车铸件等。

3）射压造型

射压造型（shooting and squeeze molding）是采用射砂和压实复合的方法紧实型砂的一种造型工艺。图 1-19 所示为垂直分型无箱射压造型工作原理。其特点是利用压缩空气将型砂射入型腔进行初紧实，然后压实活塞将砂型再紧实，砂型推出后，前后两砂型之间的接触面为分型面。

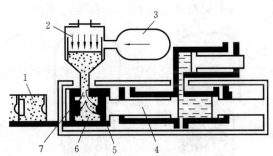

图 1-19 垂直分型无箱射压造型工作原理

1—砂型；2—射砂筒；3—储气包；4—活塞；5—型板 B；6—造型室；7—型板 A

用射压造型方法制得的铸件尺寸精度很高，因为造型、起模及合型由同一导杆精确导向，不易错箱，机器结构简单，造型过程中噪声小，不用砂箱，可节省大量运输设备和占地面积，生产效率高，易于实现自动化，常用于中小型铸件的大量生产。

4）气流冲击造型

气流冲击造型（air impact molding）是利用高速气流冲击使型砂紧实的造型方法。其工作原理如图 1-20 所示。压缩空气在压力罐内由一个简单的圆盘阀封闭(见图 1-20(a)),打开阀门后,压缩空气突然膨胀,产生很强的冲击波,作用在松散的型砂上(见图 1-20(b)),型砂迅速地朝模板方向运动。当受到模板的滞止作用时,型砂由于惯性力的作用而在几毫秒内被紧实。

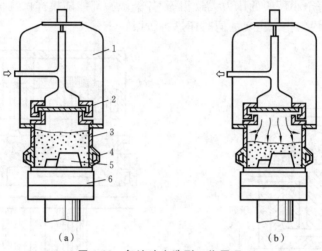

图 1-20　气流冲击造型工作原理

(a) 加砂后的砂箱、填砂框升至阀口处;(b) 打开阀门,冲击紧实

1—压力罐;2—圆盘阀;3—填砂框;4—砂箱;5—模板;6—工作台

气流冲击造型是 20 世纪 80 年代出现的先进造型技术。所得砂型紧实度高且分布均匀,铸件尺寸精度高,表面品质好。由于不直接用机械部件紧实型砂,因而造型机结构简单,维修方便,使用寿命长,造型过程中噪声较小。气流冲击造型主要用于成批生产的汽车、拖拉机发动机缸体等铸件。

5) 静压造型

静压造型(static pressure molding)是气流预紧实与压实结合的造型方法。图1-21 所示为静压造型机工作过程。加砂后,气流预紧实阀快速打开,压缩空气流带动型砂朝着模样的方向挤压流动,使型砂得到预紧实,此时,模样周围砂型紧实度最高,再由压头压实而获得最终的砂型。由于造型过程中无振动、低噪声,故称为静压造型。

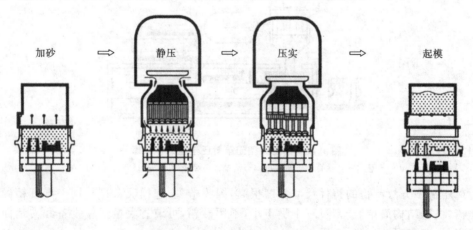

图 1-21　静压造型机工作过程

静压造型也是 20 世纪 80 年代发展起来的新型造型技术。其工艺适应性好、铸件尺寸精

度高,工艺的稳定特性可以保证高重复度和高尺寸精度铸件的生产,对于批量生产的铸件,几乎可以达到"近净成形"。

机械化铸造车间都是以各种类型的造型机为核心,配以其他机械,如翻箱机、合箱机、压铁机、落砂机等辅助设备和砂处理及运输系统,形成机械化、自动化程度较高的铸造生产流水线,以提高生产效率、改善劳动条件和适应大量生产。图 1-22 所示为一条造型生产线,上、下箱造型机为两台微振压实造型机,该生产线的生产率为130~150 型/h。

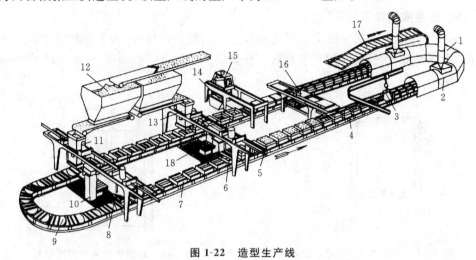

图 1-22　造型生产线

1—冷却罩;2—冷却箱;3—浇包;4—加压铁;5—铸型;6—合箱机;
7—下芯机;8—下箱翻箱、落箱机;9—铸型输送机;10—下箱造型机;11、13—加砂机;
12—型砂;14—落砂机;15—捅箱机;16—压铁传送机;17—铸件输送机;18—上箱造型机

6）热芯盒法制芯

在砂型机器造型工艺中,要使用大量的砂芯。除手工制芯外,机器制芯的方法主要有热芯盒法(hot box process)。热芯盒法制芯使用由液态热固性树脂黏结剂和催化剂配制成的芯砂,吹射入被加热到一定温度的芯盒内(180~250 ℃),贴近芯盒表面的砂芯受热,黏结剂在很短时间内即可缩聚而硬化。只要砂芯表层有数毫米结成硬壳即可自芯盒取出,中心部分的砂芯可利用余热和硬化反应放出的热量自行硬化。

图 1-23 所示为热芯盒射芯机制芯过程。打开大口径快动射砂阀,储气包中的压缩空气进入射腔内并骤然膨胀,再通过一排排缝隙进入射砂筒内,当射砂筒内的气压达到一定值时,芯砂从射砂孔高速射进热芯盒中并得到紧实,压缩空气则从射头和芯盒的排气孔排出。芯砂加热数十秒后就可硬化,随后松开夹紧气缸,取出型芯。

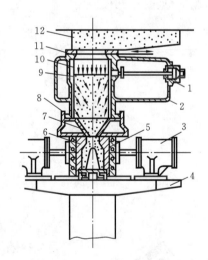

图 1-23　热芯盒射芯机制芯

1—射砂阀;2—储气包;3—气缸;4—工作台;
5—电热板;6—热芯盒;7—射砂孔;8—射砂头;
9—射腔;10—射砂筒;11—闸板;12—砂斗

热芯盒法制芯生产效率很高,所得型芯强度高,尺寸精确,表面光洁。该方法于1958 年问世,现在应用已相当普遍,特别是用来制造汽车、拖拉机、内燃机上各种铸件的复杂型芯,其主要缺点是加热硬化时有刺激性气味发出。

1.2.3　铸件浇注位置和分型面的选择

铸件的浇注位置(pouring position)是指浇注时铸件在铸型内所处的位置,分型面(parting line)是指两半铸型相互接触的表面。一般情况下,应首先选择浇注位置,以保证铸件的品质;然后再选择分型面,以简化造型工艺。但在生产中,有时二者的要求会相互矛盾,必须综合分析各种方案的利弊,抓住主要矛盾,选择最佳方案。

1. 浇注位置的选择原则

(1) 铸件的重要加工面应处于型腔底面或侧面。浇注时气体、夹杂物易漂浮在金属液上部,故下部金属液比较纯净,组织比较致密。图 1-24 所示床身导轨面朝下,图 1-25 所示起重机卷筒内、外圆表面侧立。

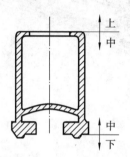
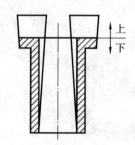

图 1-24　床身(铸铁)的浇注位置　　　图 1-25　起重机卷筒的浇注位置

(2) 铸件的大平面应尽量朝下。由于在浇注过程中金属液对型腔上表面有强烈的热辐射,铸型因急剧热膨胀和强度下降易拱起开裂,从而形成夹砂缺陷(见图 1-26(a)),所以大平面应朝下(见图 1-26(b))。

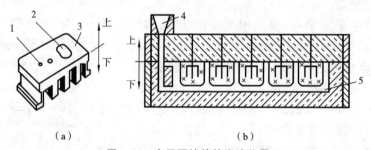

(a)　　　　　　　　　(b)

图 1-26　大平面铸件的浇注位置

(a) 不合理;(b) 合理

1—气孔;2—夹砂;3、5—铸件;4—浇口杯

(3) 铸件的薄壁部分应放在铸型的下部或侧面,以免产生浇不足或冷隔缺陷。

(4) 对于合金收缩大、壁厚不均匀的铸件,应将厚度大的部分朝上或置于分型面附近,以利于安放冒口对该处进行补缩,如图 1-27 所示。

2. 分型面的选择原则

(1) 应便于起模,简化造型工艺。图 1-28 所示的起重臂采用平面分型,可以避免挖砂造型,提高生产效率。即使采用机器造型,也可简化模板。图 1-29 所示的绳轮铸件在大量生产时加一个环状

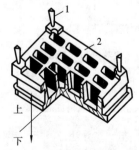

图 1-27　铸件厚大部分朝上

1—冒口;2—铸件

型芯,使三箱造型改为两箱造型,简化了操作,提高了生产效率和铸件精度,有利于采用机器造型。

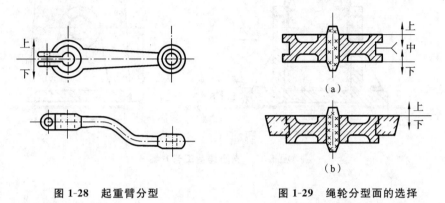

图 1-28 起重臂分型　　　　　图 1-29 绳轮分型面的选择
(a) 三箱造型;(b) 两箱造型

(2) 尽量使铸件全部或大部分放在同一个砂箱内。图 1-30 所示为一床身铸件,其顶部平面为加工基准面。其中,图(a)所示方案易因错型而影响铸件尺寸精度;采用图(b)所示方案使加工面和基准面在同一个砂箱内,既不会错型也能够保证铸件精度,适用于成批生产。

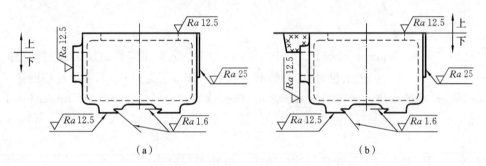

图 1-30 床身铸件
(a) 不合理;(b) 合理

(3) 尽量减少型芯和活块的数目。图 1-31 所示的支座有两种工艺方案:方案(1)采用分模造型,铸造时上面两孔下芯方便,底板上 4 个凸台必须采用活块,操作麻烦且容易产生错型缺陷;方案(2)采用整模造型,铸件的重要工作面朝下,有利于保证铸件的尺寸精度和表面品质,中间下一个型芯,既可成形轴孔,又避免了取活块,操作简单,适合于各种批量生产。

1.2.4　铸造工艺参数的确定

铸造工艺参数是与铸造工艺过程有关的某些工艺数据,直接影响模样、芯盒的尺寸和结构。在绘制铸造工艺图时,必须合理选择工艺参数,否则会影响铸件精度、生产效率和成本。主要工艺参数分述如下。

1. 铸造收缩率

由于合金的线收缩,铸件冷却后的尺寸将比型腔的尺寸小。为了保证铸件的应有尺寸,模样和芯盒的制造尺寸应比铸件放大一个该合金的线收缩率,即铸造收缩率(casting shrinkage coefficient)。铸造收缩率 K 的表达式如下:

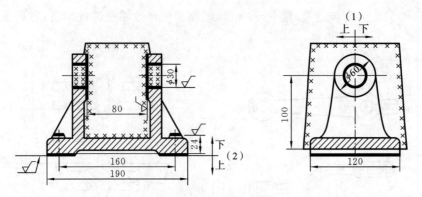

图 1-31　支座铸造工艺方案

$$K = \frac{L_模 - L_件}{L_件} \times 100\% \qquad (1\text{-}1)$$

式中：$L_模$——模样尺寸；

　　　$L_件$——铸件尺寸。

铸造收缩率的大小取决于铸造合金的种类及铸件的结构、尺寸等因素,通常灰铸铁为 0.7%~1.0%,铸造碳钢为 1.3%~2.0%,铝硅合金为 0.8%~1.2%,锡青铜为 1.2%~1.4%。

2. 机械加工余量

机械加工余量(required machining allowance,RMA)是指在铸件的加工面上留出的准备切削掉的金属层厚度。加工余量过大,会浪费金属和增加加工工时;加工余量过小则达不到加工要求,影响产品的品质。确定加工余量之前,应先确定铸件尺寸公差等级(dimensional casting tolerance grade,DCTG)和机械加工余量等级(required machining allowance grade,RMAG)。

按照 GB/T 6414—2017,铸件尺寸公差等级由精到粗分为 16 级,表 1-2 列出了大批量生产的铸件尺寸公差等级。

表 1-2　大批量生产的毛坯铸件的尺寸公差等级（摘自 GB/T 6414—2017）

方法		铸件尺寸公差等级								
		钢	灰铸铁	球墨铸铁	可锻铸铁	铜合金	锌合金	轻金属合金	镍基合金	钴基合金
砂型铸造手工造型		11~13	11~13	11~13	11~13	10~13	10~13	9~12	11~14	11~14
砂型铸造机器造型和壳型		8~12	8~12	8~12	8~12	8~10	8~10	7~9	8~12	8~12
金属型铸造（重力铸造或低压铸造）		—	8~10	8~10	8~10	8~10	7~9	7~9	—	—
压力铸造		—	—	—	—	6~8	4~6	4~7	—	—
熔模铸造	水玻璃	7~9	7~9	7~9	—	5~8	—	5~8	7~9	7~9
	硅溶胶	4~6	4~6	4~6	—	4~6	—	4~6	4~6	4~6

注:表中所列出的尺寸公差等级是在大批量生产下铸件通常能够达到的尺寸公差等级。

根据 GB/T 6414—2017,机械加工余量等级分为 10 级,由精到粗分别为 RMAG A~K。推荐用于各种铸造合金及铸造方法的机械加工余量等级列于表 1-3 中。铸造方法和铸件材料不同,加工余量等级也不同。铸钢件收缩大,表面粗糙,应比铸铁件的加工余量大一些;机器造型的铸件精度比手工造型的高,加工余量可小一些;铸件尺寸大,或者加工表面处于浇注时的顶面时,其加工余量就大。确定加工余量等级后再按照表 1-4 选择毛坯铸件的机械加工余量。

表 1-3　铸件的机械加工余量等级(摘自 GB/T 6414—2017)

方法	机械加工余量等级								
	钢	灰铸铁	球墨铸铁	可锻铸铁	铜合金	锌合金	轻金属合金	镍基合金	钴基合金
砂型铸造手工铸造	G~J	F~H	F~H	F~H	F~H	F~H	F~H	G~K	G~K
砂型铸造机器造型和壳型	F~H	E~G	E~G	E~G	E~G	E~G	E~G	F~H	F~H
金属型(重力铸造和低压铸造)	—	D~F	D~F	D~F	D~F	D~F	D~F	—	—
压力铸造	—	—	—	—	B~D	B~D	B~D	—	—
熔模铸铁	E	E	E	—	E	—	E	E	E

注:本表也适用于经供需双方商定的本表未列出的其他铸造工艺和铸件材料。

表 1-4　铸件的机械加工余量(单位为 mm)(摘自 GB/T 6414—2017)

铸件公称尺寸		铸件的机械加工余量等级及对应的机械加工余量								
大于	至	A	B	C	D	E	F	G	H	J	K
—	40	0.1	0.1	0.2	0.3	0.4	0.5	0.5	0.7	1	1.4
40	63	0.1	0.2	0.3	0.3	0.4	0.5	0.7	1	1.4	2
63	100	0.2	0.3	0.4	0.5	0.7	1	1.4	2	2.8	4
100	160	0.3	0.4	0.5	0.8	1.1	1.5	2.2	3	4	6
160	250	0.3	0.5	0.7	1	1.4	2	2.8	4	5.5	8
250	400	0.4	0.7	0.9	1.3	1.8	2.5	3.5	5	7	10
400	630	0.5	0.8	1.1	1.5	2.2	3	4	6	9	12
630	1000	0.6	0.9	1.2	1.8	2.5	3.5	5	7	10	14
1000	1600	0.7	1.0	1.4	2	2.8	4	5.5	8	11	16
1600	2500	0.8	1.1	1.6	2.2	3.2	4.5	6	9	13	18
2500	4000	0.9	1.3	1.8	2.5	3.5	5	7	10	14	20
4000	6300	1	1.4	2	2.8	4	5.5	8	11	16	22
6300	10000	1.1	1.5	2.2	3	4.5	6	9	12	17	24

注:等级 A 和等级 B 只适用于特殊情况,如带有工装定位面、夹紧面和基准面的铸件。

3. 起模斜度

为了方便起模,在垂直于分型面的立壁上所增加的斜度称为起模斜度(pattern draft)(见

图 1-32),一般用角度 α 或宽度 a 表示。

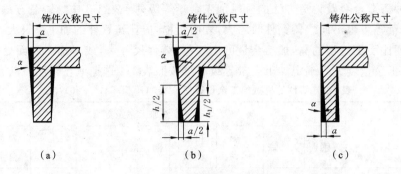

图 1-32　起模斜度的形式

(a) 增大铸件厚度;(b) 加减铸件厚度;(c) 减小铸件厚度

起模斜度应根据模样高度及造型方法来确定。模样越高,斜度取值越小;内壁斜度比外壁斜度大,手工造型比机器造型时斜度大。

4. 铸造圆角

铸件上相邻两壁之间的交角应设计成圆角,以避免在尖角处产生冲砂及裂纹等缺陷。铸造圆角半径(fillet radius)一般为相交两壁平均厚度的 $1/3 \sim 1/2$。

5. 芯头

为了保证型芯在铸型中的定位、固定和排气,在模样和型芯上都要设计出芯头(core print)。芯头与芯座之间要保证有装配用的芯头间隙,如图 1-33 所示。这些工艺参数的具体值均可在有关手册中查到。

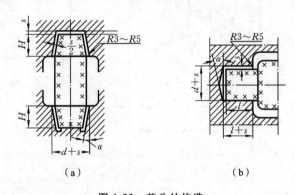

图 1-33　芯头的构造

(a) 垂直芯头;(b) 水平芯头

1.2.5　铸造工艺图的绘制

铸造工艺图是在零件图上用规定的符号表示铸造工艺内容的图形,是制造模样和铸型、进行生产准备和铸件检验的依据,是铸造生产的基本工艺文件。图 1-34 所示为压盖的零件图、铸造工艺图和铸件间的关系。

现以拖拉机前轮毂(见图 1-35)为例,说明制定铸造工艺和绘制铸造工艺图的步骤。

1) 分析铸件品质要求和结构工艺性

前轮毂装于拖拉机前轮中央,和前轮一起作旋转运动并支承拖拉机。两内孔 $\phi90$ mm 和 $\phi100$ mm 装有轴承,是加工要求最高的表面,不允许有任何铸造缺陷。

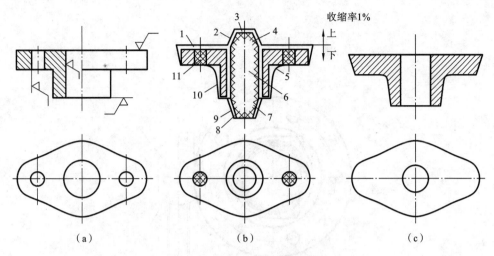

收缩率1%

（a）　　　　　　　　（b）　　　　　　　（c）

图 1-34　压盖的铸件及铸造工艺图

（a）压盖零件；（b）铸造工艺图；（c）铸件

1—加工余量；2—上芯座；3—顶间隙；4—上芯头；5—铸造圆角；6—型芯

7—下芯头；8—侧间隙；9—下芯座；10—起模斜度；11—不铸出孔

前轮毂结构为带法兰的圆套类零件。外轮廓尺寸为 $\phi215$ mm×148 mm，铸件主要壁厚为 15 mm，整个铸件的壁厚较均匀。

法兰和轮毂本体相交处形成热节区，法兰上 5 个直径为 35 mm 的凸台也是比较厚实的部分，可能需要冒口补缩或使用冷铁激冷。最小壁厚处增加加工余量后可以铸出来。

2）选择造型方法

铸件质量为 13.8 kg，材料为球墨铸铁 QT400-15，大量生产，故选择机器造型（芯）。若生产批量很小，也可用手工造型（芯）。

3）选择浇注位置和分型面

浇注位置有两种方案（见图 1-36）：方案一是轮毂（轴线）呈竖直位置，两轴承孔表面处于直立状态，有利于金属液充型和补缩，利于保证轴承孔质量，使铸件品质稳定；方案二是轮毂呈水平位置，虽方便造型和下芯，但两轴承孔的上表面易产生气孔、渣孔、缩孔等缺陷。故方案二不合理，应选择方案一，并使法兰朝上。

分型面选在法兰的上平面处，使铸件大部分位于下箱，便于保证铸件的尺寸精度，合型前便于检查壁厚是否均匀，型芯是否稳固，同时使浇注位置与造型位置一致。

4）确定工艺参数

根据铸件的品质要求和生产条件，参照有关手册确定工艺参数：

（1）加工余量。参照表 1-2 和表 1-3，该铸件采用球墨铸铁砂型铸造机器造型方法生产，机械加工余量等级为 E~G，设计时选用 G 级，顶面和内孔增大一级，选 H 级。根据铸件轮廓尺寸，铸件底面加工余量设为 3 mm，顶面和内孔设为 4 mm。

（2）起模斜度。根据工艺手册，确定铸件起模斜度 $\alpha=0°25'$。

（3）不铸出孔。法兰上 5 个 $\phi15$ mm 小孔与其余小螺纹孔不铸出。

（4）铸造收缩率取 1%。

5）设计型芯

铸件内腔只需一个直立型芯，为保证型芯稳固、定位准确，型芯上下均做出芯头。

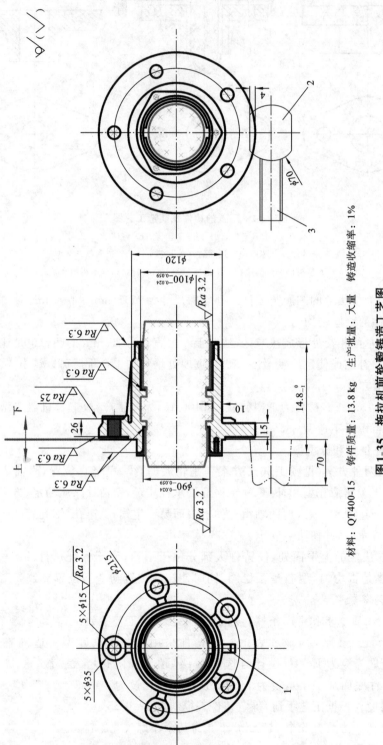

材料: QT400-15　铸件质量: 13.8 kg　生产批量: 大量　铸造收缩率: 1%

图1-35　拖拉机前轮毂铸造工艺图

1—工艺肋；2—压边冒口；3—横浇道

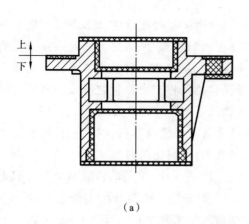

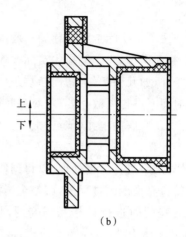

（a） （b）

图 1-36 前轮毂铸件浇注位置

（a）方案一；（b）方案二

6）设计浇注系统和冒口

典型浇注系统的组成如图 1-37 所示，金属液经浇口杯（pouring cup）、直浇道（sprue）、横浇道（runner）、内浇道（gate）进入型腔。

该前轮毂铸件法兰和轮毂本体相交处形成热节区，法兰上 5 个直径为 35 mm 的凸台比较厚实，为避免出现缩孔及缩松缺陷，采用压边冒口，放置于轮毂上部厚实处，压边宽度为 4 mm，如图 1-35 所示。金属液由横浇道经过冒口进入型腔。

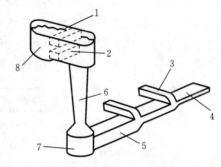

图 1-37 典型浇注系统的组成

1—过滤网；2—堤坝；3—内浇道；4—横浇道伸长；5—横浇道；6—直浇道；7—直浇道井；8—浇口杯

7）绘制铸造工艺图

图 1-35 所示为拖拉机前轮毂铸件铸造工艺图。

1.2.6 铸造凝固过程数值模拟技术

铸造生产过程复杂，产品质量不易保证。铸件在形成过程中会产生某些宏观缺陷，对产品质量有很大影响。随着计算机、数值仿真等技术的发展，铸造凝固过程数值模拟技术不断发展、成熟，形成了铸造计算机辅助工程（computer aided engineering，CAE）技术。技术人员对金属液充型过程、凝固过程的温度场和应力场进行模拟，确定铸件最后凝固部位，预判可能出现的缩孔、缩松、变形、裂纹等缺陷，进而有针对性地调整优化工艺方案。

铸造 CAE 经历了几十年的发展历程，从单一的考虑温度场、流体场和应力场计算发展到同时考虑多场耦合计算，从定性的模拟分析逐步扩展到定量化的预测。采用铸造 CAD 及 CAE 可以快速设计和优化铸造工艺，使铸造工艺设计由注重经验向科学预测转化。据测算，CAE 技术可使工程技术成本降低 13%～30%，人工成本降低 5%～20%，产品设计和试制周期缩短 30%～60% 等。

1. 铸造 CAE 基本原理

金属的充型与凝固过程无论从传热、传质或其他传递过程来看，都是非稳态过程。描述这类过程的偏微分方程绝大部分都无法通过解析法来求解，只能应用数值法得到具有一定精度的近似解。

数值法求解实际工程问题的一般步骤大致为:分析实际问题,建立能反映此问题的物理模型;根据物理模型,建立能描述实际过程的基本方程或数学模型;确定分析此实际过程的各项单值性条件,如几何条件、物性参数条件、时间条件、边界条件等;将基本方程所涉及的区域在空间和时间上进行离散化处理(对空间域的离散又称为网格划分),使之形成一系列的微小单元或节点;在所有的单元(节点)上建立由基本方程及定解条件转换而来的数值计算方程组;选用适当的计算方法求解此方程组,并将求解过程编制成可供计算机执行的程序,求得计算结果;对计算结果进行适当处理,以得到所需的各种数据、可视化图形等。

在铸造充型凝固过程中,熔融金属液的流动、温度的变化、溶质的传输与微观组织生长等物理过程是同时进行且相互影响的,是流体场、温度场等多场耦合的复杂过程,因此,铸造CAE涉及流体力学、热弹塑性理论、传热学、相变理论等多种学科。铸造CAE从内容上主要包括充型过程数值模拟、凝固过程温度场和应力场的模拟,以及微观组织模拟等。

各种模拟的基本过程是将铸造工艺设计内容通过三维造型软件建立空间几何模型,将三维几何模型划分为许多微小单元,即网格划分。确定好初始的铸型和铸件边界条件。经过计算得到全部单元的凝固过程温度场、应力场等。工艺人员进而根据得到的模拟数据对设计的工艺进行优化。铸造CAE工艺设计流程如图1-38所示。

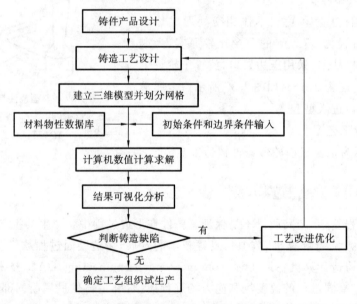

图 1-38　铸造 CAE 工艺设计流程

铸造CAE软件一般包括前置处理模块、计算分析模块和后置处理模块。前置处理模块对铸件、砂芯、铸型等进行三维造型和网格划分;计算分析模块对铸件/铸型的各物理场进行求解;后置处理模块将计算结果以曲线、图形及动画等形式直观地表示出来。

2. 实例分析

某汽车后桥壳铸件(见图1-39)采用砂型铸造、机器造型生产,材料为QT500-5,铸件质量为 240 kg,浇注时间约 20 s,浇注温度为 1450 ℃,要求球化率不小于 90%,少无孔松类缺陷,铸件需经 X 光探伤检验。

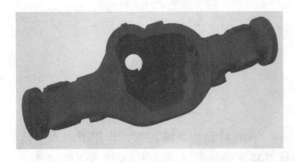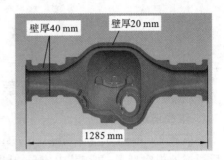

图 1-39　球铁后桥壳结构

该铸件总长 1286 mm,主体壁厚 9～20 mm,有三处壁厚达 40～68 mm。铸件壁厚不均匀,在凝固过程中因石墨化膨胀易产生缩孔、缩松缺陷,需在厚壁处设置冒口补缩。在铸造工艺设计中采用 CAE 技术优化工艺方案。

采用某铸造凝固模拟软件对后桥壳铸件工艺方案进行了模拟分析(见图 1-40(a)),从凝固过程液相分布图中发现铸件内部厚壁处出现了孤立液相区,容易产生缩孔、缩松缺陷。试生产显示在桥壳两端侧冒口的根部产生了缩孔缺陷,附近的侧边内部产生了缩松(见图 1-40(b)),与模拟结果基本一致。

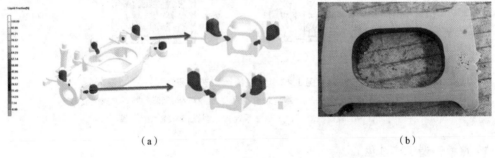

（a）　　　　　　　　　　　　　　　　　　　　　　（b）

图 1-40　初始方案仿真分析结果与试生产铸件切片

根据初始结果对工艺进行优化,调整冒口尺寸和冒口位置,优化后的仿真分析和实际生产结果如图 1-41 所示。由图可见优化后铸件有效避免了缩孔、缩松缺陷,达到了产品质量要求。

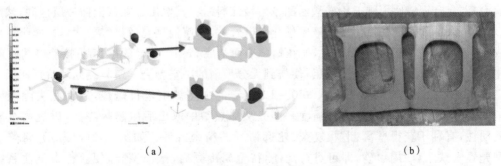

（a）　　　　　　　　　　　　　　　　　　　　　　（b）

图 1-41　改进方案仿真分析结果与试生产铸件切片

1.3　特种铸造

1.3.1　消耗性铸型的铸造工艺

1. 熔模铸造

熔模铸造(lost-wax molding,investment casting)是金属液在重力作用下浇入由蜡模熔失后形成的中空型壳,并在其中成形,从而获得精密铸件的成形方法,又称为失蜡铸造。其工艺过程如图 1-42 所示。

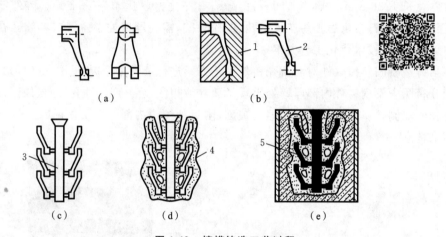

图 1-42　熔模铸造工艺过程

(a)铸件;(b)制造蜡模;(c)制造蜡模组;(d)蜡模组结壳和脱蜡;(e)浇注成形

1—压型;2—蜡模;3—浇注系统;4—型壳;5—浇入的金属

1)熔模铸造工艺过程

(1)制造蜡模　根据铸件制作压型,用压型压制蜡模(常用的蜡模材料为质量分数为 50% 石蜡和 50% 硬脂酸,其熔点为 50~60 ℃),再将单个蜡模黏结在蜡制的浇注系统上,形成蜡模组,如图 1-42(c)所示。

(2)结壳和脱蜡　如图 1-42(d)所示,将蜡模组浸泡在耐火涂料中(一般铸件用硅石粉水玻璃涂料,合金钢铸件用刚玉粉硅酸乙酯水解液涂料),将其取出并在其上撒一层硅砂,然后硬化(水玻璃涂料砂壳浸在氯化铵溶液中硬化,硅酸乙酯水解液型壳通氯气硬化),蜡模组表面便形成 1~2 mm 厚的薄壳;重复数次,便在蜡模表面结成 5~10 mm 厚的型壳;接着将其放入 85 ℃左右的热水或蒸汽中,熔去蜡模组,便得到无分型面的中空型壳。蜡料经处理后可回用。

(3)熔化和浇注　将型壳送入 950~1050 ℃ 的加热炉中进行焙烧,以彻底去除型壳中残留的水分、蜡料等,并增加型壳强度。型壳从加热炉中取出后应趁热浇注,以提高金属液的流动性,有利于获得壁薄、形状复杂、轮廓清晰的精密铸件。如图 1-42(e)所示,将焙烧后的型壳置入铁箱,四周填砂,即可进行浇注,待金属冷凝后,敲掉型壳,便获得带浇注系统的一组铸件。

2)熔模铸造的特点和适用范围

熔模铸造的特点如下:

（1）铸件尺寸精度高（可达 DCTG 4～7），表面粗糙度低（$Ra=1.6～6.3\ \mu m$），可实现少无切削加工。

（2）适用于各种合金的铸造，特别是高熔点和难切削加工的合金，如高合金钢、耐热合金等的铸造。

（3）可铸出形状复杂的薄壁铸件，如铸件上宽度大于 3 mm 的凹槽、直径大于2.5 mm 的小孔均可直接铸出。

熔模铸造的缺点是工序繁多，生产周期长，铸件成本高，铸件尺寸不能太大。

综上所述，熔模铸造是一种可实现少无切削加工的精密成形技术，适用于 25 kg 以下高熔点、难切削加工的合金铸件的大量生产，目前主要用于航空、船舶、汽轮机、汽车、机床上的小型精密铸件和复杂刀具等的生产。

实例 某燃气轮机涡轮的熔模铸造。

燃气轮机（gas turbine）是以连续流动的气体为工质带动叶轮高速旋转，将燃料的能量转变为有用功的内燃式动力机械。作为 100 kW 级微型燃气轮机上的核心转动部件，燃机涡轮叶轮除了要长期承受较高的温度和严重的燃气腐蚀外，还要承受由于气流冲击与离心转动产生的拉伸应力、弯曲应力及由于高速气流冲刷作用而产生的振动力，是高转速、高载荷的核心转动部件。该燃气轮机涡轮结构如图 1-43 所示，由涡轮盘和叶片组成。由于其在高温环境下工作，材料选用镍基高温合金。高温合金材料机械加工性能较差，采用机械加工方法加工效

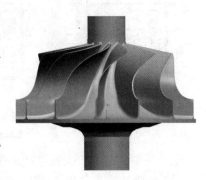

图 1-43　涡轮结构三维模型

率较低，成本较高，因此，采用无余量整体精密铸造成形，辅以必要的机械加工。

该燃机涡轮结构复杂，叶片与涡轮盘截面变化大，叶片长而薄，约有80%的面积的厚度仅为 0.8 mm，充型和补缩困难。铸造过程中极易产生浇不足、缩松、裂纹等缺陷，且铸件不允许补焊。此外，燃气轮机涡轮长期在高转速、高载荷的工况下服役，需要有很高的抗热疲劳性能，叶片部位晶粒最好为细小的等轴晶粒。

生产中通过凝固模拟优化工艺设计，设计合理的浇注系统，保证浇冒口有良好的流通能力和补缩条件。使用合适的浇注温度和型壳温度，为减小铸件的晶粒尺寸，应尽量降低浇注温度和型壳温度，但过低的浇注温度和型壳温度又不利于薄壁部位的充型。综合考虑，将型壳温度设置为 920 ℃，采用较低的浇注温度，同时，在薄壁叶片部位包裹一层保温棉（10～15 mm 厚），保证叶片的充型。采用表面晶粒细化技术，在精铸模壳内表面涂覆形核孕育剂，使铸件表面组织细化。通过这些措施，铸件获得了较好的冶金质量和综合力学性能，且铸件成品率较高。

2. 消失模铸造

用泡沫塑料制成模样，浸挂耐火涂料后放入砂箱内，填入干砂（或树脂砂或磁丸）代替普通型砂进行造型，不取出模样，直接将金属液浇入型中的模样上，使之熔失、气化而形成铸件的方法称为消失模铸造（lost-foam casting），又称为气化模铸造（evaporative-pattern casting）或实型铸造（full mold casting）。

1）模样材料及制造

消失模模样的材料包括可发性聚苯乙烯（EPS）、可发性聚甲基丙烯酸甲酯（EPMMA）及

两者的共聚物(STMMA)等。模样制造有两种方法:①胶接成形,即用泡沫发泡板材分块制作,然后胶接成模样;②发泡成形,即使泡沫颗粒在金属模具内加热膨胀发泡,形成模样。

2)消失模铸造方法分类

按造型材料及方法的不同,消失模铸造可分为三类。

(1)干砂负压消失模铸造。将表面涂敷耐火涂料的泡沫塑料模样放入特制的砂箱内,填入干砂,振实后在砂箱顶部覆盖一层塑料薄膜,抽真空使砂子紧固成铸型。浇注高温金属液后模样气化,并占据模样的位置而凝固成铸件。接着释放真空,干砂又恢复了流动性,翻转砂箱倒出干砂,取出铸件。消失模铸造造型与浇注如图1-44所示。

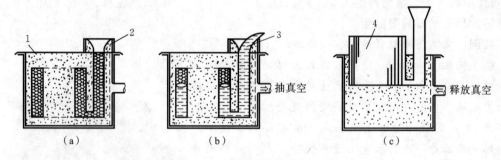

图1-44　消失模铸造造型与浇注
1—塑料薄膜;2—浇口杯;3—金属液;4—铸件

该方法主要适用于大批生产的中小型铸件,如汽车、拖拉机零件,铸件管接头、耐磨件等。

(2)树脂砂或水玻璃砂消失模铸造。其造型过程与普通砂型铸造相似,主要适用于单件、小批生产的中大型铸件,如汽车覆盖件模具、机床床身等。

(3)磁型消失模铸造。将表面涂敷耐火涂料的泡沫塑料模样放入磁丸箱中,如图1-45所示,填入磁丸,经微振紧实后置入固定的磁型机内。在强磁场的作用下,磁丸相互吸引形成强度和透气性良好的铸型,浇注后高温金属液使模样气化,并占据模样的位置而凝固成铸件。断电后磁场消失,磁丸重新恢复流动性,卸掉磁丸即可取出铸件。此方法主要适用于中小型铸件的大量生产。

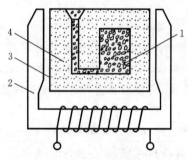

图1-45　磁型铸造
1—模样;2—电磁铁;3—磁丸箱;4—磁丸

3)消失模铸造的特点及应用范围

(1)消失模铸造是一种少无余量、精密成形的新技术。由于泡沫塑料模样的尺寸精度高,在造型过程中不存在分模、起模、修型、下芯、合型等操作造成的尺寸偏差,铸件的尺寸精度和表面粗糙度接近熔模铸造件,但尺寸可大于熔模铸造件。

(2)由于不需起模、无型芯,模样制作简单,消失模铸造特别适用于形状复杂的铸件,如汽车发动机缸体、缸盖、进排气歧管等。此外,有些装配组件可以采用消失模铸造工艺铸造成连体式铸件,如排气管与气缸盖连体式铸件等。

(3)消失模铸造的工序比砂型铸造和熔模铸造的工序大大简化,工艺技术容易掌握,易于实现机械化和绿色化生产。

消失模铸造适用于除低碳钢以外的各类合金的生产。由于泡沫塑料模样在气化的过程中会对铸件产生增碳作用,因此不适合生产低碳钢铸件。目前最为成熟的消失模铸造工艺用于汽车铸件的批量生产。消失模铸造技术为多品种铸件的单件、小批及大量生产,以及几何形状复杂的中小型铸件的生产,提供了一种新的、更为经济适用的方法。

1.3.2 永久性铸型的铸造工艺

1. 金属型铸造

金属型铸造(permanent mold casting)是在重力作用下将金属液浇入金属铸型中而获得铸件的铸造方法。金属型可以反复使用,所以又称为永久型。

1) 金属型的构造及铸造工艺

金属型的材料一般采用铸铁,若浇注铝、铜等合金,则要用合金铸铁或铸钢。型芯可用金属芯或砂芯,有色金属铸件常用金属芯。

金属型按其结构可分为整体式、垂直分型式、水平分型式和复合分型式等。图 1-46 所示为铸造铝活塞的金属型及金属芯。左、右半型用铰链连接以开合铸型;中间采用组合式型芯,以防止活塞内部的凸台阻碍抽芯;凸台销孔处有左、右两个型芯。铸件浇注后,及时抽去型芯,然后再将两个半型打开,取出铸件。

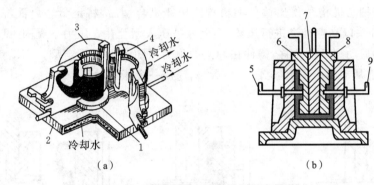

图 1-46 铸造铝活塞的金属型及金属芯

(a) 铰链开合式金属型;(b) 组合式金属芯

1—底型;2—底板;3—左半型;4—右半型;5—左销孔型芯;6—左侧型芯;7—中间型芯;8—右侧型芯;9—右销孔型芯

金属型导热快,没有退让性和透气性,铸件易产生浇不足、冷隔等缺陷及产生内应力和变形,且铸铁件易产生白口组织。因此,浇注前要对金属型进行预热,以减缓铸型冷却速度。在连续工作中,金属型不断受到金属液的热冲击,必须对其进行冷却,以减少金属型的温差,延长其使用寿命。通常控制金属型的工作温度在 120~350 ℃范围内。

为加强金属型的排气,除在金属型的型腔上部设排气孔外,还常在金属型的分型面上开通气槽或在型壁上设置通气塞,气体能通过通气塞,而金属液则因表面张力的作用不能通过。

为了降低铸件的冷却速度,防止金属液直接冲刷铸型,延长金属型的使用寿命,在型腔表面要涂敷厚度为 0.2~1.0 mm 的耐火涂料。为了防止金属型对铸件收缩的阻碍,浇注后应尽快从铸型中抽出型芯并取出铸件。最适宜的开型时间要经过试验确定,一般中、小型铸件的出型时间为 10~60 s。

2) 金属型铸造的特点及应用范围

与砂型铸造相比,金属型铸造有如下优点:

(1) 铸型可连续重复使用,省去了砂型铸造中的配砂、造型、落砂等许多工序,提高了生产效率,减少了造型材料的消耗,改善了生产条件。

(2) 金属型尺寸稳定,表面光洁,提高了铸件的尺寸精度(DCTG 6~9),降低了表面粗糙度($Ra=6.3\sim12.5\ \mu m$),减小了切削加工余量。铸件冷却速度快,晶粒组织细化,提高了铸件的力学性能,如铜、铝合金铸件的抗拉强度可提高10%~20%。

但是,金属型的成本较高、制作周期长,不适合单件、小批生产,也不能生产大型铸件。金属型导热快,铸铁件容易产生白口组织,不适合生产形状复杂的薄壁铸件。因此,该方法主要用于活塞、汽缸盖、油泵壳体等形状不太复杂的铝合金中小型铸件的大量生产。

2. 压力铸造

压力铸造(die casting)是将液态(或半固态)金属高速压入铸型,并在压力下结晶而获得铸件的方法,简称压铸。常用的金属压射力为25~150 MPa,流速为15~100 m/s,充填时间为0.01~0.2 s。高压和高速是压铸的重要特征。

1) 压力铸造工艺过程

压力铸造是在压铸机上完成的,压铸机分冷室和热室两种,其中冷室压铸机又有卧式和立式两种形式。它所用的铸型称为压型。图1-47所示为冷室卧式压铸机压铸过程。压型是垂直分型,其半个铸型固定在定模底板上,称为定型;另外半个铸型固定在动模底板上,称为动型。压型上装有抽芯机构和顶出铸件的机构。压铸机合型后,将定量金属液浇入压室(见图1-47(a)),压射冲头以高速推进进行压铸,金属液被压入型腔并在压力下凝固(见图1-47(b))。待铸件凝固成形后动型开型左移,铸件在冲头的顶力下随动型离开定型。当动型顶杆挡板受阻时,顶杆将铸件从动型中顶出(见图1-47(c)),完成一个压铸过程。

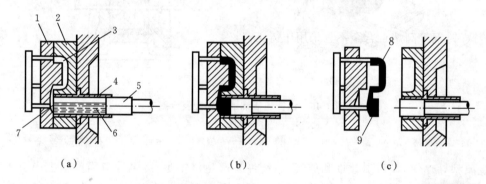

图1-47 卧式压铸机压铸过程

(a) 合型;(b) 压铸;(c) 开型

1—动型;2—定型;3—型腔;4—压室;5—压射冲头;6—金属液;7—浇道;8—铸件;9—余料

图1-48所示为热室压铸机压铸过程。其中鹅颈形注射升液缸与金属液连在一体,一次压铸后多余液体将回到熔体槽中,不存在余料。

压型是压铸的关键工艺装备,型腔的尺寸精度及表面粗糙度直接影响到铸件的尺寸精度及表面粗糙度。压铸时,型腔受到金属液的热冲击,因此压型必须用合金工具钢来制造,并进行严格的热处理。压型工作温度应保持在120~280 ℃,并定期喷涂料。

2) 压力铸造的特点及应用范围

压力铸造的优点如下:

(1) 生产效率高,生产过程易于实现机械化和自动化。一般冷室压铸机平均每8 h可压铸600~700件。

(2) 铸件品质好,铸件精度达DCTG 4~8,表面粗糙度为Ra 0.8~3.2 μm。加工余量一般在0.2~0.5 mm内,有的压铸件甚至可不经过机械加工而直接使用。可以制得薄壁、轮廓清

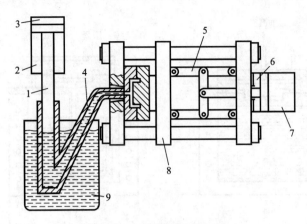

图 1-48 热室压铸机压铸过程

1—柱塞;2—上升缸;3—下压缸;4—鹅颈形升液管;5—四连杆机构;6—开模缸;7—合模缸;8—移动十字头;9—金属液

晰的铸件,采用现代超薄铝合金压铸技术可制造 0.5 mm 厚的铸件,如铝合金笔记本电脑外壳。

（3）铸件力学性能好。压铸件在金属型内冷却,又在压力下结晶,晶粒细小,组织致密,其抗拉强度比砂型铸件高 25%～30%,允许把铸件设计得更薄。此外,由于激冷导致铸件表面硬化,铸件具有良好的耐磨性。

（4）便于采用镶嵌法铸造,实现一件多材质制造,有利于改善铸件某些部位的性能。

但是,压铸机设备投资大,而且压型制作周期长、成本高,只有用于大量生产时经济上才合理。铸铁、铸钢等高熔点合金不宜采用压铸工艺,因为压型难以适应而工作寿命短。由于金属液在高压、高速下充型,铸件中包含的气体很难排除,厚壁处难以进行补缩,故压铸件内部常存在气孔、缩孔和缩松等缺陷,因此一般压铸件不宜进行热处理或在高温下工作,以免气体膨胀而使铸件表面起泡或变形;同时,切削加工余量应尽量小,以防止内部孔洞外露。设计时应使铸件壁厚均匀,以 3～4 mm 的壁厚为宜,最大壁厚应小于 8 mm,以防止缩孔、缩松等缺陷。

压力铸造是所有铸造工艺中生产速度最快的,广泛应用于汽车、拖拉机、仪器仪表、医疗器械等制造行业,用来生产发动机缸体、缸盖、变速箱体、化油器等中小型铸件,特别是 10 kg 以下的低熔点合金铸件。

3. 真空铸造和低压铸造

低压铸造(low pressure casting)是介于金属型铸造和压力铸造之间的一种成形技术,它是在 20～70 kPa 的压力下将金属液注入型腔,并在压力下凝固的铸造方法。因其压力低,故称之为低压铸造。

1) 真空铸造和低压铸造工艺过程

图 1-49 所示为真空铸造(vacuum casting)和低压铸造。将熔炼好的金属液存放在密封的电阻坩埚炉内保温,铸型安放在密封盖下方(见图 1-49(a))或者上方(见图 1-49(b)),铸型底部的浇口对准坩埚炉内的升液管并锁紧铸型。浇注时,通过真空泵抽真空或由进气管向炉内缓慢通入压缩空气,金属液经升液管平稳注入铸型,型腔注满后将空气压力升到规定的工作压力并保持适当时间,使金属液在压力下结晶并充分进行补缩。铸件成形后撤去坩埚炉内的压力或真空,升液管内的金属液回到坩埚,开启铸型,取出铸件。铸件由浇注系统进行补缩,不用冒口。铸件自下而上充型和自上而下凝固成形是其基本特点。

2) 真空铸造和低压铸造的特点及应用范围

真空铸造和低压铸造可弥补压力铸造的某些不足,其主要优点如下:

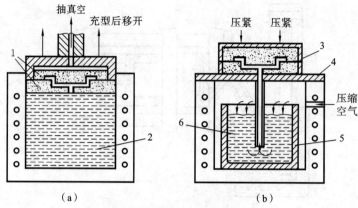

图 1-49　真空和低压铸造

(a) 真空铸造；(b) 低压铸造

1—铸型；2、6—金属液；3—箱体；4—盖板；5—坩埚

（1）便于调节浇注压力和速度，可适应各种不同的铸型（如金属型、砂型、壳型等）。同时，充型平稳，对铸型的冲击力小，气体较易排除。

（2）便于实现定向凝固，防止缩孔和缩松，铸件组织致密，力学性能好。

（3）铸件的表面品质高于金属型铸件的，可生产出壁厚为 1.5～2 mm 的薄壁铸件。

（4）不用冒口，金属的利用率可提高到 90%～98%。

低压铸造所用设备简单、投资少，浇注系统简单，金属的利用率高。该方法常用来生产汽缸体、汽缸盖、活塞、曲轴箱、壳体等高品质铝合金、镁合金铸件；有时也用来生产铜合金件、铸铁件，如船用螺旋桨、内燃机曲轴等。

4. 离心铸造

离心铸造（centrifugal casting）是将金属液浇入高速旋转（250～1500 r/min）的铸型中，使金属液在离心力作用下充填铸型并凝固成形的铸造方法。

1）离心铸造的基本方式

离心铸造特别适用于生产圆筒形（如管、套等）铸件。为使铸型旋转，离心铸造必须在离心铸造机上进行。根据铸型旋转轴空间位置的不同，离心铸造可分为立式和卧式两大类，如图 1-50 所示。

在立式离心铸造机上铸型是绕竖直轴旋转的，当浇注圆筒形铸件时（见图 1-50(a)），金属液并不填满型腔，而在离心力的作用下紧靠铸型的内表面并凝固，而铸件的壁厚则取决于浇入的金属量。这种方式的特点是，铸件的自由表面（即内表面）由于重力的作用而呈抛物线状，铸件上薄下厚。显然在其他条件不变的前提下，铸件的高度越大，壁厚的差别越大。因此，该方法主要用于生产高度小于直径的环类铸件。

在卧式离心铸造机上铸型是绕水平轴旋转的（见图 1-50(b)）。在离心力的作用下，金属液贴在铸型内表面上而形成中空铸件。利用这种方法铸出的圆筒形铸件无论在轴向还是径向壁厚都是相同的，因此适用于生产长度较大的管形铸件。这也是最常用的离心铸造方法。

离心铸造也可用来生产成形铸件，如图 1-50(c)所示，多在立式离心铸造机上进行。铸型紧固于旋转工作台上，浇注时金属液充满铸型，故不形成自由表面。成形铸件的离心铸造虽未省去型芯，但在离心力作用下，金属的充型能力提高，便于薄壁铸件的成形，而且浇注系统可起补缩作用，使铸件组织致密。

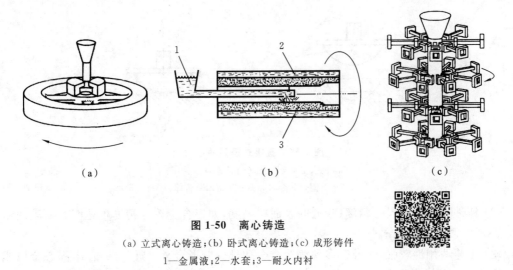

图 1-50　离心铸造

(a) 立式离心铸造；(b) 卧式离心铸造；(c) 成形铸件

1—金属液；2—水套；3—耐火内衬

2）离心铸造的特点及适用范围

离心铸造具有如下优点：

（1）生产圆筒形铸件时，可省去型芯、浇注系统和冒口，因而省工、省料，降低了铸件成本。

（2）金属结晶由外向内顺序凝固，气体和熔渣比较轻而向内部集中，铸件组织致密，极少存在缩孔、气孔、夹渣等缺陷。

（3）可进行双金属铸造，如在钢套上镶铸薄层铜衬制作滑动轴承等，可节省贵重材料。

用离心铸造方法生产的铸件内表面粗糙，尺寸误差大，品质差，若需切削加工，必须增大加工余量。此方法不适合铸造密度偏析大的合金（如锡青铜等）及铝、镁等轻合金铸件。

离心铸造主要用来大批生产各种铸铁和铜合金的管形、套形、环形铸件和小型成形铸件，如铸铁管、内燃机汽缸套、轴套、齿圈、双金属轴瓦和双金属轧辊等。

5. 挤压铸造

挤压铸造（squeezing casting）也称"液态模锻"，是对进入挤压铸型型腔内的液态（或半固态）金属施加较高的机械压力，使其成形和凝固，从而获得铸件的铸造方法。

1）挤压铸造的工艺过程

最简单的挤压铸造如图 1-51 所示。在铸型中浇入一定量的金属液，上型随即向下运动，使金属液自下而上充满型腔并凝固。挤压铸造给金属液的压力（2～10 MPa）和速度（0.1～0.4 m/s）比压力铸造的小得多，且无涡流、飞溅现象，所以铸件组织致密无气孔。挤压铸造一般在液压机或专用挤压铸造机上进行。

根据挤压铸造时铸件上的受力形式及金属液充填型腔的状态，可将挤压铸造分为两大类：一类为直接式挤压铸造（型腔内加压），其特点是冲头的压力直接作用在铸件的端部和内表面上，加压效果好，铸件局部可产生微量塑性变形组织，这种方式适合生产厚壁和形状不太复杂的铸件；另外一类为间接式挤压铸造（压室内加压），其主要特征是工件成形时所受到的压力是由压室内金属液在压（冲）头力的作用下经浇道传递到铸件上的，外力并不直接作用在铸件上，不产生塑性变形组织，这种方式更加灵活适用，可生产形状复杂、壁厚差较大的铸件。

2）挤压铸造的特点及应用范围

（1）铸件组织致密，有利于防止气孔、缩松、裂纹的产生，晶粒细化，可进行固溶处理。铸件的力学性能高于其他普通铸件的，接近同种合金锻件水平。

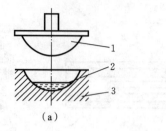
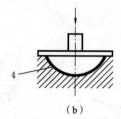

（a）　　　　　　　　　　　　　（b）

图 1-51　直接式挤压铸造

（a）浇入定量金属液；（b）上型向下挤压

1—上型；2—金属液；3—下型；4—铸件

（2）铸件有较高的尺寸精度、较低的表面粗糙度，如铝合金铸件精度可达 CT 5，表面粗糙度可达 $Ra\ 3.2\sim6.3\ \mu m$。

（3）工艺适用性较强，适合于多种铸造合金和部分变形合金。近年来，在半固态金属成形及金属基复合材料成形方面得到了广泛应用。

（4）工艺出品率高，便于实现机械化、自动化生产。

挤压铸造适合生产各种力学性能要求高、气密性好的厚壁铸件，如汽车铝轮毂、发动机铝活塞、铝缸体、制动器铝铸件等，不适合生产结构复杂的铸件。

实例　汽车发动机缸体的铸造工艺。

汽车发动机缸体是发动机中质量最大、复杂程度最高、生产难度最大的一个关键零件。发动机缸体不仅需要高度精确的尺寸，而且内外部结构复杂（见图1-52）。缸体的缸套及活塞环要具有较好的耐磨性及稳定性，排气管则要求有较好的耐热性。为实现节能减排，汽车发动机的发展呈现出高效率、轻量化的趋势，缸体内部结构变得越来越复杂，最小壁厚越来越小，有的已经降到 3 mm 以下，相应地，对铸造技术、工艺和装备的整体水平提出了越来越高的要求。

图 1-52　某汽车发动机缸体

缸体材料的发展经历了灰口铸铁、铝合金及蠕墨铸铁的过程。灰口铸铁缸体具有耐高压、耐高温、不易变形等优点，常用材料为 HT250。铝合金缸体质量小，散热快，适应了轻量化的发展需求，目前大多数乘用车缸体采用铝合金生产，采用镁合金铸件以实现轻量化也呈不断扩大态势。而工程车仍然采用铸铁缸体。此外，近些年来，蠕墨铸铁开始在大功率柴油发动机件上大规模应用。蠕墨铸铁的强度和刚度分别比灰口铸铁的高 75% 和 45%，疲劳强度几乎是灰口铸铁的两倍。用蠕墨铸铁取代灰口铸铁生产发动机缸体至少可使缸体质量减小 10%，同时可大大减少疲劳变形并降低发动机的污染物排放量。

目前生产铸铁缸体主要采用砂型铸造工艺，通常选用树脂砂作为型砂。在造型方面，普遍采用高压造型全自动生产线（静压造型线、气冲造型线等）。铝合金缸体大多采用压铸机自动生产线生产。

1980 年初，消失模技术引起发达国家各汽车厂家的关注和兴趣。消失模铸造技术特别适用于缸体、缸盖、进排气歧管等形状复杂、需要砂芯成形的汽车铸件。在运用传统工艺生产这类铸件时,制芯和清理都需要花费时间与成本,然而消失模铸造不要砂芯就能够铸造出所需铸件,同时也简化了清理工作。目前最为成熟的消失模铸造工艺是用在汽车铸件的批量生产中的,所生产的产品有铝合金铸件(如进气歧管、缸体、缸盖等)和铸铁件(如曲轴、缸体、缸盖、变速器壳体、排气管等)。

1.4 快速铸造技术

对于复杂铸件的开发,传统模式下从初期研发到最终确定生产工艺方案通常需要一两年的时间,而随着现代制造业的快速发展,产品更新换代速度加快,传统铸件研发模式已难以满足市场需求。

快速成形制造技术又称为快速原型制造技术(rapid prototyping,RP)。快速成形制造技术基于离散-堆积成形原理,从零件的三维模型出发,通过软件分层离散将三维模型转换成二维剖面,进而通过数控系统用激光束或其他方法将材料逐层堆积形成三维实体,可以在不用模具和工具的条件下快速生成几乎任意复杂形状的金属或非金属零件。将快速成形制造技术和传统铸造技术相结合,可以显著缩短制模周期,提高生产效率,实现金属零件的单件或小批量敏捷制造。

1.4.1 快速熔模精密铸造

传统熔模铸造一般需要使用蜡模压型,且铸造工艺的调整直接影响压型的结构和尺寸,模具制造周期长,耗资大,不能适应迅速响应市场的需求。将快速成形制造技术与熔模铸造工艺相结合,利用激光选区烧结技术(selective laser sintering,SLS)直接制备出熔模,再结合传统铸造工艺,可以快速地完成铸造,实现高精度、低成本、短周期的生产目标。快速熔模精密铸造(rapid investment casting)工艺流程如图1-53所示。

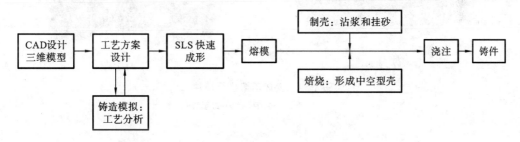

图1-53 快速熔模精密铸造工艺流程

1. 熔模的快速制备

SLS快速成形利用的是粉末材料在激光照射下烧结的原理。SLS熔模粉末材料经历了从蜡料、聚碳酸酯(polycarbonate,PC)粉末到聚苯乙烯(polystyrene,PS)粉末的发展过程,目前,PS粉末材料已在熔模铸造领域获得了广泛应用。

1)数据处理

使用三维设计软件完成零件结构和工艺设计,为减小熔模的质量,提高原材料利用率,对模型进行镂空处理;熔模尺寸偏大无法一次烧结成形时需进行分割,将模型分块烧结;最后对模型进行切片处理,得到一定厚度的轮廓截面数据。切片工艺直接影响着熔模的尺寸稳定性、表面粗糙度和生产效率,一般层厚参数选择 0.1~0.3 mm,扫描间距选择 0.2~0.5 mm。

2）熔模成形

将处理好的数据导入快速成形设备,在工作台上准备好均匀铺放的粉末材料,激光束在计算机控制下,按照工件截面轮廓有选择性地进行扫描,粉末熔融烧结成形,形成一定厚度的截面片层;一层截面成形完成后,工作台下降一个截面层的高度,重复铺粉、激光扫描过程,形成新一层截面。如此重复堆叠,最终获得所需熔模。

3）浸蜡

SLS 成形熔模孔隙率超过 50%,表面粗糙度较高,需经浸蜡等后处理工序,以提高熔模的表面品质和与涂料的黏结性。将烧结好的熔模浸入一定温度的液态蜡中,保持一定的时间,使蜡料充分浸入熔模的微小间隙中,然后用从粗到细的砂纸进行仔细打磨,从而获得表面品质优良的熔模。

2. 涂壳、脱模和浇注

制成的熔模经过重复沾浆、撒砂硬化过程,形成一定厚度的型壳,再经脱模、焙烧、浇注、冷却后经过后处理得到最终的铸件。

与传统熔模铸造工艺相比,快速熔模精密铸造不需模具,可以打印出熔模并通过蜡型直接铸造,避免了设计更改和铸造参数的修改(例如铸造收缩率)所带来的模具和工装报废的弊端。目前快速熔模铸造铸件精度为 DCTG 7~8,表面粗糙度为 Ra 3.2~6.3 μm。生产的铸件已成功应用于航空、航天、汽车等各个领域,图 1-54 所示为汽车变速箱壳体熔模及最终铸件。

（a）　　　　　　　　　　　　　　　　　　　（b）

图 1-54　变速箱熔模及铸件

(a) 变速箱壳体熔模;(b) 铸铝件

1.4.2　快速砂型铸造

快速砂型铸造(rapid sand casting)是将快速成形制造技术与传统砂型铸造技术相结合而形成的新型铸造技术。快速砂型铸造工艺流程如图 1-55 所示。

砂型的快速成形技术主要有三种。

1. 基于激光选区烧结和基于三维印刷技术的砂型快速成形

激光选区烧结(SLS)技术采用激光烧结覆膜树脂砂或陶瓷粉末等,直接制造精密铸造砂型(芯)或陶瓷芯,再经过烘烤固化等后处理后,用于浇注金属铸件。砂型 SLS 快速成形的研究始于 20 世纪 90 年代,目前已用于汽车制造业和航空工业等铸件的生产,生产出的砂型铸件的尺寸精度可达 CT 8~10,表面粗糙度在 Ra 12.5 μm 左右,铸件的精度有待进一步提高。图 1-56 所示分别为 SLS 成形的某缸盖砂芯和浇注得到的铸铝缸盖。

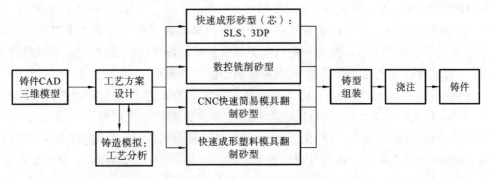

图 1-55　快速砂型铸造工艺流程

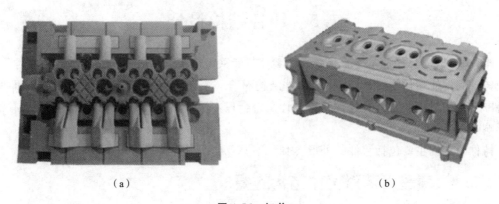

（a）　　　　　　　　　　　　　（b）

图 1-56　缸盖

（a）缸盖砂芯；（b）缸盖铸件

不同于 SLS 技术采用激光烧结粉末成形，三维印刷（3D printing，3DP）技术是采用喷射液体黏结剂的方式将固体粉末逐层黏结成形。造型时，铺粉机构在加工平台上精确地铺上一薄层粉末材料，喷头在计算机的控制下根据工件截面轮廓在粉末上有选择性地喷射黏结剂，使粉末黏结固化。如此层层叠加，直至成形完毕。与 SLS 成形相比，3DP 成形速度较快；几乎没有热应力，可以整体成形较大尺寸零件；设备成本及运行成本相对较低。因此，3DP 技术在铸造砂型（芯）、石膏型成形等方面有着更广阔的应用前景。但由于 3DP 工艺使用的液体黏结剂多为树脂或其固化剂，常由于黏结剂黏度等液体特性不稳定导致部分喷嘴堵塞，需经常更换喷头，会使成本显著增加。

2. 砂型的数控铣削成形

近年来，数控铣削砂型（芯）技术已逐渐发展成为一种新型的特种铸造技术，其铸件的尺寸精度及表面质量均有较大的提高，为传统的铸造技术提供了一种绿色的快速制造方法，给铸造尤其是砂型制造技术带来了根本性的变化。

另外，数控铣削技术同样可与消失模铸造技术结合，根据三维模型在数控机床上加工出用于浇注的消失模原型，实现消失模原型的快速精密成形，特别适合单件、小批量、大型铸件的快速精密铸造。

当前，砂型的数控铣削技术在专用设备开发、铣削刀具、数控铣削加工工艺及清砂等方面已取得了很大的进展，在铸造中得到了一些实际应用，但在设计针对砂型快速铣削的专用刀具、开发适用于砂型数控铣削加工的砂坯制备技术等方面仍有待进一步发展。

3. 砂型的间接快速成形

砂型的间接快速成形是将快速制造技术与传统的模具翻制技术相结合来制造砂型,包括数控加工快速制造模具翻制砂型和快速成形塑料模具翻制砂型,可以较好地控制模具的精度、表面质量、力学性能与使用寿命,同时也更能满足经济性的要求。

轻量化、精确化、高效化和清洁化是铸造技术的重要发展方向。快速铸造技术因不需模样、制造时间短、无起模斜度,以及可制造含自由曲面的铸型和实现铸型 CAD/CAE/CAM 一体化,是实现铸造过程自动化、柔性化、敏捷化的重要途径。当前,快速铸造技术在不断地发展和完善,该技术的推广应用必将对日益增多的新产品试制开发,以及单件、小批量复杂零件的快速制造产生积极影响,带来巨大的经济效益和社会效益。

1.5　铸件结构设计

箱体、支架、阀体、泵体等形状复杂的零件一般采用铸造工艺成形。设计铸件结构时,不仅要使铸件满足使用性能要求,还应使铸件结构符合铸造工艺和合金铸造性能的要求,即所谓"铸件结构工艺性"的要求。铸件结构设计是否合理,对铸件品质、铸造成本和生产效率有很大的影响。

铸件的结构主要包括铸件的外形、内腔、壁厚及壁间的连接形式等。

1.5.1　铸造工艺对铸件结构的要求

1. 铸件的外形应便于取出模型

(1) 尽量避免外部侧凹。铸件在起模方向上若有侧凹,将增加分型面的数量或需使用外型芯,不仅会增加工时和成本,还会影响铸件的尺寸精度。如图 1-57(a)所示的端盖,上、下法兰的存在使铸件有侧凹,需要两个分型面,采用三箱造型,易使铸件产生错型,或者增加环状外型芯,使造型工艺复杂。图 1-57(b)所示的改进设计取消了上部法兰,铸件只有一个分型面,因而可以简化造型工艺。特别是对于机器造型,这种改进尤其有必要,因机器造型只允许有一个分型面。

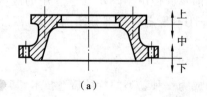
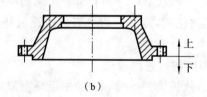

| (a) | (b) |

图 1-57　端盖铸件

(a) 改进前;(b) 改进后

(2) 凸台、肋板等凸出部位的设计。凸台、肋板等是铸件上常见的结构,设计铸件侧壁上的凸台、肋板时,要考虑到起模方便,尽量避免使用活块和型芯。如图 1-58(a)(c)所示的凸台均妨碍起模,应将相近的凸台连成一片,并延伸到分型面处,如图 1-58(b)(d)所示,这样就不需要活块或型芯,便于起模。如图 1-59 所示的汽缸套,其总长度为 200 mm,原设计中,其外围的散热片不便于起模,改进设计后,既满足了使用要求,又便于铸造生产。

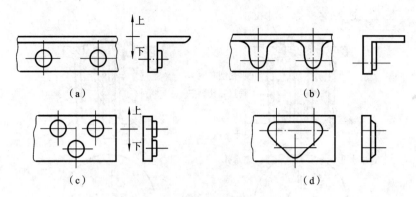

图 1-58 凸台的设计

(a)(c) 改进前；(b)(d) 改进后

2. 合理设计铸件的内腔

（1）尽量避免或减少型芯。不用或少用型芯，可节省制造芯盒、制芯和下芯装配的时间和成本，降低型芯组装间隙对铸件尺寸精度的影响，避免铸件因型芯安放不稳、排气不畅等而产生缺陷。

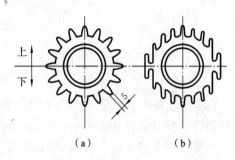

图 1-59 汽缸套散热片设计的改进

(a) 改进前；(b) 改进后

如图 1-60(a)所示的悬臂支架，在设计时为使壁厚均匀且有足够的强度，设计为框形截面结构，但造型时须采用悬臂型芯及芯撑使型芯定位和紧固，型芯的固定、排气困难；改为图 1-60(b)所示的工字形截面结构，可省去型芯，在同样满足支撑强度要求的情况下，铸造工艺得到明显简化。

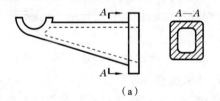 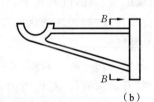

图 1-60 悬臂支架

(a) 改进前；(b) 改进后

盘盖类铸件设计时，其内腔设计的目的是使铸件壁厚均匀，同时减轻质量。图 1-61(a)所示的圆盖铸件内腔改为图 1-61(b)所示结构后，可利用砂型"自带型芯"形成内腔，简化了工艺。

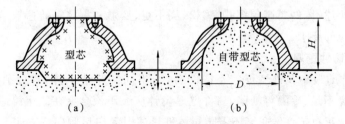

图 1-61 内腔的两种设计

(a) 改进前；(b) 改进后

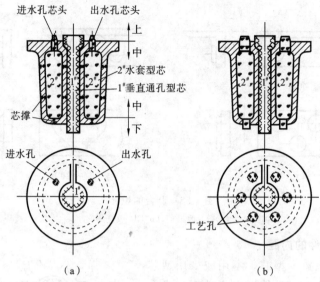

图 1-62　高炉风口铸件内腔结构的改进

(a) 改进前；(b) 改进后

(2) 型芯要便于固定、排气和清理。图 1-62 所示为高炉风口铸件，其中心孔为热风通道，热风通道周围是通循环水的水套夹层空间，其顶部有两个直径较小的孔作为循环水的进水孔与出水孔。原工艺如图 1-62(a)所示，为了下芯方便，采用两个分型面、三箱造型，并用芯撑固定型芯。这样，下芯操作十分困难；芯撑不容易与铸件熔合，易造成渗漏；水套型芯的气体只能从进出水口芯头排出，排气不畅，易使铸件产生气孔；型芯清理时，水套型芯的芯砂、芯骨只能从进出水口小孔处掏出，操作困难。改进后的工艺如图 1-62(b)所示。该方案是在铸件上、下增开适当大小和数量的工艺孔，既方便下芯，也利于型芯排气和清理。但因对铸件有致密性要求，不允许有工艺孔存在，故当铸件清理后，需采取焊补等方法将工艺孔封闭，使其不渗漏。

3. 铸件上的结构斜度

零件上垂直于分型面的不加工表面，在结构设计时应设计出结构斜度。图 1-62 所示的高炉风口铸件的外形具有结构斜度，起模省力，铸件尺寸精度高。

铸件的结构斜度与起模斜度不容混淆。结构斜度是在零件结构设计时在非加工面上设计的，且斜度值可以较大。起模斜度是在铸造工艺设计时，在垂直于分型面的加工面上放置的，斜度值较小。

1.5.2　合金铸造性能对铸件结构的要求

如 1.1 节中所述，铸件要避免缩孔、缩松、浇不足、变形和裂纹等铸造缺陷，为此，对铸件结构设计提出了相应的要求。

1. 合理设计铸件壁厚

(1) 确定铸件的最小允许壁厚。不同的合金、不同的铸造条件，对合金的流动性影响很大。为防止产生浇不足、冷隔等缺陷，铸件壁厚设计应大于该合金在一定铸造条件下所能得到的最小壁厚。对于灰口铸铁铸件，还需防止铸件过薄引起白口倾向。表 1-5 列举了在砂型铸造条件下不同合金种类的最小允许壁厚。

(2) 确定铸件的最大允许壁厚。铸件壁厚也不宜太大。厚壁铸件晶粒粗大，易产生缩松、

表 1-5　砂型铸造条件下铸件的最小壁厚　　　　　　　　　　　　　　　　(mm)

铸件最大轮廓尺寸	合金种类						
	铸钢	灰口铸铁	孕育铸铁(HT300 以上)	球墨铸铁	铝合金	黄铜	锡青铜
<200	8	3~4	5~6	3~4	3	6	3
200~400	9	4~5	6~8	4~8	3	6	5
400~800	11	5~6	8~10	8~10	4~5	7	6
800~1250	14	6~8	10~12	10~12	5~6	7	7
1250~2000	16~18	8~10	12~16	12~14	6~8	8	8
>2000	20	10~12	16~20	14~16	8~10	8	8

缩孔等缺陷,其承载能力并不是随截面积增大而成比例增加的,因此壁厚应选择得当。铸件的最大允许壁厚约等于最小壁厚的三倍。

(3) 铸件壁厚应尽可能均匀。铸件各部分壁厚若相差过大,厚壁处形成热节,易产生缩孔、缩松等缺陷;同时各部分冷却速度不同,易形成热应力,使铸件薄弱部位产生变形和裂纹。因此,铸件结构设计时,常采用挖空等方法减小铸件壁厚,使壁厚均匀,同时减轻铸件质量;必要时可在薄弱部位设置加强肋,以保证强度,同时增大结构刚度。

需要注意的是,铸件壁厚均匀,是指铸件各部位的冷却速度应相近,而不是其壁厚完全相同。由于铸件的内壁一般由型芯形成,其散热条件比砂型形成的外壁差,应设计得薄一些;而加强肋应设计得更薄,目的是使加强肋先凝固,起到局部加强的作用,防止铸件产生变形和裂纹缺陷。一般铸件的外壁、内壁与肋板厚度之比约为 1∶0.8∶0.6。

此外,检查铸件壁厚的均匀性时,须将铸件的加工余量考虑在内。如图 1-63(a)所示的顶盖铸件,要考虑到四个小孔不铸出,厚大部位出现热节,铸造后会出现缩孔,由于热应力厚壁与薄壁连接处会产生裂纹;把两端厚壁处挖空,同时增加加强肋,改成图 1-63(b)所示结构,则可避免产生缩孔等缺陷。

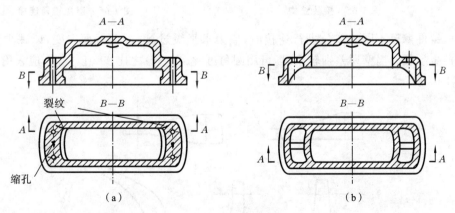

图 1-63　顶盖的设计

2. 壁的连接方式要合理

(1) 铸件壁的转角和壁间连接处均应考虑结构圆角(structure fillet)。图 1-64 所示为不

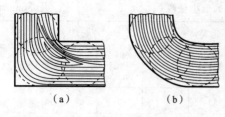

图 1-64   不同转角处的热节和应力分布

(a) 直角;(b) 圆角

同转角处的热节和应力分布。直角处形成热节,易产生缩孔、缩松缺陷;转角内侧易产生应力集中,裂纹倾向大;此外,直角内角部分的砂型为尖角,浇注时容易被冲垮而形成砂眼。改为圆角结构后,则可避免上述问题。因此,结构圆角是铸件结构的基本特征,如图1-63所示的顶盖的结构圆角。

铸件内圆角的大小应与其壁厚相适应,具体数值可参阅表1-6。

表 1-6   铸件的内圆角半径 R 值　(mm)

	$\frac{a+b}{2}$	≤8	8~12	12~16	16~20	20~27	27~35	35~45	45~60
	铸铁	4	6	6	8	10	12	16	20
	铸钢	6	6	8	10	12	16	20	25

(2) 铸件壁要避免交叉和锐角连接。在设计铸件壁或肋间的连接形式时,应避免图 1-65 (a)所示的十字形交叉连接形式,因十字形交叉处形成热节,易产生缩孔、缩松缺陷,且内应力不易通过微量塑性变形释放,容易产生裂纹。可以采用图 1-65(b)所示的交错接头或环状接头,避免形成大的热节,且可通过微量塑性变形缓解内应力。同时,铸件壁间应避免锐角连接,可采用图 1-66(b)所示的过渡形式连接。

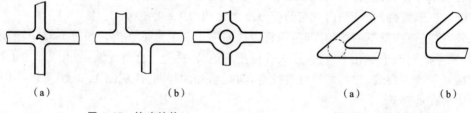

(a)	(b)		(a)	(b)

图 1-65   接头结构　　　　　　　　　　　**图 1-66   避免锐角连接**

此外,铸件壁厚不同的部分进行连接时,应力求平缓过渡,避免截面突变,以减少应力集中,防止产生裂纹。当壁厚差别较小时,可用圆角过渡;当壁厚之比在 2 以上时,应采用楔形过渡,如图 1-67 所示。

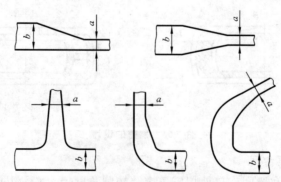

图 1-67   不同壁厚间的连接

3. 避免铸件收缩受到阻碍

设计轮形铸件时,轮辐和辐板的结构形式对铸件抗裂性能有较大影响。如采用图1-68(a)所示的对称直线轮辐设计,铸件收缩受到阻碍,易在轮辐中形成较大的机械应力。对于线收缩率很大的合金,有时由于内应力过大,轮辐会产生裂纹。为防止裂纹,可采用图1-68(b)所示的弯曲轮辐设计,借助轮辐的微量变形减小内应力;也可以采用图1-68(c)所示的奇数轮辐设计,此时轮辐收缩阻力减小,内应力得到缓解;对于承载能力要求高的轮形铸件,常采用曲面辐板结构(见图1-68(d)),通过辐板的变形显著减小内应力。

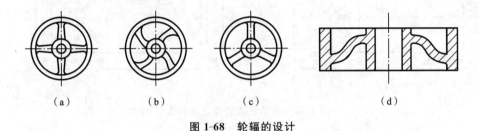

(a)　　　　(b)　　　　(c)　　　　(d)

图1-68　轮辐的设计

4. 避免大的水平面

铸件设计时应避免有过大的水平面。大的水平面易因热应力的影响产生变形。此外,表面质量容易因金属液流动不平稳而下降。常采用加肋板的方式减少或消除上述缺陷(见图1-69),注意图中肋板之间的连接形式。

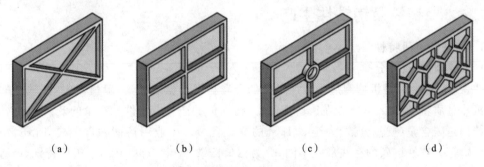

(a)　　　　(b)　　　　(c)　　　　(d)

图1-69　避免大的水平面

(a)(b) 差;(c) 较好;(d) 好

实例　图1-70所示为某发动机油底壳的两种结构设计,材料为铸铝ZL101,经砂型铸造成形。

从简化铸造工艺来分析,图1-70(a)所示的设计存在两处不合理的地方:①垂直于分型面的侧壁上没有设计出结构斜度,不利于造型时取模,制定铸造工艺时需增加起模斜度,没有必要;②内腔设计有内凸台,增加了制芯的难度,去掉内凸台可以简化型芯。

从避免铸造缺陷来分析:①铸件壁厚设计不合理,中下部位金属聚集形成热节,易产生缩孔、缩松缺陷;改进结构如图1-70(b)所示,铸件壁厚均匀,同时为保证此部位结构强度和刚度,增加了加强肋;②铸件壁与壁间过渡处没有结构圆角,浇注时不利于金属液流动,铸件凝固后易产生裂纹、砂眼等缺陷。图1-70(b)所示为改进后的结构及其铸造工艺方案。

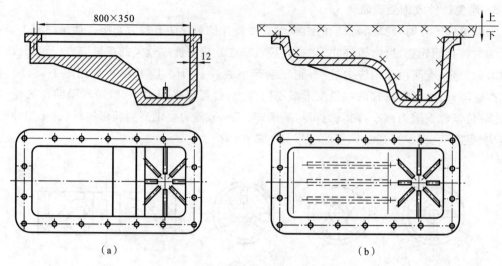

图 1-70 发动机油底壳的结构设计

(a) 差；(b) 好

1.6 铸造金属材料的特性

几乎所有的合金都能用铸造工艺成形,但不同合金的铸造特性有较大的差异。认识不同合金的特性对铸造生产有重要意义。

1.6.1 铸铁及铸铁件生产

1. 铸铁的一般特性

1) 铸铁的特点及分类

铸铁(cast iron)是机械制造中应用最广的金属材料。据统计,一般机器中,铸铁件的质量常占机器总质量的 50% 以上。在铸造生产中,铸铁件的产量占铸件总产量的 80% 以上。

铸铁是碳含量(质量分数)大于 2.11% 的铁碳含金。工业用铸铁除含碳之外,还含有硅、锰、硫、磷等。铸铁按碳的存在形式不同,分为白口铸铁(white cast iron)、灰口铸铁(gray cast iron)、麻口铸铁(mottled cast iron)。

灰口铸铁中碳主要以石墨的形式存在,根据石墨形态的不同(见图 1-71),又可分为:①普通灰铸铁,其石墨呈片状;②球墨铸铁,其石墨呈球状;③蠕墨铸铁,其石墨呈蠕虫状;④可锻铸铁,其石墨呈团絮状。

如果在铸铁中加入一定量的钒、钛、铬、铜等元素,可以获得具有耐热、耐蚀、耐磨等特殊性能的合金铸铁。

2) 铸铁的组织

铸铁中的碳由化合碳(Fe_3C)和石墨组成。化合碳为 0.77%(质量分数,以下同)时为珠光体基体;化合碳小于 0.77% 时,为珠光体+铁素体基体;全部碳都以石墨形式存在时,则为铁素体基体。因此,要想控制铸铁的组织与性能,就必须控制其石墨化过程。影响石墨化过程的主要因素是铸铁的成分和铸件实际冷却速度。

(1) 铸铁成分的影响。碳和硅是铸铁中能有效地促进石墨化的元素。在一定冷却条件

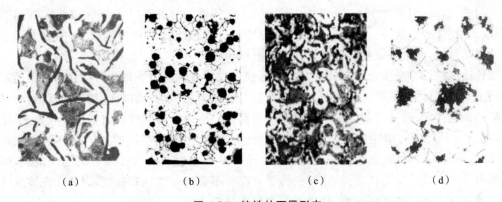

图 1-71　铸铁的石墨形态

(a) 普通灰铸铁；(b) 球墨铸铁；(c) 蠕墨铸铁；(d) 可锻铸铁

下，碳、硅两元素共同影响着石墨化过程，得到不同石墨化程度和基体组织的铸铁（如灰口铸铁、麻口铸铁、白口铸铁等），碳、硅含量及铸件壁厚对铸铁组织的影响如图 1-72 所示。要想得到灰口铸铁件，碳、硅含量应比较高。一般铸铁件的碳含量（质量分数）为 2.8%～4.0%，硅含量（质量分数）为 1%～3%。

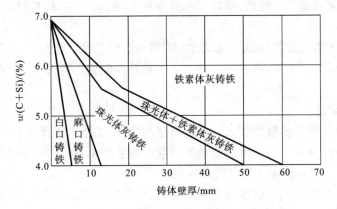

图 1-72　碳、硅含量及铸件壁厚对铸铁组织的影响

除碳、硅外，促进石墨化过程的元素还有铝、钛、镍、铜等，但其作用不如碳和硅大，在生产合金铸铁时，常以这些元素为合金元素。

铸铁中的硫、锰及铬、钨、钒等碳化物形成元素都是阻碍石墨化过程的。硫不仅可强烈地阻碍石墨化过程，还会降低铸铁的力学性能。锰与硫易形成 MnS 进入熔渣，可削弱硫的有害作用。

（2）冷却速度的影响。冷却速度对铸铁石墨化过程影响很大。冷却愈慢，愈有利于石墨的形成。冷却速度过快，常会使铸件薄壁处产生"白口"。图 1-73 所示的三角试样，经激冷后在尖端产生一定深度的白口组织。铸件的冷却速度主要取决于铸型材料和铸件的壁厚。

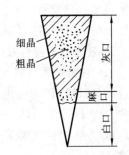

图 1-73　冷却速度对铸铁组织的影响

2. 灰铸铁

1）灰铸铁的化学成分、组织和性能

灰铸铁的化学成分一般为：$w(C) = 2.6\%\sim3.6\%$，$w(Si) = 1.2\%\sim3.0\%$，$w(Mn) =$

$0.4\%\sim1.2\%$，$w(S)<0.15\%$，$w(P)<0.15\%$。灰铸铁的性能取决于基体组织和石墨的数量、形状、大小及分布状态。一般灰铸铁的化学成分和显微组织不作为验收条件，但为了达到规定的力学性能，必须保证相应的化学成分和显微组织。

灰铸铁的组织一般由金属基体和片状石墨组成。灰铸铁的组织结构可以视为在钢的基体(如珠光体、铁素体等)中嵌入大量石墨片。石墨是非金属相，本身的强度、韧度非常低，对基体有明显的割裂作用，石墨片的尖端容易引起应力集中。所以灰铸铁件的力学性能较差，强度仅为钢件的$20\%\sim30\%$，塑性几乎为零，韧度也极低。当基体组织相同时，其石墨越多，片越粗大，分布越不均匀，铸铁的抗拉强度就越低。由于片状石墨对灰铸铁性能有决定性影响，即使基体组织从珠光体改变为铁素体，也只会降低强度而不会增大塑性和韧度，因此珠光体灰铸铁得到广泛应用。铸铁的抗压强度、硬度受石墨的影响较小。

石墨虽然降低了铸铁的力学性能，但却使铸铁获得了许多钢所不及的优良性能。灰铸铁具有良好的减摩与耐磨性能，常用来制造滑动轴承、轴套、涡轮、机床导轨等耐磨的零件。铸铁的减振性很好，所以常用灰铸铁制造机器机座、床身等受压、减振的零件。铸铁的切削性能好，缺口敏感性低。灰铸铁结晶时，由于石墨析出时的体积膨胀，合金的凝固收缩减小，故灰铸铁的收缩率小；而且，灰铸铁中石墨的膨胀，使合金具有一种"自补缩能力"，因此灰铸铁件的缩孔、缩松倾向小。灰铸铁熔点较低，结晶温度范围较窄，流动性好，故具有良好的铸造性能，能够铸造形状复杂的零件。

但是，铸铁属于脆性材料，锻造性能很差，不能进行压力加工。焊接时容易产生裂纹和白口组织，焊接性能也差。此外，由于热处理无法改变石墨的大小和分布，灰铸铁热处理的改性效果很差。

2) 灰铸铁的孕育

孕育处理是浇注前往铁液中加入一定量的孕育剂，形成外来结晶核心，促进铸铁石墨化过程，并使石墨片细小、分布均匀。生产中常用的孕育剂是硅含量(质量分数)为75%的硅铁，加入量一般为铁液的$0.25\%\sim0.60\%$(质量分数)。

孕育铸铁的组织形态是在致密的珠光体基体上均匀分布着的细小的石墨片，其抗拉强度、硬度、耐磨性明显提高。但孕育铸铁中石墨仍为片状，对基体有明显的割裂作用，其塑性、韧度仍然很低。孕育铸铁的另一优点是冷却速度对组织和性能的影响较小。孕育铸铁在厚大截面上性能均匀，比较适合制造要求较高强度、高耐磨性和高气密性的铸件，特别是厚大铸件。

3) 灰铸铁的牌号及生产特点

(1) 灰铸铁的牌号。灰铸铁的牌号是用力学性能表示的。牌号以"灰""铁"二字汉语拼音的首字母"H""T"与一组数字组成，数字表示单铸试棒的最小抗拉强度值(单位 MPa)。灰铸铁共分为 HT100、HT150、HT200、HT225、HT250、HT275、HT300、HT350 八个牌号，其中，HT100 为铁素体灰铸铁，HT150 为铁素体＋珠光体灰铸铁，HT200 以上牌号为珠光体灰铸铁。

表 1-7 列出了部分不同壁厚灰铸铁件抗拉强度参考值。由表可见，选择铸铁牌号时必须考虑铸件的壁厚。例如，某铸件的壁厚 30 mm，要求抗拉强度为 200 MPa，此时，应选 HT250，而不是 HT200。

(2) 灰铸铁的生产特点。灰铸铁可在冲天炉中熔炼，但近年来用电炉熔炼生产灰铸铁的情况日益增多。电炉熔炼温度较高，铁液纯净度较高，也有利于孕育处理，但电炉熔炼铁液不及冲天炉熔炼铁液的石墨化能力强。低牌号灰铸铁一般不需炉前处理便可直接浇注，HT200

表 1-7 部分不同壁厚的灰铸铁件本体的抗拉强度(摘自 GB/T 9439—2010) (MPa)

铸件壁厚/mm	灰铸铁牌号				
	HT150	HT200	HT250	HT300	HT350
5～10	155	205	250	—	—
10～20	130	180	225	270	315
20～40	110	155	195	240	280
40～80	95	130	170	210	250
80～150	80	115	155	195	225

及以上牌号灰铸铁需要进行孕育处理。

灰铸铁有良好的铸造性能,流动性好,收缩率低,一般不需冒口和冷铁,可用于铸造较为复杂的铸件,铸造工艺较为简单。此外,灰铸铁浇注温度较低,对型砂的要求比较低。

灰铸铁件一般不需进行热处理,有必要时可进行时效处理以消除内应力。

3. 球墨铸铁

球墨铸铁(ductile iron)简称球铁,是 20 世纪 40 年代末发展起来的一种重要的铸造合金,它是通过向铁液中加入一定量的球化剂(如镁、钙及稀土等)进行球化处理(spherical process),并加入少量的孕育剂以促进石墨化,在浇注后获得的具有球状石墨组织的铸铁。球墨铸铁具有优良的力学性能、切削加工性能和铸造性能,生产工艺简便,成本低廉,应用十分广泛。

1) 球墨铸铁的化学成分、组织和性能

球墨铸铁原铁液的化学成分为:$w(C)=3.6\%\sim4.0\%$,$w(Si)=1.0\%\sim1.3\%$,$w(Mn)<0.6\%$,$w(S)<0.06\%$,$w(P)<0.08\%$。其特点是高碳,低硅,低锰、硫、磷。高碳是为了提高铁液的流动性,消除白口和减少缩松,使石墨球化效果好。硫与球化剂中的镁、稀土元素化合,促使球化衰退,磷可降低球墨铸铁的塑性和韧度,故应尽量减少铁液中的硫、磷含量。经过球化和孕育处理后,球墨铸铁中的硅含量增加($w(Si)=2.0\%\sim2.8\%$),此外还有一定量的残留镁($w(Mg)=0.03\%\sim0.05\%$)和稀土元素($w(RE)=0.02\%\sim0.04\%$)。

球墨铸铁的铸态组织由珠光体、铁素体及球状石墨组成。控制化学成分,可以得到珠光体基体的球墨铸铁(称为铸态珠光体球墨铸铁),或铁素体基体的球墨铸铁(称为铸态铁素体球墨铸铁)、铁素体+珠光体基体的球墨铸铁。经过不同热处理,可以分别获得以珠光体、铁素体、珠光体+铁素体、索氏体、马氏体等为基体的球墨铸铁。

球墨铸铁中,石墨呈球状,对基体的割裂作用比片状石墨的大大减小。球墨铸铁的力学性能远远高于灰铸铁,接近于钢。球墨铸铁的抗拉强度一般为 $400\sim900$ MPa,与碳钢相当;屈强比($R_{p0.2}/R_m$)高于碳钢;塑性($A=2\%\sim22\%$)远远高于灰铸铁;冲击韧度高于灰铸铁,但比钢低。

球墨铸铁具有较好的工艺性能,其铸造性能优于铸钢,焊接性能、热处理性能优于灰铸铁。此外,球墨铸铁还具有良好的耐磨性、减振性和低的缺口敏感性等,这些又是钢所不及的。因此,球墨铸铁在机械制造中已广泛代替灰铸铁和可锻铸铁,用来制造那些性能要求较高,特别是一些受力复杂、负荷较大的重要铸件,如内燃机车和柴油发动机曲轴、凸轮轴、活塞、汽车、拖拉机的齿轮、后桥壳、吊耳,轧钢机轧辊,水压机的工作缸、缸套、活塞等。

球墨铸铁的牌号以"球""铁"二字的汉语拼音首字母"Q""T"与两组数字表示,两组数字分别表示铸造试块的最小抗拉强度和最小断后伸长率。表1-8列出了常用铁素体、珠光体球墨铸铁(含有铁素体或珠光体或铁素体和珠光体的混合基体的球墨铸铁)的力学性能。

表1-8　常用铁素体、珠光体球墨铸铁的力学性能(摘自 GB/T 1348—2019)

牌号	铸件壁厚 t/mm	力学性能(不小于)		
		抗拉强度 R_m/MPa	屈服强度 $R_{p0.2}$/MPa	断后伸长率 A/(%)
QT350-22	$t \leqslant 30$	350	220	22
	$30 < t \leqslant 60$	330	220	18
	$60 < t \leqslant 200$	320	210	15
T400-18	$t \leqslant 30$	400	250	18
	$30 < t \leqslant 60$	390	250	15
	$60 < t \leqslant 200$	370	240	12
QT400-15	$t \leqslant 30$	400	250	15
	$30 < t \leqslant 60$	390	250	14
	$60 < t \leqslant 200$	370	240	11
QT450-10	$t \leqslant 30$	450	310	10
	$30 < t \leqslant 60$	供需双方商定	供需双方商定	供需双方商定
	$60 < t \leqslant 200$	供需双方商定	供需双方商定	供需双方商定
QT500-7	$t \leqslant 30$	500	320	7
	$30 < t \leqslant 60$	450	300	7
	$60 < t \leqslant 200$	420	290	5
QT600-3	$t \leqslant 30$	600	370	3
	$30 < t \leqslant 60$	600	360	2
	$60 < t \leqslant 200$	550	340	1
QT700-2	$t \leqslant 30$	700	420	2
	$30 < t \leqslant 60$	700	400	2
	$60 < t \leqslant 200$	650	380	1
QT800-2	$t \leqslant 30$	800	480	2
	$30 < t \leqslant 60$	供需双方商定	供需双方商定	供需双方商定
	$60 < t \leqslant 200$	供需双方商定	供需双方商定	供需双方商定
QT900-2	$t \leqslant 30$	900	600	2
	$30 < t \leqslant 60$	供需双方商定	供需双方商定	供需双方商定
	$60 < t \leqslant 200$	供需双方商定	供需双方商定	供需双方商定

2)球墨铸铁的生产

球墨铸铁比灰铸铁的生产工艺复杂,为保证球墨铸铁件的性能,需要从以下几个方面进行控制。

(1)铁液熔炼。冲天炉和电炉均可用来熔炼生产球墨铸铁的铁液。电炉熔炼的铁液温度高,硫含量低(冲天炉熔炼时铁液会从焦炭增硫),更容易保证球墨铸铁件的品质,因而在球墨铸铁生产中电炉的使用越来越多。生产球墨铸铁所用的铁液碳含量要高($w(C) = 3.6\% \sim 4.0\%$),为保证足够的孕育量且防止终硅含量过高,原铁液的硅含量应低一些($w(Si) = 1.0\% \sim$

1.3%），硫、磷含量要尽可能低。由于球化孕育会造成温度以较大幅度下降，为防止浇注温度过低，出炉的铁液温度必须达 1450 ℃以上。

（2）球化处理和孕育处理。球化处理和孕育处理是生产球墨铸铁的关键，必须严格操作。

球化剂的作用是使石墨呈球状析出。多种元素均具有使石墨球化的作用，其中以镁的作用最强。欧美国家多使用纯镁作球化剂，但我国则广泛采用稀土镁硅铁合金作球化剂。稀土镁硅铁合金中的镁和稀土是球化元素，其质量分数均小于 10%，其余为硅和铁。以稀土镁硅铁合金作球化剂，结合了我国的资源特点，其作用平稳，减少了镁的用量，还能提高球化的稳定性，改善球墨铸铁的品质。球化剂的加入量一般为铁液的 1.3%～1.6%（质量分数）。

孕育剂的主要作用是促进石墨化，防止球化元素所造成的白口倾向。常用的孕育剂为硅含量为 75%（质量分数）的硅铁，加入量为铁液的 0.4%～1.0%（质量分数）。为了增强孕育效果，多种孕育效果更好的商品孕育剂得到了广泛使用。

冲入法球化处理如图 1-74 所示。将稀土镁球化剂放在浇包的堤坝内，上面铺以铁屑（或硅铁粉）和覆盖剂，上压球铁板或薄钢板以防球化剂上浮，并使其反应缓和。开始时，先将占浇包容量 2/3 左右的铁液冲入包内，使球化剂与铁液充分反应，而后将补加孕育剂放在出铁槽内，用补加的铁液将其冲入浇包内至浇包充满，进行孕育。球化处理的工艺方法有多种，在我国以冲入法较为常用，目前，采用喂丝球化处理工艺的逐渐增多。

图 1-74 冲入法球化处理
1—铁液；2—堤坝；
3—覆盖剂、孕育剂；4—球化剂

（3）工艺措施。球墨铸铁的共晶凝固温度范围较灰铸铁的宽，呈糊状凝固特征，较灰铸铁容易产生缩孔、缩松等缺陷；球墨铸铁中含有活泼的镁、稀土等元素，易与铸型反应而生成皮下气孔，也易氧化而产生夹渣等缺陷，因此在工艺上要采取一些有针对性的措施。

在热节上安置冒口、冷铁，对铸件加强补缩，可以消除缩孔。提高球墨铸铁的碳含量，同时增加铸型刚度，可以利用石墨析出而产生的自补缩来减少球墨铸铁件的缩松。降低铁液的硫含量和残留镁量，可以防止皮下气孔。此外，还应采取加强球化后的扒渣、浇注时的挡渣，在浇注系统中设置过滤网等措施，以防产生夹渣缺陷。

（4）热处理。铸态的球墨铸铁多为珠光体和铁素体的混合基体，有时还有自由渗碳体，形状复杂件还存在较大的内应力，因此需要通过热处理来分解渗碳体，调整基体组织以及消除内应力。常用的热处理方法是退火和正火，这两种方法分别用来生产铁素体球墨铸铁和珠光体球墨铸铁。

1.6.2 铸钢及铸钢件生产

1. 铸钢的类别和性能

铸钢（cast steel）也是一种重要的铸造合金，适合制造要求有较高强度，同时有良好塑性和韧度的铸件。

铸钢的种类很多，通常按照其化学成分分为铸造碳钢和铸造合金钢两大类。铸造碳钢以碳为主要强化元素，此外，钢中还有少量的硅、锰元素及硫、磷等杂质。铸造碳钢是最重要的铸钢，其产量占铸钢的一半以上。铸造碳钢依其力学性能的不同分为 5 个牌号，不同牌号的铸钢之间的碳含量有明显差异，如表 1-9 所示。

表 1-9　一般工程用铸造碳钢的化学成分和力学性能(摘自 GB/T 11352—2009)

牌　号	主要化学成分(质量分数不大于)/(%)				力学性能(不小于)				
	C	Si	Mn	P、S	$R_{eH}(R_{p0.2})$/MPa	R_m/MPa	A_5/(%)	Z/(%)	A_{KV}/J
ZG 200-400	0.20	0.60	0.80	0.035	200	400	25	40	30
ZG 230-450	0.30	0.60	0.90	0.035	230	450	22	32	25
ZG 270-500	0.40	0.60	0.90	0.035	270	500	18	25	22
ZG 310-570	0.50	0.60	0.90	0.035	310	570	15	21	15
ZG 340-640	0.60	0.60	0.90	0.035	340	640	10	18	10

　　铸造合金钢是指钢中除碳以外,还有其他合金元素作为强化元素的铸钢。按照合金元素的质量分数,可分为合金元素总量低于 5% 的铸造低合金钢和合金元素总量大于 10% 的铸造高合金钢。铸造低合金钢中的合金元素含量较少,其组织与铸造碳钢相似,合金元素除起到固溶强化作用外,主要作用是提高钢的淬透性以利于进行热处理强化,其生产成本比铸造碳钢增加不多而性能较铸造碳钢高,其生产量迅速增加。

　　与铸铁相比,铸钢的力学性能较好,不仅强度较高,而且有优良的塑性和韧度,因此适合制造受力大、强度和韧度要求都较高的零件。铸钢生产较球墨铸铁生产易控制,特别是在大截面铸件或大型铸件上表现得尤其明显。此外,铸钢的焊接性能好,便于采用铸焊联合结构制造超大型构件。

　　铸钢在重型机械制造中有着非常重要的地位。铸造高合金钢件广泛应用于耐磨、耐蚀、耐热等恶劣工作环境的机械设备。

2. 铸钢件的生产

　　(1)铸钢的熔炼。铸钢必须采用电炉熔炼,主要有电弧炉和感应电炉。根据炉衬材料和所用渣系的不同,可分为酸性熔炉和碱性熔炉。铸造碳钢和铸造低合金钢可采用任何一种熔炉熔炼,但铸造高合金钢只能采用碱性熔炉熔炼。

　　(2)铸造工艺。铸钢的熔点高,流动性差,钢液易氧化和吸气,同时,其体积收缩率为灰铸铁的 2~3 倍,因此,铸钢的铸造性能较差,容易产生浇不足、气孔、缩孔、热裂、黏砂、变形等缺陷。为防止上述缺陷的产生,在工艺上必须采取相应措施。

　　生产铸钢件用型砂应有高的耐火度和抗黏砂性,以及高的强度、透气性和退让性。原砂通常采用颗粒较大、均匀的硅砂;为防止黏砂,型腔表面多涂以耐火度更高的涂料;生产大件时多采用干砂型或水玻璃砂快干铸型。为了提高铸型强度、退让性,型砂中常加入各种添加剂。

　　在浇注系统和冒口的设计上,由于铸造碳钢倾向于逐层凝固,收缩大,因此多采用顺序凝固原则来设置浇注系统和冒口,以防止缩孔、缩松的出现。一般来说,铸钢件都要设置冒口,冷铁也应用较多。此外,应尽量采用形状简单、截面面积较大的底注式浇注系统,使钢液迅速、平稳地充满铸型。

　　(3)热处理。铸钢的热处理方法通常为退火或正火。退火主要用于 $w(C) \geqslant 0.35\%$ 或结构特别复杂的铸钢件,这类铸钢件塑性差,铸造应力大,易开裂。正火主要用于 $w(C) \leqslant 0.35\%$ 的铸钢件,这类铸钢件碳含量低,塑性较好,冷却时不易开裂。

1.6.3　铝、铜合金及其铸件生产

1. 铸造铝合金

铸造铝合金（casting aluminium alloy）虽然力学性能不及铸铁、铸钢，但密度小，比强度大，还具有导热性能好、表面有自生氧化膜保护等特性，应用非常广泛。近年来由于节能和环保的要求，汽车朝轻量化方向发展，普遍采用铸造铝合金来制造轿车发动机、轮毂等零件，铸造铝合金的产量迅速上升。常用铸造铝合金按成分不同可分为铝硅合金、铝铜合金、铝镁合金和铝锌合金等，其中应用最多的是铝硅合金。

铝硅合金一般硅含量为 6%～13%（质量分数，下同），是典型的共晶型合金。铝硅合金具有优良的铸造性能，如收缩率小、流动性好、气密性高和热裂倾向小等，经过变质处理之后，还具有良好的力学性能、物理性能和切削加工性能，是铸造铝合金中品种最多、用量最大的合金。铝硅合金适用于生产形状复杂的薄壁件或气密性要求较高的铸件，如内燃机汽缸体、化油器、仪表外壳等。

铝铜合金的铜含量为 3%～11%，铜含量大于 5.5% 的为共晶型合金，小于 5.5% 的为固溶型合金。铝铜合金具有较好的室温和高温力学性能，切削性能好，加工表面光洁，熔铸工艺较简单，但耐蚀性较差，线胀系数较大，密度较大，其中固溶型铝铜合金铸造性能较差。铝铜合金主要用作耐热和高强度铝合金，其应用仅次于铝硅合金，主要用来制造活塞、汽缸头等。

铝镁合金镁含量为 4%～11%，是典型的固溶型合金。铝镁合金具有优异的耐蚀性，力学性能好，加工表面光洁美观，密度小。但铝镁合金的熔炼、铸造工艺较复杂，常用来制造水泵体、航空和车辆上的耐蚀性或装饰性部件。

铝锌合金锌含量为 5%～13%，由于铝在锌中的溶解度极大，因此铝锌合金均是固溶型合金。铝锌合金的铸造工艺简单，形成气孔的敏感性小，在铸态时就具有较好的力学性能。但铝锌合金的铸造性能不好，热裂倾向大，特别是耐蚀性很差，有应力开裂倾向，所以工业中已不采用单纯的铝锌合金，现采用的是经过硅、镁等合金进行多元合金化的铝锌合金。

2. 铝合金铸件的生产

铝是活泼金属元素，熔融状态的铝极易与空气中的氧和水汽发生反应，从而造成铝液氧化和吸气。铝氧化生成的 Al_2O_3 熔点高（2050 ℃），其密度比铝液的稍大，呈固态夹杂物悬浮在铝液中很难清除，容易在铸件中形成夹渣。在冷却过程中，熔融铝液中析出的气体常被表面致密的 Al_2O_3 薄膜阻碍，使铸件中形成许多针孔，从而影响铸件的致密性和力学性能。

为避免氧化和吸气，在熔炼时需采用密度小、熔点低的熔剂（如 $NaCl$、KCl、Na_3AlF_6 等）将铝液与空气隔绝，并尽量减少搅拌。在熔炼后期应对铝液进行去气精炼。精炼是向熔融铝液中通入氯气，或加六氯乙烷、氯化锌等，以在铝液内形成 Cl_2、$AlCl_3$、HCl 等气泡，使溶解在铝液中的氢气扩散到气泡内。这些气泡在上浮过程中，将铝液中的气体、Al_2O_3 杂物带出液面，使铝液得到净化。

铸造铝合金熔点低，一般用坩埚炉熔炼。砂型铸造时可用细砂造型，以降低铸件表面粗糙度。为防止铝液在浇注过程中氧化和吸气，通常采用开放式浇注系统，并多开内浇道。直浇道常为蛇形或鹅颈形，使合金液迅速平稳地充满型腔，不产生飞溅、涡流和冲击。

3. 铸造铜合金

铸造铜合金（casting copper alloy）具有较好的力学性能和耐磨性，良好的导热性和导电性，铜合金的电极电位高，在大气、海水、盐酸、磷酸溶液中均有良好的耐蚀性，因此常用来制造

船舰、化工机械、电工仪表中的重要零件及换热器等。

铸造铜合金可以分为两大类,即青铜和黄铜。铜与锌以外的元素所组成的合金统称为青铜。其中,铜和锡的合金是最古老也最重要的青铜,称为锡青铜。锡青铜具有很好的耐磨性,通常作为耐磨材料使用,有耐磨铜合金之称;锡青铜在蒸汽、海水及碱溶液中具有很好的耐蚀性,同时还具有足够的强度和一定的塑性;锡青铜的线收缩率低,不易产生缩孔,但易产生显微缩松。锡青铜适用于致密性要求不高的耐磨、耐蚀件。

黄铜是以锌为主要合金元素的铜合金。锌在铜中有很大的固溶度,随着锌含量的增加,铜合金的强度和塑性显著提高,但锌的质量分数超过 47% 之后铜合金的力学性能会显著下降,故黄铜中锌的质量分数应小于 47%。铸造黄铜除含锌外,还常含有锰、硅、铝、铅等合金元素,分别构成锰黄铜、硅黄铜、铝黄铜、铅黄铜等,它们被称为特殊黄铜。铸造黄铜的力学性能多比青铜好,而价格却较青铜低,常用于一般用途的轴瓦、衬套、齿轮等耐磨件和耐海水腐蚀的螺旋桨及阀门等耐蚀件。

4. 铜合金铸件的生产

铜合金通常采用坩埚炉来熔炼。铜合金在熔炼时突出的问题也是容易氧化和吸气。氧化形成的氧化亚铜(Cu_2O)因熔解在铜液内而使铜合金性能下降。为防止铜氧化,熔化青铜时应加熔剂覆盖以使铜液与空气隔离。为去除已形成的 Cu_2O,在出炉前需向铜液内加入质量分数为 0.3%～0.6% 的磷铜来脱氧。熔炼黄铜时由于锌本身就是很好的脱氧剂,锌的蒸发也会带走铜液中的气体,因此黄铜的熔炼比较简单,不用脱氧和除气。

铜的熔点低,密度大,流动性好,砂型铸造时一般采用细颗粒黏土砂造型。铸造黄铜结晶温度范围窄,铸件易形成集中缩孔,铸造时应采用顺序凝固的方式,并设置较大冒口进行补缩。锡青铜以糊状凝固方式凝固,易产生枝晶偏析和缩松,应尽量采用同时凝固的方式。在开设浇注系统时,应使金属液流动平稳,防止飞溅,常采用底注式浇注系统。

复习思考题

1.1.1　试述铸造成形的实质及优缺点。

1.1.2　型砂由哪些材料组成?对其基本性能有什么要求?

1.1.3　合金的铸造性能对铸件的品质会产生什么影响?常用铸造合金中,哪种合金铸造性能较好,哪种较差?为什么?

1.1.4　某工厂铸造一批哑铃,常出现图 1-75 所示的明缩孔,有什么措施可以防止它的出现,并使铸件的清理工作量最小?

1.1.5　某厂自行设计了一批如图 1-76 所示的铸铁槽型梁。铸后立即进行了机械加工,使用一段时间后,在梁的长度方向上发生了弯曲变形。

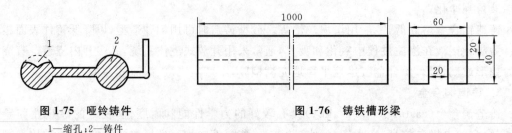

图 1-75　哑铃铸件　　　　　　　　图 1-76　铸铁槽形梁

1—缩孔;2—铸件

（1）该梁壁厚均匀，为什么还会变形？判断梁的变形方向。

（2）有何铸造工艺措施能减小变形？

（3）为防止铸件变形，请改进槽型梁的结构。

1.1.6 为什么说铸造是毛坯生产的重要方法？试根据铸造的特点并结合实例进行分析。

1.1.7 什么是合金的充型能力？它与合金的流动性有何关系？不同化学成分的合金为何流动性不同？为什么铸钢比铸铁的充型能力差？

1.1.8 既然提高浇注温度可提高合金的充型能力，为什么又要防止浇注温度过高？

1.1.9 缩孔和缩松对铸件品质有何影响？为何缩孔比缩松较容易防止？

1.1.10 什么是顺序凝固原则？什么是同时凝固原则？上述两种凝固原则各适用于哪种场合？

1.1.11 某铸件时常产生裂纹缺陷，如何区分其性质？如果属于热裂纹，应该从哪些方面寻找原因？

1.2.1 型砂由哪些材料组成？对其基本性能有什么要求？

1.2.2 机器造型与手工造型相比具有哪些优点？具体有哪些方法？简述振压造型机的工作过程。

1.2.3 确定图 1-77 所示铸件的铸造工艺方案，要求如下：

（1）按大批、大量生产条件分析最佳方案；

（2）按所选方案绘制铸造工艺图（包括浇注位置、分型面、分模面、型芯、芯头及浇注系统等）。

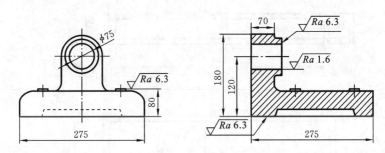

图 1-77 底座（图中次要尺寸从略）

1.3.1 试比较消失模铸造和熔模铸造的异同点及应用范围。

1.3.2 试比较压力铸造、低压铸造、挤压铸造三种方法的异同点及应用范围。

1.3.3 什么是离心铸造？它在圆筒件铸造中有哪些优点？采用离心铸造的目的是什么？

1.3.4 有下列铸件：汽车喇叭、车床床身、汽缸套、大模数齿轮滚刀、发动机活塞、摩托车汽缸体、台式电风扇底座。在大量生产时，采用什么材料、什么铸造方法为好？试从铸件的使用要求、尺寸大小及结构特点等方面进行分析。

1.5.1 金属型铸造为什么要严格控制开型时间？在铸件结构设计方面有何要求？

1.5.2 在方便铸造和易于获得合格铸件的条件下，图 1-78 所示的铸件结构有何值得改进之处？怎样改进？

1.5.3 图 1-79 所示为底座铸件，其中 φ50 mm 的孔需插入一根垂直轴，用砂型铸造方法生产。

（1）试分析该铸件设计有何不当之处并修改。修改时应保证原使用要求和铸件的刚度。

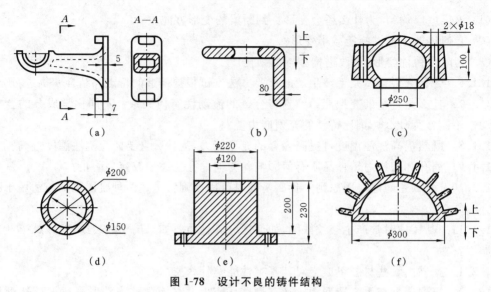

图 1-78　设计不良的铸件结构

(a) 轴托架；(b) 角架；(c) 圆盖；(d) 空心球；(e) 支座；(f) 压缩机缸盖

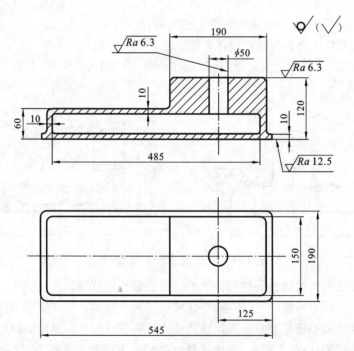

图 1-79　底座铸件

（2）用规定的铸造工艺符号，标注出分型面、浇注位置、型芯及芯头，使其能铸造成形。

1.6.1　试从石墨的形态分析灰铸铁的力学性能特点。

1.6.2　影响铸铁石墨化的主要因素是什么？为什么铸铁的牌号不用化学成分来表示？

1.6.3　为什么说球墨铸铁是"以铁代钢"的好材料？球墨铸铁可否全部代替可锻铸铁？球墨铸铁件壁厚不均匀及截面过于厚大容易出现什么问题？

1.6.4　生产铸铁件、铸钢件和铸铝件所用的熔炉有何不同？为什么？

1.6.5　某铸件壁厚有 5 mm、20 mm、52 mm 三种，要求铸件各处的抗拉强度都能达到 150 MPa，若选用 HT150 牌号的灰铸铁浇注，能否使铸件满足性能要求？

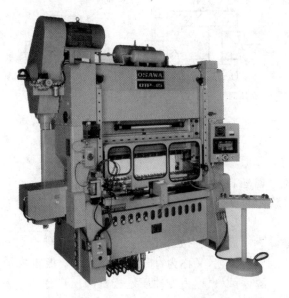

图 2-0 用于精密冲裁的数控冲床

第 2 章　锻 压 工 艺

2.1　塑性成形基础

2.1.1　金属塑性成形的基本工艺及特点

通过外力作用,使金属产生塑性变形,以获得具有一定形状、尺寸和力学性能的原材料、毛坯或零件的成形技术,称为金属塑性成形(也称为压力加工)技术。根据金属变形的特点,塑性成形工艺主要分为两种:体积成形(bulk forming)和板料成形(sheet forming)。

1. 体积成形

体积成形是指利用设备和工具、模具,对块体金属坯料进行压力加工,得到所需形状、尺寸及性能的材料的工艺,包括轧制、挤压、拉拔和锻造等(见图 2-1)。

轧制(rolling)是使金属坯料在两个相对回转的轧辊之间受压变形而形成各种产品的成形工艺。轧制时,坯料借助与轧辊之间的摩擦力得以连续地从两轧辊之间通过,同时受压而变形,坯料截面面积减小,长度增加;合理设计不同形状的轧辊,可以获得不同截面形状的产品,如钢板、型材、无缝管材等,也可以直接轧制出毛坯或零件。

挤压(extrusion)是使金属坯料在挤压模内受压被挤出模孔而变形的成形工艺,可以获得各种复杂截面的型材、管材或零件。

拉拔(drawing)是使金属坯料拉过拉拔模的模孔而变形的成形工艺,主要用来制造各种线材、薄壁管等。

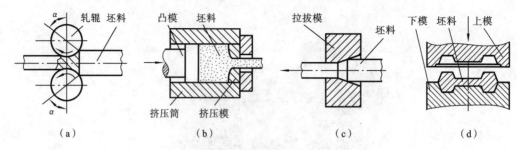

图 2-1　体积成形工艺

(a) 轧制；(b) 挤压；(c) 拉拔；(d) 锻造

锻造(forging)是使金属坯料在上、下砧块间或锻模模膛内受冲击力或压力而成形的工艺。机器设备中承受重载荷的零件,如机床的主轴、重要齿轮等,都是采用锻造工艺成形的。

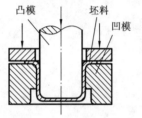

图 2-2　板料冲压工艺

2. 板料成形

板料成形是指利用设备和模具,使金属板材受压产生分离或变形的工艺,又称为冲压(见图 2-2)。板料成形一般是在常温下进行的,所以也称为冷冲压。板料冲压广泛用于汽车、电器、仪表及日用品制造业等。

轧制、挤压、拉拔等主要用于生产型材、板材、管材和线材,通常是为机械制造领域提供生产坯料；锻造和冲压(合称锻压)主要用于金属零件的成形。

与其他金属加工工艺相比,塑性成形工艺具有以下特点：

(1) 产品综合力学性能好。金属在塑性成形过程中,其内部组织得到改善,制品具有良好的力学性能。锻件的力学性能(抗拉、抗冲击)一般优于铸件和焊接件,因此,力学性能要求高的零件常采用锻造成形。

(2) 产品尺寸精度高。锻压工艺中的许多工艺方法已经达到了少无切削加工的要求(净成形和近净成形),如汽轮机叶片的精锻达到了只需磨削的程度,板料冲压件不需切削加工,可以直接使用。

(3) 生产效率高。随着模具的改进和压力机自动化程度的提高,塑性成形生产效率不断提高。

由于上述特点,塑性成形工艺在机械、航空、军工、电器仪表和日用品制造业中得到广泛应用(见图 2-3、图 2-4)。

图 2-3　连杆锻件

图 2-4　冲压件

2.1.2 金属材料力学性质简述

金属材料的力学性质是指材料在外力及环境因素(温度等)作用下表现出的变形和断裂的特性。

图 2-5(a)所示为典型的金属在常温拉伸试验中得到的工程应力-应变(engineering stress-stain)关系曲线。σ_s、σ_b 分别为材料的屈服强度(yield stress)和抗拉强度(tensile strength),材料的最大伸长率表征了材料的塑性(ductility)。

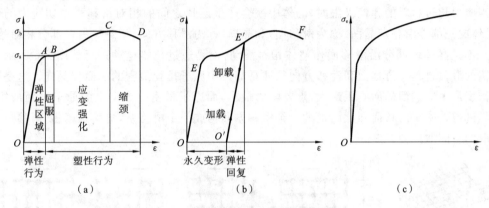

图 2-5 材料的应力-应变关系

对于具有一定塑性的材料,加载至塑性区并卸载,随着材料恢复至平衡状态,弹性应变将会恢复,而塑性应变则保留下来,材料产生永久变形,如图 2-5(b)所示。由于弹性模量是相同的,直线 $O'E'$ 与直线 OE 具有相同的斜率。如果对试样立即重新加载,应力-应变关系将会沿着 $O'E'F$ 变化,此时,试样屈服强度增大,这是应变强化的结果。

工程应力、应变是按试样初始截面积 A_0 和长度 l_0 进行计算的。若以变形过程中每瞬间的截面积 A 及长度 l 来计算应力和应变,则可得出金属真实应力 σ_e 和真实应变 ε。真实应力 $\sigma_e = F/A$,F 为外加载荷;变形到任一瞬间的总应变应当是每瞬间真实应变之和,即

$$\varepsilon = \int_{l_0}^{l} \frac{\mathrm{d}l}{l} = \ln\left(\frac{l}{l_0}\right) \tag{2-1}$$

图 2-5(c)所示为真实应力-真实应变曲线。大多数工程金属在室温下都有加工硬化,其真实应力-真实应变曲线近似为抛物线形状,可用指数方程表达:

$$\sigma_e = K\varepsilon^n \tag{2-2}$$

式中:K——强度系数;

n——硬化指数。

大多数工程设计是以材料承受的应力处于弹性范围为依据的,在此范围内,材料的变形一般都不大,工程应力应变与真实应力应变的误差非常小(大约 0.1%),因而设计中一般采用工程应力应变。但是在分析塑性成形问题时,因变形是大变形,此时需要采用真实应力应变关系。

2.1.3 金属的塑性变形机理

金属材料经过压力加工之后,其内部组织会发生很大变化,金属的力学性能得到改善,为压力加工方法的广泛应用奠定了基础。为了能正确选用压力加工方法、合理设计压力加工成形的零件,必须掌握塑性变形的实质及其对组织和性能的影响等。

1. 单晶体的塑性变形

单晶体塑性变形的基本方式是滑移(slip)和孪生(twinning),其中滑移是主要的变形方式。

在外力作用下,金属内部会产生应力。此应力迫使原子离开原来的平衡位置,使原子间的距离发生变化,金属发生变形并导致原子位能增大。处于高位能的原子具有返回到原来低位能平衡位置的倾向,因而在外力作用停止后,应力消失,变形也随之消失。金属的这种变形称为弹性变形。

当应力超过材料的弹性极限时,晶体中就会产生层片之间的相对滑移。在切应力的作用下,晶体的一部分沿一定晶面(称为滑移面)和晶向(称为滑移方向)相对于另一部分相对移动。滑移并不是晶体两部分沿滑移面作整体相对滑动,而是通过位错运动进行。图 2-6 所示为刃型位错的滑移过程。滑移面和滑移方向往往是晶体中原子排列最密的晶面和晶向。这是因为原子密度最大的晶面的面间距最大,点阵阻力最小,而原子最密排方向上的原子间距最短,滑移容易进行。一个滑移面和此面上的一个滑移方向构成一个滑移系,滑移系越多,滑移过程可能采取的空间取向便越多。

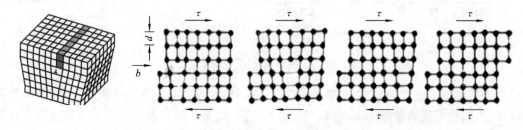

图 2-6　刃型位错的滑移过程

注:d 为滑移面的面间距,b 为滑移方向上的原子间距,d/b 影响着滑移所需切应力的大小。

体心立方晶体(如 α-Fe、W、Mo)有 48 个可能的滑移系,但体心立方晶体中原子的密排程度不如面心立方和密排六方晶体的,其 d/b 值相对较小,滑移所需克服的临界阻力较大,因此,一般具有高的强度和中等的塑性。面心立方晶体(如 Cu、Ag、Au、Al)有 12 个滑移系,d/b 值相对较大,一般具有中等的强度和良好的塑性。密排六方晶体(如 Be、Mg、Zn)有 3 个滑移系,常温下一般呈脆性。

2. 多晶体的塑性变形

实际使用的材料一般都是多晶体,多晶体中每个晶粒变形的基本方式与单晶体的相同,但由于各晶粒取向的不同,以及晶界的存在,因此,多晶体的塑性变形较为复杂。

多晶体中任何一个晶粒的变形必然受到相邻晶粒的约束,需要相邻晶粒的配合变形,否则晶粒间的连续性会被破坏。为了使多晶体中各晶粒之间的变形相互协调与配合,每个晶粒不只在取向最有利的单滑移系上进行滑移,还必须在几个滑移系包括取向并非有利的滑移系上进行。因此,面心立方和体心立方晶体滑移系多,晶粒变形协调性好,多晶体塑性好;而密排六方晶体由于滑移系少,晶粒间变形协调性差,所以其多晶体塑性差。

多晶体中晶界处点阵畸变严重,且晶界两侧晶粒取向不同,位错滑移在晶界受阻。由于晶界的存在阻碍了位错运动,因此,室温下多晶体的强度随晶粒细化而提高。同时,晶粒越细小,位向有利的晶粒越多,变形能够越均匀地分散在各个晶粒上,塑性越好。由于细晶粒材料具有良好的综合力学性能(强度和塑韧性),因此,一般在室温使用的结构材料都宜具有细小而均匀的晶粒。

2.1.4 塑性变形对金属组织与性能的影响

塑性变形不但改变了材料的形状,而且使其内部组织和性能发生显著变化。变形温度不同,塑性变形对金属组织和性能产生的影响也不同。

1. 加工硬化、回复和再结晶

1) 加工硬化(work hardening)

金属在低温下发生塑性变形时,内部组织将出现以下变化:①晶粒沿变形最大的方向伸长,当变形量很大时,形成纤维状组织,如图 2-7 所示;②晶粒内部晶格畸变严重,位错密度迅速提高,例如,经严重冷变形后,位错密度可从变形前退火态的 $10^6 \sim 10^7/cm^2$ 增至 $10^{11} \sim 10^{12}/cm^2$;③晶粒位向发生改变。随变形程度增大,各晶粒的滑移面和滑移方向都向主形变方向变化,使原来随机取向的各晶粒在空间位向上逐渐呈现一定的规律性,这种组织状态称为形变织构(texture)。

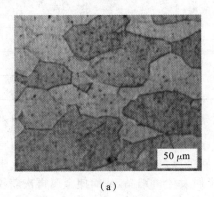

50 μm

50 μm

(a)

(b)

图 2-7 冷变形前后的组织形态

(a) 变形前的等轴晶;(b) 变形后的纤维组织

金属的力学性能随其内部组织的改变而发生明显变化。在室温时,低碳钢随变形程度增大,金属的强度及硬度升高,而塑性和韧度下降(见图 2-8)。其原因是塑性变形引起位错密度增大,大量形成缠结等,使位错运动阻力增大,材料变形抗力随之提高。这种随变形程度增大,强度和硬度上升而塑性、韧度下降的现象称为冷变形强化,又称为加工硬化。

2) 回复(recovery)

金属经塑性变形后,晶格缺陷密度增加,晶格畸变能增大,材料处于热力学不稳定的状态,具有自发地恢复到变形前稳定状态的趋势,但在室温下不易实现。对冷变形金属进行加热,材料会发生回复、再结晶等过程。

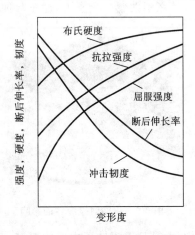

图 2-8 常温下塑性变形对低碳钢
力学性能的影响

随着温度升高,原子热运动加剧,晶格点缺陷密度明显下降,但显微组织无明显变化,位错密度下降不多,使得强度有所下降,塑性、韧度有所提高。这一过程称为回复,这时的温度称为回复温度,一般有

$$T_{回} \approx (0.25 \sim 0.3) T_{熔} \qquad (2-3)$$

式中:$T_{回}$——金属回复温度(K);

$T_{熔}$——金属熔点温度(K)。

3）再结晶(recrystallization)

当温度继续升高到大约为该金属熔点(热力学温度)的 0.4 倍时,冷变形金属会发生再结晶,新的无畸变等轴晶取代冷变形组织,从而消除全部加工硬化现象。通常把再结晶开始的温度称为再结晶温度,金属的再结晶温度和材料的成分、变形程度等有关,在给定温度下发生再结晶需要一个最小变形量(临界变形量),低于此变形量,金属不发生再结晶。一般有

$$T_{再} \approx (0.3 \sim 0.5)T_{熔} \tag{2-4}$$

式中:$T_{再}$——金属再结晶温度(K)。

表 2-1 列出了一些工业纯金属的再结晶温度。金属内加入合金元素后,再结晶温度比纯金属的要高,例如,工业纯铁的再结晶温度为 450 ℃,碳钢的再结晶温度为600～650 ℃。

表 2-1　一些工业纯金属的再结晶温度(经强烈冷变形,在 1 h 退火后完全再结晶)

金属	再结晶温度/℃	熔点/℃	$T_{再}/T_{熔}$	金属	再结晶温度/℃	熔点/℃	$T_{再}/T_{熔}$
Sn	<15	232	—	Cu	200	1083	0.35
Zn	15	419	0.42	Fe	450	1538	0.40
Al	150	660	0.45	W	1200	3410	0.40

利用金属的冷变形强化可提高金属的强度和硬度,这是工业生产中强化金属材料性能的一种重要手段。在实际生产中采用冷轧、冷拔和冷冲压等工艺,可提高金属制品的强度和硬度。另外,在多道次压力加工中,加工硬化会给金属继续发生塑性变形带来困难,应采取措施加以消除。在实际生产中,常采用加热的方法使金属发生再结晶,从而使金属再次获得良好的塑性,这种工艺方法称为再结晶退火。

2. 各向异性

在塑性变形金属中,存在两种类型的各向异性(anisotropy):形变织构和流线。

图 2-9　织构对拉深件的影响

1）形变织构

塑性变形过程中,晶粒在变形的同时也发生转动,各晶粒的取向逐渐趋于一致,随变形程度增加,织构特征变得明显,这种组织变化使得材料产生了各向异性。形变织构造成的各向异性对材料的成形工艺性和使用性能都有很大的影响。一个典型的例子是用轧制板材深拉筒形件时产生的"制耳":轧制板材明显的织构特征,使得沿不同方向有不同的伸长率,用这种板材下料的圆形毛坯经深拉成筒形件后,工件的边缘高低不平,形成"制耳"(见图 2-9)。因此,一般来说,不希望金属板材存在明显织构,尤其是需深冲压成形的板材。

2）流线

锻造过程中,随着晶粒沿变形最大方向被拉长,晶界上的夹杂物也随之发生改变。塑性夹杂物(如硫化物)被拉成条状,脆性夹杂物(如氧化物)被打碎呈链状分布,这种沿变形方向呈条状、链状的分布特征即使经过再结晶也不会消失,于是锻件中会留下明显的变形条纹。这种方向性的热变形组织结构称为流线。

流线的形成使金属的力学性能呈现方向性。流线越明显，金属在纵向（平行于流线方向）的塑性和韧度提高，而在横向（垂直于流线方向）的塑性和韧度降低。变形程度越大，流线组织就越明显，力学性能的方向性也就越显著。

压力加工过程中，常用锻造比来表示变形程度。一般用锻造过程中典型工序的变形程度来表示，其计算公式与变形方式有关。拔长时的锻造比为

$$Y_{拔} = F_0/F \tag{2-5}$$

镦粗时的锻造比为

$$Y_{镦} = H_0/H \tag{2-6}$$

式中：H_0、F_0——坯料变形前的高度和横截面面积；

　　　H、F——坯料变形后的高度和横截面面积。

流线的形成取决于金属的塑性流动。假如只进行拔长，则在锻造比达到 3 时，便出现了流线；如先镦粗再拔长，则拔长锻造比达到 4～5 时，才能形成流线。

在一般情况下增加锻造比，可使金属组织细化，提高锻件的力学性能。但是，当锻造比过大时，金属组织的紧密程度和晶粒细化程度都已达到极限，锻件的力学性能不再升高，而是增加各向异性。

流线组织的化学稳定性强，通过热处理是不能消除的，只能通过不同方向上的锻压才能改变流线组织的分布状况。由于流线组织的存在对力学性能有影响，特别是对冲击韧度有影响，因此，在设计和制造受冲击载荷的零件时，一般应遵守两条原则：①使流线分布与零件的轮廓相符而不被切断；②使零件所受的最大拉应力与流线方向平行，最大切应力与流线方向垂直。

实例　高强度六角螺栓的制造。

制造高强度螺栓的一般流程为：原材料准备→冷镦成形→螺纹成形→热处理→表面处理。图 2-10 所示为某六角螺栓的成形过程。

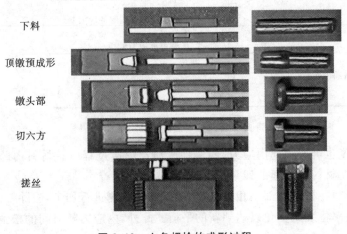

下料

顶镦预成形

镦头部

切六方

搓丝

图 2-10　六角螺栓的成形过程

图 2-11 比较了两种不同工艺方法对螺栓头部流线分布的影响。采用棒料经车削加工形成螺栓头部时，螺栓头部的流线被切断，受力时产生的切应力顺着流线方向，承载能力较弱。而采用冷镦塑性加工螺栓头部时，金属流线沿产品形状连续分布，中间无切断，流线的分布可以有效阻断受力处微裂纹的扩展，使产品强度提高。

螺纹成形采用搓丝工艺。用带有和被加工螺纹同样螺距和牙型的搓丝板模具，一边挤压

圆柱形螺坯使之塑性变形,一边使螺坯转动,最终将模具上的牙型复制到螺坯上,使螺纹成形。搓丝工艺使螺牙处流线与轮廓相符,保持连贯(见图 2-12),增强了螺栓的抗裂、抗疲劳能力;螺纹精度高,且能长期保持;此外,材料利用率高,生产率很高。

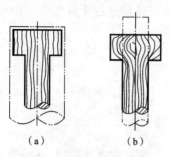

（a）　　　　　　（b）

图 2-11　不同工艺方法对螺栓流线的影响

（a）车削加工;（b）冷镦成形

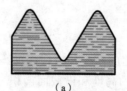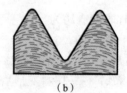

（a）　　　　　　（b）

图 2-12　不同工艺方法对螺纹牙型处流线的影响

（a）切削加工;（b）搓丝

3. 残余应力

金属材料经塑性变形后常产生残余应力。残余应力是一种内应力,它在工件中处于自相平衡状态,是由于工件内部各区域塑性变形的不均匀性,以及相互间的约束作用导致的。宏观残余应力由工件不同部分的宏观塑性变形不均匀性所引起,其应力平衡范围包括整个工件。一个典型的例子是:对金属棒施加弯曲载荷,金属棒上部因受拉而伸长,下部因受压而收缩;应力超过弹性极限则金属棒会产生塑性变形,最上边产生塑性伸长,最下边则产生塑性压缩;卸载后棒料回弹时由于相互间的约束,最上部会产生残余压应力,最下部会产生残余拉应力(见图 2-13)。

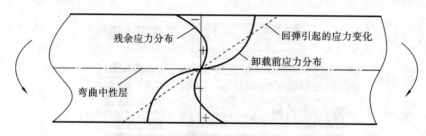

残余应力分布　　　　　回弹引起的应力变化

卸载前应力分布

弯曲中性层

图 2-13　弯曲棒料卸载前后的应力分布

材料内部的温度梯度也可能引起内应力,如铸件冷却及焊接过程中。材料内部热胀冷缩造成的不均匀塑性变形在材料中引起的残余应力,称为热应力。

需要指出的是,内应力在材料内部互相平衡,如果对棒料一侧进行加工,去除一部分材料,则内应力将失衡,棒料曲率将发生变化以达到新的平衡。此外,内应力随时间的松弛也会引起工件的变形。因此,残余应力对工件的变形、开裂及应力腐蚀等有影响,必要时需进行去应力退火等处理。但是,某些特定情况下,残余应力的存在也是有利的。例如,对于承受交变载荷的零件(如飞机发动机的压缩机叶片、汽车钢板弹簧等),采用表面喷丸处理,使零件表层产生残余压应力层,可极大程度地改善材料的抗疲劳性能,延长零件的工作寿命。

2.1.5　冷变形与热变形

金属在不同温度下的变形对其组织和性能的影响不同。金属在再结晶温度以下且不加热时发生的变形称为冷变形,变形过程中无再结晶现象,变形后金属具有沿变形方向伸长的组织形态并发生加工硬化现象。因此,金属变形程度不宜过大,以避免破裂。冷变形加工的产品具有表面品质好、尺寸精度高、力学性能好的特点,一般不需再切削加工。在冷变形方法中,冷冲压、冷弯、冷挤、冷镦等用来将金属坯料在常温下制造成各种零件或半成品;冷轧和冷拔等用来生产小口径的薄壁管、薄带和线材等。

金属在再结晶温度以上(大于 $0.6T_{熔}$)的变形称为热变形,变形后,金属具有再结晶组织而无加工硬化现象。金属只有在热变形的情况下才能以较小的功达到较大的变形,加工尺寸较大和形状比较复杂的工件,同时获得具有力学性能好的再结晶组织。自由锻、热模锻、热轧、热挤压等工艺都属于热变形方法。图 2-14 示意说明了钢材热轧时金属组织和性能的变化,高温下塑性变形组织很快发生再结晶,形成新的等轴晶,材料又重新软化。但是,由于热变形是在高温下进行的,因而金属在加热过程中表面容易形成氧化层,而且产品的尺寸精度和表面品质较低,劳动条件较差,生产效率也较低。

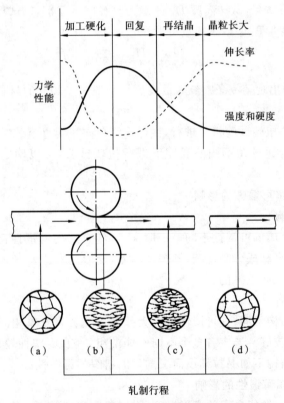

图 2-14 钢材热轧时组织和性能的变化
(a) 轧制前的等轴晶;(b) 加工硬化组织;(c) 新的晶粒开始形核;(d) 再结晶晶粒长大

2.2 锻 造 工 艺

锻造的主要目的是成形和改性(改善内部组织和力学性能)。通过锻造能把钢锭铸造组织中的缩松、气孔充分压实、焊合;使粗大的铸造组织通过变形、再结晶形成细小的晶粒;通过充分的塑性流动,消除铸造组织中的偏析,使金属中的夹杂物、第二相等细化均匀分布;锻件中形成的流线沿着零件轮廓合理分布时,能提高零件的抗裂、抗疲劳性能。因而,锻件强度高,耐冲击性能好。在承受同样大小冲击载荷的情况下,锻件尺寸可以减小,既节约材料,又可以减重。

2.2.1　金属的可锻性

金属的可锻性(forgeability)是用来衡量块体金属材料在经受压力加工时获得优质制品难易程度的工艺性能的指标。金属的可锻性好,表明该金属适合用压力加工方法成形;金属的可锻性差,表明该金属不适合用压力加工方法成形。可锻性的优劣是以金属的塑性和变形抗力来综合评定的。塑性是指金属材料在外力作用下产生永久变形而不破坏其完整性的能力。金属对变形的抵抗力称为变形抗力。塑性反映了金属塑性变形能力的高低,而变形抗力反映了金属塑性变形的难易程度。塑性好,则金属变形时不易开裂;变形抗力小,则锻压省力。两者综合起来,金属材料就具有良好的可锻性。金属的可锻性取决于材料的性质(内因)和加工条件(外因)。

测试材料可锻性的方法较多,其中镦粗和扭转试验较为简便。镦粗试验时,将圆柱形试样在压力机或落锤上进行镦粗,试样高度 H_0 一般为直径的 1.5 倍,以试样侧面出现肉眼可见的第一条裂纹时的压缩变形程度 ε_c 来衡量可锻性:

$$\varepsilon_c = \frac{H_0 - H_c}{H_0} \times 100\% \tag{2-7}$$

式中: H_c ——试样表面出现第一条裂纹时的高度。一般 $\varepsilon_c < 20\%$ 的材料不适合用压力加工方法成形。

扭转试验在专门的扭转试验机上进行,试样连续单向扭转直至破断,以破断前的扭转角或扭转圈数衡量可锻性。通过在不同的温度下进行扭转试验,可以确定材料的最佳成形温度范围。

1. 材料性质对金属可锻性的影响

1)化学成分的影响

不同化学成分的金属的可锻性不同。一般来说,纯金属的可锻性比合金的可锻性好。钢中合金元素含量越多,合金成分越复杂,其塑性越差,变形抗力越大。例如纯铁、低碳钢和高合金钢,它们的可锻性是依次下降的。

2)金属组织的影响

金属内部的组织结构不同,其可锻性有很大差别。纯金属及单相固溶体(如奥氏体)具有良好的塑性,其可锻性较好。若含有多个不同性能的组织相,则塑性较低,可锻性较差。铸态柱状晶组织和粗晶粒结构不如晶粒细小而又均匀的组织的可锻性好。

2. 加工条件对金属可锻性的影响

金属的加工条件,一般指金属的变形温度、变形速度和变形方式等。

1)变形温度的影响

随着温度升高,原子动能升高,易产生滑移变形,从而提高了金属的可锻性,所以加热是压力加工成形中很重要的变形条件。但是,加热要控制在一定范围内,若加热温度过高,则晶粒急剧长大,金属的力学性能降低,这种现象称为过热。若加热温度更高,接近熔点,晶界氧化破坏了晶粒间的结合,使金属失去塑性,坯料报废,这一现象称为过烧。金属锻造加热时允许的最高温度称为始锻温度。在锻压过程中,金属坯料温度不断降低,当温度降低到一定程度时,塑性变差,变形抗力增大,不能再锻造,否则会引起加工硬化甚至开裂,此时应停止锻造。停止锻造时的温度称为终锻温度。始锻温度与终锻温度之间的温度称为锻造温度。

2）变形速度的影响

变形速度是指单位时间内的变形程度。它对可锻性的影响是矛盾的。一方面，随着变形速度的增大，回复和再结晶不能及时克服加工硬化现象，金属塑性下降，变形抗力增大，可锻性变差；另一方面，金属在变形过程中，消耗于塑性变形的能量有一部分转化为热能，使金属温度升高（称为热效应现象）。变形速度越大，热效应现象越明显，金属的塑性越好，变形抗力越小，可锻性越好。此外，变形速度增大，金属的流动惯性也会对锻造性能产生影响。

3）应力状态的影响

金属在不同方式下变形时，所产生的应力大小和性质（压应力或拉应力）是不同的。为了表征应力状态，自变形体中某一点取一立方微单元体，用箭头表示作用在该微单元体三个面上的主应力，称为主应力图，这样可以定性分析微单元体的应力状态。例如，挤压变形时（见图 2-15）微单元体处于三向受压状态，而拉拔时（见图 2-16）则处于两向受压、一向受拉的状态。

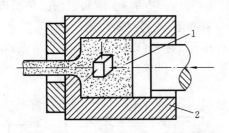
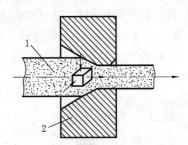

图 2-15　挤压时微单元体应力状态	图 2-16　拉拔时微单元体应力状态
1—坯料；2—模具	1—坯料；2—模具

理论和实践证明，在主应力图中，压应力的数目愈多，则金属塑性愈好；拉应力的数目愈多，则金属塑性愈差。其理由是：在金属材料的内部或多或少总是存在着夹杂物、微小的孔隙或裂纹等缺陷，在拉应力作用下，缺陷处会产生应力集中，使得缺陷扩展甚至形成宏观裂缝，从而使金属失去塑性；而压应力使金属内部原子间距减小，又不易使缺陷扩展，故金属的塑性会增大。因此，挤压时金属的塑性比拉拔时好。此外，应力状态对变形抗力有很大影响。压应力使金属内部摩擦增大，变形抗力也随之增大。在三向受压的应力状态下进行变形时，变形抗力较三向应力状态不同时大得多。图 2-17 所示为铜试样在同一副模具里进行拉拔和挤压试验的结果，挤压时的变形抗力（35.3 kN）要比拉拔时的变形抗力（10.5 kN）大得多。

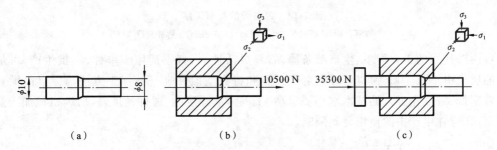

图 2-17　拉拔和挤压时不同的应力状态和变形抗力

（a）试样；（b）拉拔；（c）挤压

综上所述，影响金属塑性变形的因素是很复杂的。在压力加工中，要依据金属的本质和成形要求，尽力创造有利的变形条件，充分发挥金属的塑性，降低变形抗力，降低设备吨位，减少能耗，使变形充分进行，满足优质低耗的要求。

2.2.2　自由锻

锻造工艺主要分为自由锻(open-die forging)和模锻(impression-die forging)。

自由锻是用冲击力或压力使金属在锻造设备的上、下砧块间产生塑性变形,从而获得所需几何形状及内部品质的锻件的压力加工方法。坯料在锻造过程中,除与上、下砧块或其他辅助工具接触的部分表面外,其他部位的表面都是自由表面,变形不受限制,故称之为自由锻。自由锻分为手工自由锻和机器自由锻两种。随着锻压技术的发展,手工锻造已被逐渐淘汰。机器自由锻因其使用设备的不同,又分为锤上自由锻和液压机上自由锻。

自由锻时,坯料的变形是在平砧或工具之间逐步完成的,故生产同尺寸锻件所需设备功率比整体成形的模锻设备要小得多,所以自由锻适用于锻造大型锻件。对于碳钢和低合金钢的中小型自由锻件,原材料一般为经过锻轧的坯料,内部质量较好,锻造的主要目的是成形;对于大型锻件和高合金钢锻件,原材料多为铸锭坯或初锻坯,其内部有缩孔、缩松、气孔、偏析等缺陷,必须通过自由锻来消除,锻造的主要目的是消除材料缺陷,改善材料性能。

自由锻的基本工序有镦粗(upsetting)、拔长(cogging)、冲孔(hole punching)、弯曲(bending)等(见图 2-18)。

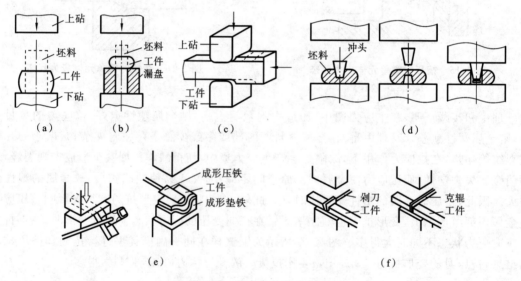

图 2-18　自由锻的基本工序
(a) 镦粗;(b) 局部镦粗;(c) 拔长;(d) 冲孔;(e) 弯曲;(f) 切割

自由锻使用的工具简单,生产准备周期短,灵活性大,特别适用于单件、小批生产,可加工锻件的质量由不及 1 kg 到 300 t,是生产大型和特大型锻件唯一的加工方法。但自由锻具有生产效率低、对操作工人的技术水平要求高、工人劳动强度大、锻件精度差、后续机械加工量大等缺点,在锻件生产中的使用受到限制。

2.2.3　模锻工艺

模锻是使金属坯料在模膛内一次或多次承受冲击力或压力的作用而被迫流动成形以获得锻件的压力加工方法。在变形过程中,由于模膛对金属坯料流动的限制,锻造终了时能得到和模膛形状相符的锻件。与自由锻相比,模锻生产效率高,可以加工形状复杂、尺寸精确、表面光洁、加工余量小的锻件。模锻件流线分布合理,所以它强度高,耐疲劳,寿命长。但是,由于模锻是整体成形的，变形抗力大，且金属流动时与模腔之间会产生很大的摩擦阻力，要求设备吨位大，所以一般仅用于锻造 150 kg 以下的中小型锻件。热模锻是使用最为广泛的锻造方法，锻模在工作时要承受很大的冲击力和热疲劳应力，需用昂贵的模具钢制作，同时，型槽加工困难，因此锻模成本高，只有在大量生产时经济上才合算。模锻适用于中小型锻件的成批、大量生产，主要用来制造汽车、工程及动力机械、航空航天和国防工业等领域的关键零部件，如机床主轴、曲轴、连杆、齿轮、叶片等。

模锻工艺按使用设备的不同分为锤上模锻、摩擦压力机上模锻、曲柄压力机上模锻、平锻机上模锻、液压机上模锻等。根据模具的不同，模锻又可分为开式模锻和闭式模锻（见图 2-19）。开式模锻的模腔四周有飞边槽（见图 2-20），飞边槽由桥部和仓部组成。桥部阻止金属流出模腔，迫使金属首先充满型槽，同时使飞边减薄，便于切除；仓部容纳多余金属，防止金属流到分模面，影响上下模合拢。开式模锻有利于金属充填，工艺简便，故应用广泛。无飞边槽的闭式模锻虽然有利于塑性变形，且没有飞边消耗，但它依靠下料尺寸来控制工件高度，不易保证锻件精度，故应用较少。

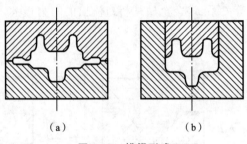

图 2-19　模锻形式

（a）开式模锻；（b）闭式模锻

1. 锤上模锻

锤上模锻是在模锻锤（hammer）上进行的模锻。模锻锤包括蒸汽-空气锤、无砧座锤、高速锤和液压模锻锤。蒸汽-空气锤较为常用，目前大部分中小型蒸汽-空气锤进行正向电液锤改造，能效和锻造能力明显提高。

锤上模锻用的锻模（见图 2-21）是由带有燕尾槽的上模和下模两部分组成的。下模用紧固楔铁固定在模垫上，上模用紧固楔铁固定在锤头上，随锤头一起上下往复运动。上、下模合在一起，其中部形成完整的模腔。

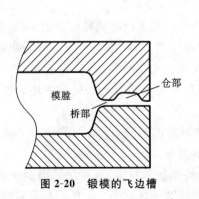

图 2-20　锻模的飞边槽

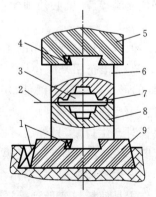

图 2-21　锤上模锻用的锻模

1—下紧固楔铁；2—分模面；3—模腔；4—上紧固楔铁；

5—锤头；6—上模；7—飞边槽；8—下模；9—模垫

和其他锻造设备相比,锤上模锻具有以下特点:

(1) 模锻锤靠冲击力使金属变形,且受力系统不是封闭的,冲击力通过下砧传给基础;

(2) 锻造过程中通过多次锻打使上下模打靠,每次打击的行程不固定;

(3) 工艺通用性强,由于金属的变形是在锤头多次打击下完成的,因此能同时完成拔长、滚挤等制坯和模锻工序。

1) 开式模锻工艺

开式模锻中,金属的成形可以分为三个阶段(见图2-22):

(1) 第一阶段:从坯料与模膛上表面接触到坯料与模具侧壁接触为止。这一阶段的变形犹如镦粗,金属流动受到的限制比较小,变形抗力不大。

(2) 第二阶段:第一阶段结束到坯料充满模膛为止。这一阶段金属一方面充满模膛,另一方面由桥口流出形成飞边,并逐渐减薄。由于有来自模壁和桥口处的阻力,变形抗力迅速增大。

(3) 第三阶段:金属充满模膛后,多余金属由桥口流出,直至上下模打靠。此阶段由于飞边厚度进一步减薄和冷却等关系,多余金属从桥口流出的阻力很大,变形抗力急剧增大。

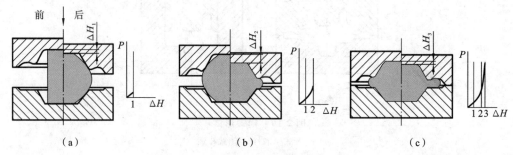

(a)　　　　　　　　　　(b)　　　　　　　　　　(c)

图2-22　开式模锻的成形阶段及变形抗力

2) 模锻的基本工步

模锻时,坯料在锻模的一系列模膛中变形,以逐步改变坯料内部金属的分布,最终获得形状复杂、尺寸和性能达到要求的锻件。坯料在每一模膛中的变形过程称为模锻工步。锤上模锻工艺包括三类工步:制坯工步、模锻工步和切断校正工步。

(1) 制坯工步。对于形状复杂的模锻件,为了使坯料形状接近模锻件实际形状,使金属能合理分布和很好地充满模膛,就必须预先在制坯模膛内制坯。制坯工步包括拔长、滚挤、弯曲、镦粗等。

拔长是长轴类锻件制坯时要采用的工步,用来减小坯料某部分的横截面面积,以增加该部分的长度(见图2-23)。滚挤用来减小坯料某部分的横截面面积,以增大另一部分的横截面面积,使坯料沿轴线的形状更接近于锻件,用于某些变截面长轴类锻件的制坯(见图2-24)。弯曲的杆类模锻件需用弯曲模膛来制坯(见图2-25)。镦粗是圆盘类锻件必需的制坯工步,其主要作用是避免终锻时产生折叠,另外还可以清除氧化皮。

(2) 模锻工步。经制坯的坯料通过模锻工步获得最终的锻件,又分为预锻和终锻工步。金属在模锻模膛中发生整体变形,故作用在锻模上的抗力较大。

预锻工步的作用是使坯料变形到接近于锻件的最终形状和尺寸,这样终锻时金属容易充满模膛,同时减少了终锻模膛的磨损。预锻模膛和终锻模膛的区别是前者的圆角和斜度较大,没有飞边槽。形状简单或批量不大的模锻件可不进行预锻。

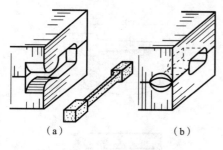

图 2-23 拔长模膛
(a) 开式；(b) 闭式

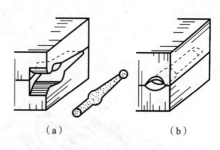

图 2-24 滚压模膛
(a) 开式；(b) 闭式

终锻工步的作用是使坯料最后变形到锻件所要求的形状和尺寸，因此它的形状应与锻件的实际形状相同，只是因锻件冷却时要收缩，终锻模膛的尺寸应比锻件尺寸放大一个收缩率。另外，沿模膛四周设有飞边槽，用以增加金属从模膛中流出的阻力，促使金属充满模膛，同时容纳多余的金属。对于具有通孔的锻件，由于不可能靠上、下模的凸起部分把金属完全挤压掉，故终锻后在孔内留下一薄层金属，称为冲孔连皮。带有冲孔连皮及飞边的模锻件如图 2-26 所示。把冲孔连皮和飞边去掉后，才能得到有通孔的模锻件。

图 2-25 弯曲模膛

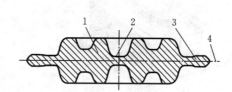

图 2-26 带有冲孔连皮及飞边的模锻件
1—锻件；2—冲孔连皮；3—飞边；4—分模面

（3）切断和校正工步。在开式模锻中，终锻后的锻件周围有飞边，部分锻件还有冲孔连皮，须在压力机上用切边模具切除。根据需要，还可以在校正模内进行校正。

根据模锻件的复杂程度不同，所需变形的模膛数量不等，可将锻模设计成单膛锻模或多膛锻模。单膛锻模是指在一副锻模上只具有一个终端模膛的锻模，如对于齿轮坯模锻件就可将截下的圆柱形坯料，直接放入单膛锻模中成形。多膛锻模是指在一副锻模上有两个以上模膛的锻模，如弯曲连杆模锻件的锻模即为多膛锻模，其锻造过程如图 2-27 所示。

锤上模锻具有设备投资较少、锻件品质较好、适应性强、可以实现多种变形工步、能锻制不同形状的锻件等优点，在生产中得到广泛的应用。但由于锤上模锻冲击振动大、噪声大，完成一个变形工步往往需要经过多次锤击，故难以实现机械化和自动化，生产效率相对较低，也不适合高精度锻件和某些杆类锻件的加工，在现代生产中越来越多地被其他模锻工艺所替代。

2. 摩擦压力机上模锻

摩擦压力机的工作原理如图 2-28 所示。锻模分别安装在滑块和机座上。滑块与螺杆相连，沿导轨只能上下滑动。螺杆穿过固定在机架上的螺母，上端装有飞轮。两个摩擦盘同装在一根轴上，由电动机通过传动带使摩擦盘在机架上的轴承中旋转。改变操纵杆位置可使摩擦盘沿轴向窜动，这样就会使某一个摩擦盘靠紧飞轮边缘，借摩擦力带动飞轮转动。飞轮分别与两个摩擦盘接触就可沿不同方向旋转，螺杆也就随飞轮作不同方向的转动。在螺母的约束下，

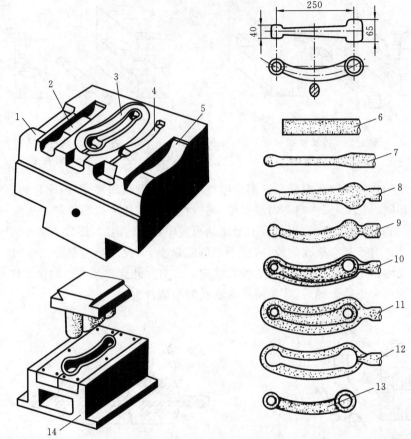

图 2-27　弯曲连杆锻造过程

1—拔长模膛;2—滚压模膛;3—终锻模膛;4—预锻模膛;5—弯曲模膛;6—原始料坯;
7—拔长;8—滚压;9—弯曲;10—预锻;11—终锻;12—飞边;13—锻件;14—切边模

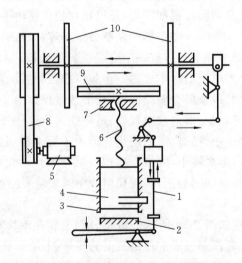

图 2-28　摩擦压力机的工作原理

1—操纵杆;2—机座;3—导轨;4—滑块;5—电动机;6—螺杆;7—螺母;8—传动带;9—飞轮;10—摩擦盘

螺杆的转动变为滑块的上下滑动,实现模锻生产。

摩擦压力机上模锻主要是靠飞轮、螺杆及滑块向下运动时所积蓄的能量来实现的。吨位为 3500 kN 的摩擦压力机使用较多,最大吨位可达 10000 kN。

摩擦压力机工作过程中滑块的运动速度为 0.5~1.0 m/s,使坯料变形具有一定的冲击作用,且滑块行程可控,这与模锻锤的工作过程相似。同时它又是通过螺旋副传送能量的,坯料变形中的抗力由机架承受,形成封闭力系,这也是压力机的特点。所以,摩擦压力机具有模锻锤和压力机的双重工作特性。

摩擦压力机上模锻的特点如下:

(1) 摩擦压力机的滑块行程不固定,并具有一定的冲击作用,因而可实现轻打、重打,可在一个模膛内进行多次锻打,不仅能满足模锻各种主要成形工序的要求,还可以进行弯曲、压印、热压、精压、切飞边、冲连皮及校正等工序。

(2) 由于飞轮惯性大,单位时间内的行程次数比其他设备低得多,金属变形过程中的再结晶现象可以充分进行,因而特别适合于锻造低塑性合金钢和有色金属(如铜合金)等,但其生产效率较低。

(3) 由于滑块打击速度不高,设备本身具有顶料装置,因此,生产中不仅可以使用整体式锻模,还可以采用特殊结构的组合式锻模。锻模设计和制造得以简化,可以节约材料和降低生产成本,同时可以加工形状复杂、敷料少和模锻斜度也很小的锻件,并可将轴类锻件直立起来进行局部镦锻。

(4) 摩擦压力机承受偏心载荷能力差,通常只适合用单膛锻模进行模锻。对于形状复杂的锻件,需要在自由锻设备或其他设备上制坯。

(5) 摩擦压力机采用摩擦传动,所以传动效率低。双盘摩擦压力机的效率仅为 10%~15%,所以该设备多为中小型设备,适用于中小型锻件,如铆钉、螺栓、螺母、配气阀、齿轮、三通阀体等的小批和中批生产。

综上所述,摩擦压力机具有结构简单、造价低、投资少、使用维修方便、基建要求不高、工艺用途广泛等优点,所以我国中小型工厂都拥有这类设备,用它来代替模锻锤、平锻机、曲柄压力机进行模锻生产。

3. 曲柄压力机上模锻

热模锻曲柄压力机是针对模锻锤的缺点由一般曲柄压力机(crank press)发展而成的,其工作原理如图 2-29 所示。当离合器处在接合状态时,电动机的转动通过小带轮、大带轮(飞轮)、传动轴和小齿轮、大齿轮(飞轮)传给曲柄,再经曲柄连杆机构使滑块上下往复运动。离合器处在脱开状态时,大带轮空转,制动器使滑块停在确定的位置上。锻模分别安装在滑块和工作台上。顶杆用来从模膛中推出锻件,实现自动取件。曲柄压力机的吨位一般为 2000~120000 kN。

曲柄压力机上模锻的特点如下:

(1) 电动机通过飞轮释放能量,作用力的性质基本上是静压力,变形抗力由机架本身承受,不传给地基,因此曲柄压力机工作时无振动,噪声小;由于是静压力,有利于对变形速度敏感的合金的成形,因此,某些不适合在锤上模锻的耐热合金等可在热模锻压力机上锻造;可以采用镶块式组合模具,制造简单、更换容易、能节省贵重模具材料。

(2) 锻造时滑块的行程不变,每个变形工步在滑块的一次行程中完成,坯料内外层几乎同时发生变形,因此变形均匀,锻件各处的力学性能基本一致,流线分布也较均匀,有利于提高锻件内部质量;并且便于实现机械化和自动化,具有很高的生产效率。由于是一次成形,金属变形量大,不易填满模膛,一般应在终锻前采用预成形及预锻工步,如图 2-30 所示。

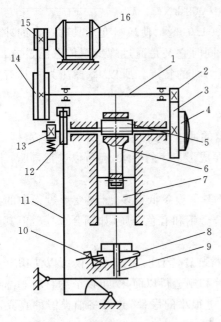 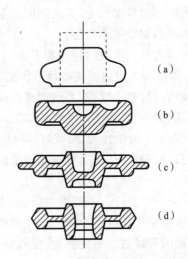

图 2-29　曲柄压力机的工作原理

1—传动轴;2—小齿轮;3—大齿轮;4—离合器;

5—曲柄;6—连杆;7—滑块;8—楔形工作台;

9—顶杆;10—楔铁;11—顶料连杆;12—凸轮;

13—制动器;14—大带轮;15—小带轮;16—电动机

图 2-30　曲柄压力机上模锻齿轮步骤

(a) 预成形;(b) 预锻;(c) 终锻;(d) 锻件

(3) 滑块行程一定,不宜进行拔长和滚压工步。对于横截面变化较大的长轴类锻件,可以采用周期轧制坯料或用辊锻机制坯来代替这两个工步。此外,坯料不论在什么模膛中都是一次成形的,因此坯料表面上的氧化皮不易被清除掉,应尽量采用少无氧化加热或配备氧化皮清除装置。

(4) 锻件尺寸精度高。高度方向尺寸因滑块行程固定得到保证;水平方向尺寸由于滑块导向精度高、模具设有导柱和导套而得到保证;此外,曲柄压力机还有锻件顶出装置,因此锻件的公差、余量和模锻斜度都比锤上模锻件的小。

综上所述,曲柄压力机上模锻具有锻件精度高、生产效率高、劳动条件好和节省金属等优点,适合在大量生产条件下加工中小型锻件。但由于曲柄压力机设备复杂、造价高,目前我国仅在大型工厂使用。

4. 平锻机上模锻

平锻机相当于卧式的曲柄压力机,它沿水平方向对坯料施加锻造压力,其工作原理如图 2-31 所示。它的锻模由固定凹模、活动凹模和固定于主滑块上的凸模组成。电动机的运动传到曲轴后,曲轴的转动推动主滑块带着凸模前后往复运动,同时驱使凸轮旋转。凸轮通过导轮使副滑块移动,并驱使活动凹模运动,实现凹模的闭合或开启。挡料板通过辊子与主滑块的轨道接触。当主滑块向前运动(工作行程)时,轨道斜面迫使辊子上升,带动挡料板绕其轴线转动,挡料板末端便移至一边,给凸模让出路来。

平锻机的吨位一般为 500～31500 kN,可加工直径为 25～230 mm 的棒料。

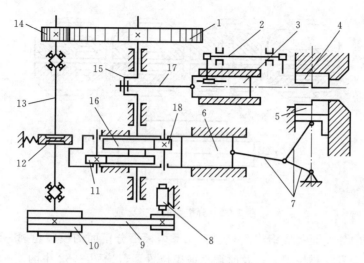

图 2-31　平锻机的工作原理

1—齿轮；2—挡料板；3—主滑块；4—固定模；5—活动模；6—副滑块；

7—连杆系统；8—电动机；9—传动带；10—带轮；11—导轮；12—制动器；

13—传动轴；14—齿轮；15—曲轴；16—凸轮；17—连杆；18—导轮

平锻机上模锻具有如下特点：

（1）坯料都是棒料或管材，并且只进行局部（一端）加热和局部变形加工，因此，可以加工在立式锻压设备上不能加工的某些长杆类锻件，也可用长棒料连续加工多个锻件。

（2）平锻模有两个互相垂直的分模面，主分模面在冲头与凹模之间，另一个分模面在可分两半凹模之间，扩大了模锻的适用范围，可以加工锤上和曲柄压力机上无法锻造的在不同方向上有凸台或凹槽的锻件。

（3）非回转体及中心不对称的锻件用平锻机较难锻造，且平锻机造价较高，超过了曲柄压力机。因此，平锻机主要用于带凹槽、凹孔、通孔、凸缘类回转体锻件的大量生产，最适合在平锻机上模锻的锻件是带头部的杆类和有孔（通孔或不通孔）的锻件。

2.2.4　锤上模锻工艺规程的制定

锤上模锻成形的工艺过程一般为：切断毛坯→加热坯料→模锻→切除模锻件的飞边→校正锻件→锻件热处理→表面清理→检验→成堆存放。

锤上模锻成形的工艺设计包括绘制锻件图、计算坯料尺寸、确定模锻工步（选择模膛）、选择设备及安排修整工序等。其中最主要的是绘制锻件图和确定模锻工步。

1. 锻件图的绘制

锻件图是设计和制造锻模、计算坯料及检查锻件的依据。绘制锻件图时应综合考虑各方面的因素。

1）选择模锻件的分模面

分模面是指上、下锻模在模锻件上的分界面。锻件分模面的位置选择得合适与否，关系到锻件成形、锻件出模、材料利用率等一系列问题。绘制模锻锻件图时，必须按以下原则确定分模面位置。

（1）要保证模锻件能从模膛中取出。如图 2-32 所示的零件，若选 A—A 面为分模面，则无法从模膛中取出锻件。一般情况下，分模面应选在模锻件尺寸最大的截面上。

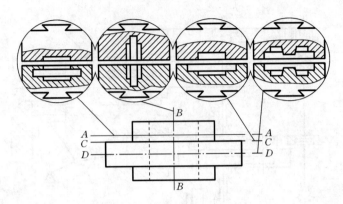

图 2-32　分模面的选择比较

（2）按选定的分模面制成锻模后，应使上、下两模沿分模面的模腔轮廓一致，以便在锻模安装过程和生产中发现错模现象时及时调整锻模位置。若选图 2-32 中的 C—C 面为分模面，就不符合此原则。

（3）最好把分模面选在模腔深度最浅的位置处，这样可使金属很容易充满模腔，便于取出锻件，并有利于锻模的制造。如图 2-32 中的 B—B 面，就不适合作为分模面。

（4）选定的分模面应使零件上所加的敷料最少。如图 2-32 中的 B—B 面被选作分模面时，零件中间的孔锻造不出来，其敷料最多，既浪费金属，会降低材料的利用率，又会增加切削加工的工作量。所以，该面不宜选作分模面。

（5）最好使分模面为一个平面，使上、下锻模的模腔深度基本一致，差别不宜过大，以便于制造锻模。

按上述原则综合分析，图 2-32 中的 D—D 面是最合理的分模面。

2）确定模锻件的机械加工余量及公差

普通模锻方法不能满足机械零件对形状和尺寸精度、表面粗糙度的要求，因此，零件全部或部分表面在模锻后需机械加工。在机械加工表面需留有机械加工余量。模锻件也要规定锻造公差，以控制锻件由于上、下模没有闭合，金属没有充满模腔，上、下模发生错移及模腔磨损和变形等所产生的误差。模锻时金属坯料是在锻模中成形的，因此模锻件的尺寸较精确，其公差和余量比自由锻件小得多。余量一般为 1～4 mm，公差一般取在 ±(0.3～3)mm 之间。

3）标注模锻斜度

模锻件上平行于锤击方向(垂直于分模面)的表面必须有斜度，以便于金属充满模腔及从模腔中取出锻件。对于锤上模锻，模锻斜度一般为 5°～15°。模锻斜度与模腔深度和宽度有关，当模腔深度 h 与宽度 b 之比 h/b 较大时，取较大的斜度值。如图 2-33 所示，α_2 为内壁(即当锻件冷却时，锻件与模壁夹紧的表面)斜度，其值比外壁(即当锻件冷却时，锻件与模壁离开的表面)斜度 α_1 大 2°～5°。

4）标注模锻的圆角半径

锻件上的圆角半径对于保证金属流动、提高模具寿命、保证锻件质量和便于出模等十分重要，锻件上所有面与面的相交处，都必须采取圆角过渡(见图 2-34)。锻件内圆角(模具模腔上凸出部位的圆角)的作用是使金属易于流动，充填模腔，防止锻件产生折叠和模腔过早被压塌，或锻件内部的流线被割断。锻件外圆角(模具模腔上的凹圆角)的作用是避免模具在热处理或锻造过程中因应力集中而产生开裂,并保证锻件充满成形。钢的模锻件外圆角半径 r 取 $1.5\sim12$ mm,内圆角半径 R 是外圆角半径 r 的 $2\sim3$ 倍。

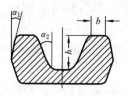

图 2-33　模锻斜度

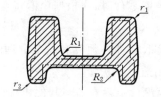

图 2-34　模锻件上的圆角半径

5）留出冲孔连皮

锤上模锻不能直接锻出通孔,孔内必须留有一定厚度的金属层,称为冲孔连皮,锻后在切边压力机上冲除。若所留连皮太薄,锤击力太大,则会导致模膛凸出部位加速磨损或压塌;若所留连皮太厚,则不仅浪费金属,而且冲除连皮时会造成锻件变形。冲孔连皮的厚度 δ 与孔径 d 有关,当 $d=30\sim80$ mm 时,$\delta=4\sim8$ mm。当 $d<25$ mm 或冲孔深度大于冲头直径的 3 倍时,只在冲孔处压出凹坑。

考虑以上五个问题后,便可绘出锻件图。绘制锻件图时,用粗实线表示锻件的形状,以双点画线表示零件的轮廓形状,以便了解各处的加工余量是否满足要求,并在锻件尺寸线的上方标注锻件尺寸与公差,尺寸线下方用圆括号标注出零件尺寸。

2. 模锻工步的确定

模锻工步主要是根据锻件的形状和尺寸来确定的。锻件按形状可分为两大类:一类是长轴类锻件,如台阶轴、曲轴、连杆、弯曲摇臂等;另一类为盘类锻件,如齿轮、法兰等。

盘类锻件是在分模面上的投影为圆形或长、宽尺寸相近的锻件,锻造过程中锤击方向与坯料的轴线同向。终锻时,金属沿高度、宽度及长度方向均发生流动。这类锻件的变形工步通常是镦粗制坯和终锻成形。形状简单的锻件可下料后直接终锻成形,形状复杂的锻件则要增加成形镦粗、预锻等工步。图 2-35 所示为高毂锻件的成形工艺实例。

长轴类锻件的长度与宽度(或直径)相差较大,锻造过程中锤击方向与锻件的轴线垂直。终锻时,金属沿高度和宽度方向流动,长度方向流动不显著。这类锻件需采用拔长、滚挤等工步制坯,形状复杂的锻件要增加弯曲、成形、预锻等工步。图 2-36 所示为叉形长轴锻件的成形工艺实例。

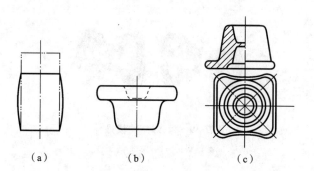

图 2-35　高毂锻件的成形工艺

(a) 镦粗;(b) 成形镦粗;(c) 终锻

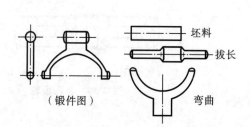

图 2-36　叉形长轴锻件的成形工艺

2.2.5　模锻成形件的结构工艺性

设计模锻零件时,应根据模锻特点和工艺要求,使零件结构符合下列原则,以便于模锻生产和降低成本。

(1) 模锻零件必须具有一个合理的分模面,以保证模锻件易于从锻模中取出,敷料最少,锻模容易制造。

(2) 模锻件上只有需与其他机件配合的表面才需进行机械加工,其他表面均应设计为非加工表面。零件上与锤击方向平行的非加工表面应设计出模锻斜度。非加工表面所形成的角都应按模锻圆角设计。

(3) 为了使金属容易充满模膛和减少工序,零件外形应力求简单、平直和对称,尽量避免零件截面间尺寸的差别过大,或具有薄壁、高肋、凸起等结构。图 2-37(a)所示零件,如最小截面与最大截面之比小于 0.5 就不宜采用模锻方法制造。图 2-37(b)所示零件扁而薄,模锻时薄的部分金属容易冷却,不易充满模膛。图 2-37(c)所示零件有一个高而薄的凸缘,金属难以充满模膛,且使锻模制造和成形后锻件取出较为困难,应设计成图 2-37(d)所示形状,使之易于锻制成形。

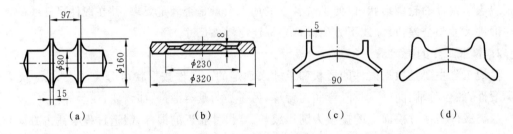

图 2-37　模锻件形状

(a) 高肋;(b) 薄壁;(c) 凸缘;(d) 改进凸缘

(4) 在零件结构允许的条件下,设计时尽量避免有深孔或多孔结构。图 2-38 所示零件上 4 个 ϕ20 mm 的孔就不能锻出,只能机械加工成形。

(5) 模锻件的整体结构应力求简单。当整体结构在成形中需增加较多敷料时,可采用组合工艺制作。图 2-39 所示零件应先采用模锻方法单个成形,然后采用焊接工艺组合成一个整体零件。

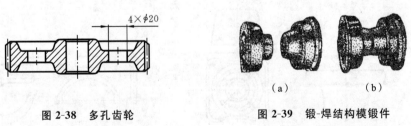

图 2-38　多孔齿轮

图 2-39　锻-焊结构模锻件

(a) 模锻件;(b) 模锻-焊接件

实例　图 2-40(a)为常啮合齿轮零件初始设计图,材料为 18CrMnTi,年产 15 万件,采用锤上模锻生产。分析零件不合理的结构,定性绘出修改后齿轮的锻件图。

分析　常啮合齿轮零件的内孔、轮齿和两端的端面为加工面,中间的轮辐及侧面为非加工

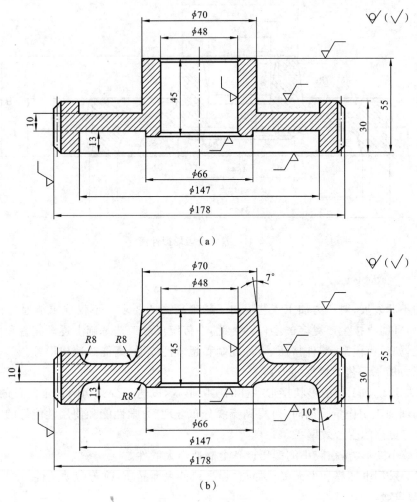

图 2-40 齿轮零件设计图

(a) 修改前；(b) 修改后

面。模锻件上与锤击方向平行的非加工表面，应设计出模锻斜度。非加工表面所形成的角应按模锻圆角设计。该零件高径比为 $55/178=0.31<1$，为盘类锻件，根据零件形状，分模面取在最大直径的 1/2 高度处，锤击方向与轴线平行，因此，轮辐处的侧面应设计出模锻斜度，轮辐过渡部位形成的角要设计为模锻圆角。

根据轮辐侧面的高度与宽度之比确定外模锻斜度为 $7°$，内模锻斜度取为 $10°$。根据零件尺寸确定各加工面的单边加工余量为 2 mm，零件内孔两端有 $45°$ 倒角，故此处的外圆角半径为 $r=$ 余量＋倒角值＝$(2+2)$ mm＝4 mm，其余外圆角半径为 2 mm，内圆角半径取为 8 mm。轮辐侧面及过渡部位按模锻斜度和圆角修改后的零件图如图 2-40(b) 所示。

根据加工余量、模锻斜度、圆角及计算出来的冲孔连皮厚度，绘制出常啮合齿轮锻件图，如图 2-41 所示。非加工面无加工余量，图中内孔中部的两条水平直线为冲孔连皮切除后的轮廓线。

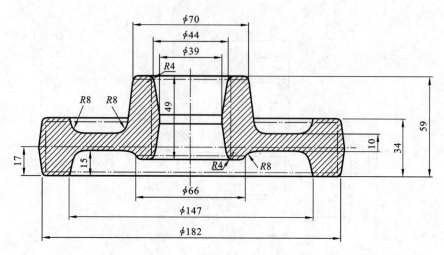

图 2-41　常啮合齿轮锻件图

2.2.6　特种压力加工

工业的不断发展,对压力加工工艺提出了越来越高的要求。不仅要求能通过该工艺生产各种毛坯,而且能直接生产更多的零件。为此,在传统成形工艺基础上逐渐完善和发展了许多先进的工艺,如精密模锻、零件挤压、零件轧制和超塑性成形、高能高速成形等。

特种压力加工工艺的特点如下:

(1) 可尽量使加工件的形状接近零件的实际形状,以达到少无切削加工的目的,从而节省原材料和切削加工工作量。同时,可得到流线分布合理、力学性能和使用性能好的零件。

(2) 具有更高的生产效率。

(3) 可减小变形力,在较小的锻压设备上制造出大锻件。

(4) 广泛采用电加热和少无氧化加热,提高锻件表面品质,改善劳动条件。

1. 精密模锻

精密模锻是在一般模锻基础上发展起来的一种少无切削加工新工艺。与一般模锻相比,精密模锻能获得表面质量好、机械加工余量少和尺寸精度较高的锻件,从而能提高材料利用率,取消或部分取消机械加工工序;可使金属流线沿零件轮廓合理分布,提高零件承载能力。对一些材料贵重且难以进行切削加工的工件,其技术经济效果显著。

一般模锻件所能达到的尺寸精度约为 ±0.50 mm,表面粗糙度只能达到 Ra 12.5 μm,而精锻件能达到的一般精度为 $\pm(0.10\sim0.25)$ mm,较高精度为 $\pm(0.05\sim0.10)$ mm,表面粗糙度可达 Ra 0.8$\sim$3.2 μm。例如,用精密模锻工艺生产的直齿圆锥齿轮,齿形不进行机械加工,齿轮精度即可达到 IT10 级;精锻的叶片,轮廓尺寸精度可达到 ±0.05 mm,厚度尺寸精度可达到 ±0.06 mm。

精密模锻的主要工艺特点为:

(1) 精密模锻件的尺寸精度和表面质量要求高,一般需采用预(粗)锻和终(精)锻两套锻模,形状简单的锻件也可只用一套(终)锻模。预锻时应留 0.1$\sim$1.2 mm 的终锻余量。

(2) 模具精度对锻件精度影响很大,终锻模膛的精度一般要比锻件精度高两级。终锻模要有导柱、导套结构,以保证合模准确。为排除模膛中气体,减小金属流动阻力,在凹模上应开设排气孔。

（3）精确计算原始坯料的尺寸，严格按坯料质量下料，否则会增大锻件尺寸公差，降低锻件精度。

（4）坯料的表面质量（氧化、脱碳和表面粗糙度等）是实现精密模锻的前提，应采用少无氧化加热法，尽量减少坯料表面形成的氧化皮。

（5）由于精锻件一般不留或少留加工余量，其高度（厚度）、壁厚或肋宽等尺寸比一般模锻件的小，因此无论是镦粗成形、压入成形还是挤压成形，都将使变形抗力增大，尤其在室温或中温成形时，可能使模具的强度满足不了要求。这就要求采用一些可以降低变形抗力的工艺措施，例如等温成形工艺。

（6）模锻时要很好地润滑和冷却锻模。

例如，齿较高的差速锥齿轮（见图 2-42）一般为钢件，变形抗力较大，故应采用高温（1000 ℃以上）成形。由于齿较高，仅一次模压很难获得尺寸精确的锻件，因此应先预锻，经切边和清理后再进行温精压（750～850 ℃）或冷精压。

2. 挤压

挤压是金属在三个方向的压应力作用下，从模孔中挤入或流入模腔内以获得所需形状和尺寸的制品的塑性成形工艺。在冶金厂，挤压工艺通常用来生产复杂截面的型材，在机械制造厂，挤压工艺广泛用来生产各种零件。

挤压可以在专用的挤压机上进行，也可以在液压机、曲柄压力机、摩擦压力机、液压螺旋压力机及高速锤上进行；较长零件的挤压可以在卧式水压机上进行。采用挤压方法不但可以提高金属的塑性，生产出复杂截面形状的挤压件，而且可以提高挤压件的精度，改善挤压件的内部组织和力学性能，提高生产效率并节约金属材料等。

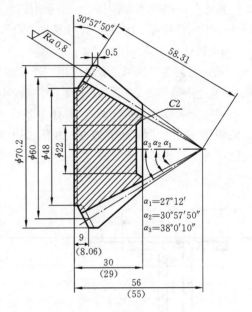

图 2-42 差速锥齿轮锻件图

根据金属的流动方向与冲头运动方向的相互关系，挤压可分为正挤压、反挤压、复合挤压和径向挤压，如图 2-43、图 2-44、图 2-45 所示。

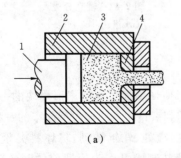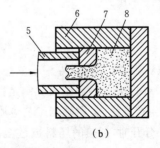

（a）　　　　　　　　　　（b）

图 2-43 正挤压和反挤压

（a）正挤压；（b）反挤压

1、5—凸模；2、6—挤压筒；3、8—坯料；4、7—挤压模

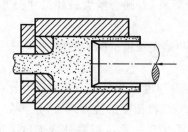

图 2-44　复合挤压

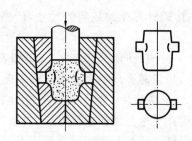

图 2-45　径向挤压

根据坯料的温度高低,挤压可分为冷挤压、温挤压和热挤压。在精密塑性成形时,多数情况下采用冷挤压和温挤压。冷挤压的突出优点是尺寸精度高,表面品质好。目前我国冷挤压件的尺寸精度公差等级可达 IT5,表面粗糙度可达 Ra $0.2 \sim 0.4$ μm。另外,在冷挤压过程中,金属材料的冷作硬化特性使得挤压件的强度与硬度有较大提高,从而可用低强度钢代替高强度钢。图 2-46 所示的纯铁底座零件长期以来采用切削加工方法制造,需经车削外形、钻孔、铰孔等工序,改用冷挤压工艺后可一次成形,尺寸精度符合设计要求,表面粗糙度达 Ra $0.8 \sim 1.6$ μm。

3. 辊轧

辊轧工艺在机械制造业中应用广泛。辊轧是靠轧辊连续局部滚压成形零件,即连续局部成形,具有生产效率高、产品品质好、工作载荷小、成本低等优点,并可大量减少金属材料的消耗。

辊轧分为纵轧和横轧两大类,如图 2-47 所示。毛坯靠摩擦力咬入轧辊。纵轧的两轧辊旋转方向相反,横轧的两轧辊旋转方向相同;纵轧时毛坯不旋转,仅作直线运动,在轧辊的作用下产生连续性的拔长变形和轻微的增宽变形,横轧时毛坯转动前进,在轧辊的作用下产生连续变形。

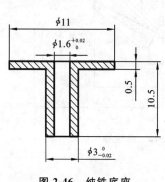

图 2-46　纯铁底座

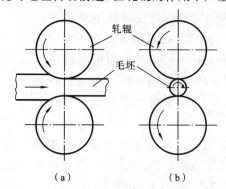

图 2-47　辊轧分类

(a) 纵轧;(b) 横轧

1) 纵轧

纵轧包括辊锻轧制、辗环轧制等。

(1) 辊锻轧制(roll-forging)　辊锻轧制是指使坯料通过装有扇形模块的一对相对旋转的轧辊时受压而变形的生产方法,是由轧制工艺应用到锻造生产中而发展起来的一种锻造工艺(见图 2-48)。当扇形模块分开时,加热的坯料被送至挡板处,轧辊转动,将坯料夹紧并压制成形。辊锻轧制过程实质是毛坯的拔长变形过程。辊锻轧制既可作为模锻前的制坯工序,也可直接用于制造扳手、链环、连杆、刺刀和叶片等锻件。叶片的辊锻工艺与铣削工艺相比,材料利用率可提高 4 倍,生产效率可提高 2.5 倍,而且金属流线与叶片外形完全符合,大大提高了叶片的质量。

(2) 辗环轧制(ring-rolling)　辗环轧制又称为辗压扩孔,其工作过程如图 2-49 所示。驱

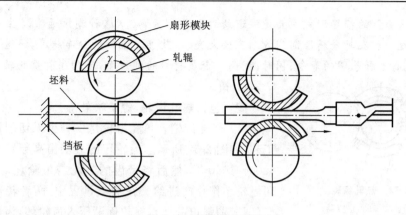

图 2-48 辊锻工作过程

动辊由电动机带动旋转,利用摩擦力使坯料在驱动辊和芯辊组成的孔型中受压变形,壁厚减小,内外径增大,同时断面形状也发生改变。驱动辊还可由液压缸推动作上下移动,改变两辊间的距离,使坯料厚度逐渐变小,直径逐渐增大。导向辊用来保持坯料的正确运送。信号辊用来控制环形件直径。当环形件直径达到需要值与信号辊接触时,信号辊旋转传出信号,驱动辊就停止工作。

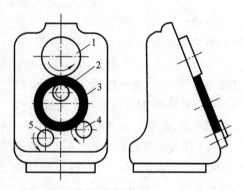

图 2-49 辗环轧制

1—驱动辊;2—芯辊;3—坯料;4—导向辊;5—信号辊

用不同形状的轧辊可生产不同截面形状的环形件,如火车轮箍、齿圈、轴承套圈及法兰等。辗环轧制生产效率很高,广泛用于批量生产。扩孔件的外径为 40 mm～5 m,宽度为 20～180 mm,质量达 6 t 或更大。

实例 滚动轴承套圈的辗环轧制。

某轴承厂的 6306 轴承环精密扩孔生产线,班产 2500～3000 件,工艺过程为:棒料加热至 850～950 ℃→1600 kN 精密剪断机剪料→加热至 1100 ℃→1600 kN 曲柄压力机镦粗、冲孔、镦平→扩孔机精密扩孔→1000 kN 压力机整形。图 2-50、图 2-51 所示分别为轴承外圈精密扩孔工艺的工件图及轧辊装配结构图。

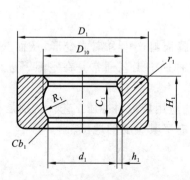

图 2-50 滚动轴承外圈辗压扩孔工件图

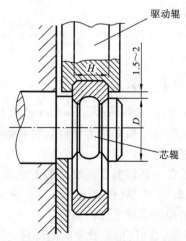

图 2-51 滚动轴承外圈轧辊装配结构图

滚动轴承套圈的损坏形式主要是滚道处的表面疲劳剥落,这种剥落通常发生在材料表面的流线露头处。扩孔时金属沿圆周方向有较大变形,改善了流线的分布状况,滚道处的流线没有被切断,提高了轴承圈的寿命;同时,提高了金属材料的利用率,节约了贵重的轴承钢。

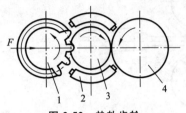

图 2-52　热轧齿轮

1—轧轮;2—高频感应器;
3—齿轮坯;4—从动轮

2) 横轧

横轧包括热轧齿轮、螺旋横轧等。

（1）热轧齿轮　热轧齿轮是一种少无切削加工齿形的工艺,如图 2-52 所示。齿轮坯的表层由高频感应器加热至 1000～1050 ℃,然后将带齿的轧轮与齿轮坯对辗,并同时向齿轮坯作径向进给。在对辗过程中,两者转速比保持不变(即所谓强迫分度),轧轮逐渐压入齿轮坯,齿轮坯的部分金属被压成齿谷,相邻部分金属被反挤而上升形成齿顶。

自由转动的从动轮可辗平齿顶。在半自动热轧齿轮机上可热轧直径为 175～350 mm、模数为 10 mm 以下的直齿轮、斜齿轮和锥齿轮。齿轮精度达 8～9 级,齿面粗糙度达 $Ra\ 3.2\ \mu m$。

与切削加工相比,热轧齿轮工艺生产效率高,可节省 10%～40% 的金属材料,齿部金属的流线与齿廓一致,流线组织完整,因而强度高、寿命长,其耐磨性和疲劳强度均可提高 30%～50%。热轧适用于齿轮的专业化批量生产。精度要求较低的齿轮,热轧后可直接使用。但在多数情况下,热轧后还要进行冷精轧或切削加工,如磨齿、剃齿等。

（2）螺旋横轧(skew rolling)　螺旋横轧时轧辊的旋转方向相同,轧辊轴线间形成一定夹角,毛坯靠摩擦力矩咬入,经过径向压缩,沿轴向和径向流动充填轧辊型槽。毛坯在变形过程中螺旋式前进,因此,称该工艺为螺旋横轧。

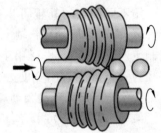

螺旋横轧可生产的零件有钢球、滚子、连杆毛坯等。

螺旋斜轧钢球是使棒料在轧辊间螺旋槽里受到轧制,并被分离成单个球。如图 2-53 所示,轧辊每转一周即可轧制出一个钢球,轧制过程是连续的。利用这种方法可生产直径为 25～115 mm 的滚动轴承滚子及直径为 40～125 mm 的球磨机钢球。钢球坯的另一种成形工艺是锻压(热模锻与冷挤压)工艺。

图 2-53　钢球的螺旋横轧

2.3　冲压工艺

2.3.1　概述

板料冲压(sheet-metal forming)是利用冲模使金属板料产生分离或变形,从而获得具有一定形状和尺寸精度的薄壁金属制品的加工工艺。这种加工工艺通常是在室温下进行的,所以又可以称为冷冲压。

几乎在一切制造金属成品的工业部门中,都广泛地应用着板料冲压工艺。特别是在汽车、拖拉机、航空、电器、仪表及国防等工业中,板料冲压占有极其重要的地位。

板料冲压具有下列特点:

(1)可以冲压出形状复杂的零件,且废料较少。

(2)冲压件的形状和尺寸由冲模保证,冲压件的质量稳定,互换性较好。

（3）能获得质量小、材料消耗少、强度和刚度都较高的零件。

（4）冲压操作简便，易于实现机械化和自动化，生产率很高，故零件成本低。

但冲模制造复杂，成本高，只有在大批量生产条件下，这种加工方法的优越性才显得突出。

板料冲压所用的原材料通常是冶金厂大量生产的轧制钢板与钢带，此外有铜合金、铝合金、钛合金及不锈钢板等。

冲压生产中常用的设备是剪床和冲床。剪床用来把板料剪切成一定宽度的条料，以供下一步的冲压工序用。冲床用来实现冲压工序，以制成所需形状和尺寸的成品零件，冲床最大吨位已达 40000 kN。

冲压生产基本工序有分离工序(cutting)和成形工序(forming)两大类。分离工序是使坯料的一部分与另一部分相互分离的工序，如落料、冲孔、切断和修边。成形工序是使坯料的一部分相对于另一部分发生塑性变形而不破坏，从而得到一定形状和尺寸的成品的工序，如拉深、弯曲、翻边、胀形等。此外，为提高劳动生产率，常常将两个以上的基本工序合并成一个工序，称为复合工序。表 2-2 列出了部分基本工序的名称、简图和定义。

表 2-2　板料冲压的基本工序

工序性质	工序名称	工序简图	工序定义	典型零件
分离工序	落料		用模具沿封闭线冲切板料，冲下的部分为工件，其余部分为废料	
	冲孔		用模具沿封闭线冲切板材，冲下的部分是废料	
成形工序	弯曲		将板料弯成一定角度或一定形状	
	拉深		将平板坯料变成任意形状的空心件	
	翻边		将板料或工件上有孔的边缘翻成竖立边缘	

续表

工序性质	工序名称	工序简图	工序定义	典型零件
成形工序	胀形	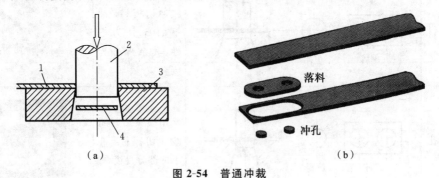	使空心件(或管料)的一部分沿径向扩张,呈凸肚形	

2.3.2 冲裁工艺

冲裁(shearing)是使坯料按封闭轮廓分离的工序,包括落料(blanking)与冲孔(hole punching)工序。落料时,冲落部分为成品,余下的为废料;而冲孔是为了获得带孔的冲裁件,冲落部分为废料。冲裁工艺可分为普通冲裁和精密冲裁工艺。

1. 普通冲裁

普通冲裁如图 2-54 所示。冲头(凸模)和凹模的边缘都带有锋利的刃口,当凸模向下运动压住板料时,板料受剪切产生塑性变形,板料即被切离,得到平面的冲裁件。

（a）

（b）

图 2-54　普通冲裁

（a）原理；（b）实例

1—板料；2—冲头；3—凹模；4—冲下部分

1）冲裁变形过程

冲裁变形过程大致可以分成三个阶段(见图 2-55)。

(1) 弹性变形阶段　凸模与板料接触后,板料产生弹性压缩、拉伸与弯曲等复杂变形,此时,板料中的内应力迅速增大,但不超过材料的弹性极限。若卸去载荷,板料则恢复原状。

(2) 塑性变形阶段　凸模继续向下运动,板料中的内应力升高达到屈服极限,板料金属产生塑性变形,凸模、凹模切入材料。当变形达到一定程度时,位于凸、凹模刃口处的金属硬化加剧,并出现微裂纹。

(3) 断裂分离阶段　凸模继续向下运动,已形成的上、下裂纹逐渐扩展。上、下裂纹相遇重合后,板料被剪断分离。

正常间隙下,冲裁件断面可以明显地分成三个特征区:圆角带、光亮带和断裂带,如图2-56所示。圆角带是刃口刚压入材料时,刃口附近材料产生弯曲和伸长变形的结果。光亮带是由于锋利的刃口对板料进行塑性剪切而形成的,由于受到模具侧面的挤压力,形成光亮而垂直的

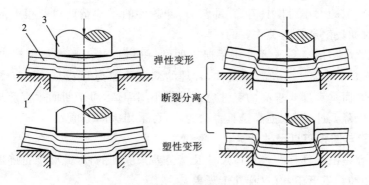

图 2-55　冲裁变形过程

1—凹模；2—板料；3—凸模

断面。断裂带是由于刃口附近的微裂纹在拉应力作用下不断扩展而形成的撕裂面，断面粗糙且有斜度。此外，由于材料在凸、凹模刃口处产生的微裂纹不在刃尖处，而在距刃尖不远的模具侧面处，断面上还会形成毛刺。

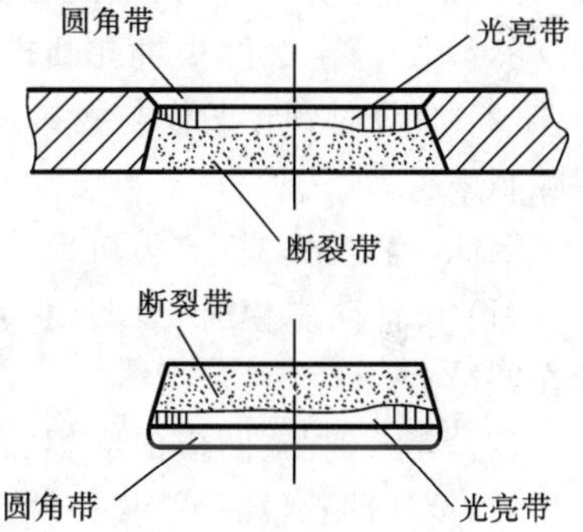

冲裁件切断面质量主要与凸、凹模间隙（Z）和刃口锋利程度有关，同时也受模具结构、材料性能及板料厚度等因素的影响。通常光亮带越宽，毛刺和圆角带越小，断裂带越小，断面质量越好。

2）间隙对切断面品质的影响

模具间隙是指凸、凹模间隙的距离，一般用符号 c（clearance）表示单面间隙，用 Z 表示双面间隙。凸、凹模间隙对冲裁件的切断面品质有很大的影响。

从图 2-57 中可以看出，当间隙过小时，上、下裂纹向内扩展时不能互相重合，将产生二次剪切，在切断面中间留下撕裂面。当间隙过大时，板料受到很大的拉伸和弯曲应力作用，冲裁件圆角和斜度加大，光亮带小，毛刺大而厚，难以去除。只有将冲裁间隙值控制在合理范围内，上、下裂纹才能互相重合，此时冲裁件切断面平直、光洁，质量最好。

图 2-56　冲裁零件的断面

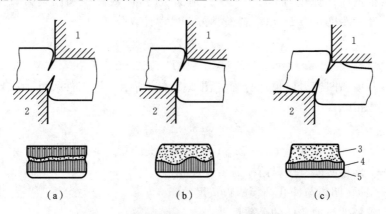

图 2-57　间隙大小对制件切断面品质的影响

（a）间隙过小；（b）间隙合适；（c）间隙过大

1—凸模；2—凹模；3—断裂带；4—光亮带；5—圆角带

此外,冲裁间隙的大小对模具寿命、冲裁力、冲裁件的尺寸精度也有很大的影响,因此,正确选择间隙值对冲裁生产是至关重要的。

冲裁间隙的取值,依经验或者冲压手册查取。一般地,对于尺寸精度等级为IT8~IT11,表面粗糙度为 $Ra\ 6.3\sim3.2\ \mu m$ 的冲裁件,合理的双面间隙为 $0.05t\sim0.25t(t$ 为板材厚度)。对于尺寸精度、断面垂直度要求高的工件应选用较小间隙值,对于断面垂直度与尺寸精度要求不高的工件,应以降低冲裁力、提高模具寿命为主,可采用大间隙值。

3) 冲裁凸模与凹模刃口尺寸计算

凸、凹模间隙是由凸模与凹模刃口尺寸及其公差来保证的,因此必须正确确定凸模与凹模的刃口尺寸。在冲裁生产中,有这样几个现象:

(1) 由于凸、凹模之间存在间隙,冲裁件断面是带有锥度的(见图 2-56)。落料件使用和测量的是大端(光亮带)及大端尺寸,由落料凹模刃口尺寸决定;而冲孔件使用和测量的是小端(光亮带)及小端尺寸,由冲孔凸模刃口尺寸决定。

(2) 冲裁时,凸、凹模与板料发生摩擦,凹模刃口尺寸越磨越大,凸模刃口尺寸越磨越小,间隙越来越大。

因此,确定冲裁模具刃口尺寸时,需考虑以下原则:

(1) 设计落料模时,以凹模为基准,间隙取在凸模上;设计冲孔模时,以凸模为基准,间隙取在凹模上。

(2) 考虑到凸、凹模的磨损:设计落料模时,凹模公称尺寸应取工件尺寸公差范围内的较小尺寸;设计冲孔模时,凸模公称尺寸应取尺寸公差范围内的较大尺寸。凸、凹模间隙则取最小合理间隙值。

(3) 确定冲裁模具刃口制造公差时,应考虑冲裁件的精度要求。若模具刃口制造精度低,则冲裁件精度也就无法保证。一般模具精度比冲裁件精度高 2~3 级,对于形状简单的冲裁件(如圆形件、方形件),模具制造公差可按 IT8~IT6 级选取。冲压件的尺寸公差按"入体"原则标注,落料件上极限偏差为零、下极限偏差为负值,冲孔件下极限偏差为零、上极限偏差为正值。

对于圆形或其他形状简单的冲压件,常分别加工凸模与凹模,要分别标注凸模和凹模刃口尺寸与公差。下面分冲孔和落料两种情况对模具刃口尺寸进行讨论。

(1) 落料:根据前述原则,凸模与凹模分别加工时,冲裁凹模和凸模刃口尺寸分配如图 2-58(a)所示。设工件尺寸为 $D_{-\Delta}^{0}$,落料模具刃口尺寸计算公式如下:

$$D_{\mathrm{d}} = (D - x\Delta)_{0}^{+\delta_{\mathrm{d}}} \tag{2-8}$$

$$D_{\mathrm{p}} = (D_{\mathrm{d}} - Z_{\min})_{-\delta_{\mathrm{p}}}^{0} = (D - x\Delta - Z_{\min})_{-\delta_{\mathrm{p}}}^{0} \tag{2-9}$$

(2) 冲孔:凸模和凹模刃口尺寸分配如图 2-58(b)所示。设工件尺寸为 $d_{0}^{+\Delta}$,冲孔模具刃口尺寸计算公式如下:

$$d_{\mathrm{p}} = (d + x\Delta)_{-\delta_{\mathrm{p}}}^{0} \tag{2-10}$$

$$d_{\mathrm{d}} = (d_{\mathrm{p}} + Z_{\min})_{0}^{+\delta_{\mathrm{d}}} = (d + x\Delta + Z_{\min})_{0}^{+\delta_{\mathrm{d}}} \tag{2-11}$$

式中:D_{d}、D_{p}——落料凹模与落料凸模的刃口尺寸;

d_{d}、d_{p}——冲孔凹模与冲孔凸模的刃口尺寸;

D、d——落料件与冲孔件的公称尺寸;

Δ——冲裁件的尺寸公差;

δ_{d}、δ_{p}——凹模和凸模的制造公差;

x——磨损系数,其作用是使冲裁件的实际尺寸尽量接近冲裁件公差带的中间尺寸,其

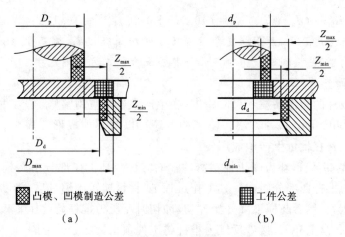

图 2-58 落料和冲孔模具刃口尺寸

(a) 落料;(b) 冲孔

值在 0.5~1 之间,与冲裁件精度有关。当工件尺寸精度公差等级为 IT10 以上时,取 $x=1$;当工件尺寸精度公差等级为 IT13~IT11 时,取 $x=0.75$;当工件尺寸精度公差等级在 IT14 以下时,取 $x=0.5$。

此外,要保证凸、凹模初始间隙值不超过最大合理间隙值,必须有

$$\delta_p + \delta_d \leqslant Z_{max} - Z_{min} \tag{2-12}$$

或取

$$\delta_p = 0.4(Z_{max} - Z_{min})$$

$$\delta_d = 0.6(Z_{max} - Z_{min})$$

式中:Z_{max}——最大合理双面间隙;

Z_{min}——最小合理双面间隙。

实例:如图 2-59 所示的垫圈,材质为工业纯铝,板料厚度为 1 mm,试确定冲裁凸模与凹模刃口尺寸。

(1) $\phi 40.0_{-0.2}^{0.0}$ 尺寸为落料尺寸,其尺寸精度公差等级为 IT11,该尺寸由落料凹模刃口尺寸确定。

对于尺寸精度为 IT10~IT11、形状为圆形的冲孔件,按经验取磨损系数 $x=0.75$。

根据落料凸模与凹模制造精度等级高于工件 2~3 个精度等级,凹模精度取 IT8,$\delta_d=0.03$ mm;凸模精度取 IT7,$\delta_p=0.02$ mm。因此有

$$D_d = (D - x\Delta)_0^{+\delta_d} = (40 - 0.75 \times 0.2)_0^{+0.03}$$
$$= 39.85_0^{+0.03}$$

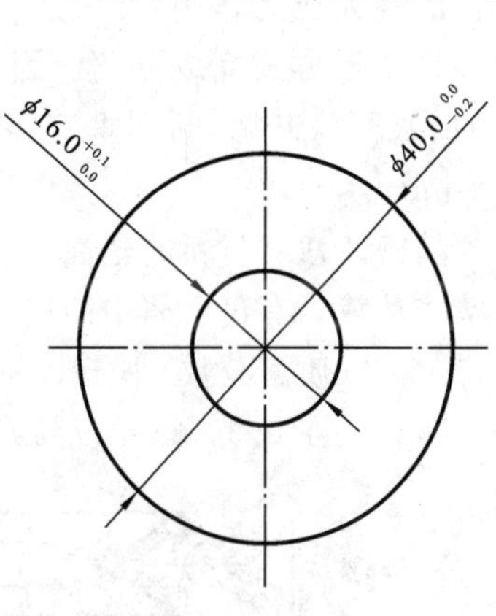

一般地,对于尺寸精度公差等级为 IT8~IT11 的冲裁件,合理的双面间隙为 $0.05t$~$0.25t$,此处取最小合理双面间隙 $Z_{min}=0.06$ mm。因此有

$$D_p = (D - Z_{min})_{-\delta_p}^0 = (39.85 - 0.06)_{-0.02}^0 = 39.79_{-0.02}^0$$

(2) $\phi 16.0_{0.0}^{+0.10}$ 尺寸为冲孔尺寸,其尺寸精度公差等级为 IT10,该尺寸由冲孔凸模刃口尺寸确定。凸模精度取 IT7,$\delta_p=0.02$ mm;凹模精度取 IT8,$\delta_d=0.03$ mm。因此有

$$d_p = (d + x\Delta)_{-\delta_p}^0 = (16 + 0.75 \times 0.1)_{-0.02}^0 = 16.075_{-0.02}^0$$

图 2-59 垫圈

$$d_d = (d_p + Z_{min})^{+\delta_d}_0 = (16.075 + 0.06)^{+0.03}_0 = 16.135^{+0.03}_0$$

若冲裁件板料厚度太小,且形状复杂或者尺寸精度等级较高,为易于保证冲裁间隙,便于凸模和凹模加工制造,凸模和凹模刃口尺寸计算应配合加工方法确定。

2. 精密冲裁简介

为了提高冲裁件的断面品质和尺寸精度,在生产中通常应用整修、光洁冲裁或齿圈压板冲裁(精密冲裁(fine blanking))等方法。精密冲裁还可以与其他成形工序组合,以提高生产效率,降低成本,因此其在批量生产中应用较广。

图 2-60 所示为带 V 形环齿圈压板精密冲裁的方法。其工作部分由凸模、凹模、带齿圈的强力压板及反压力推杆四部分组成。其工作过程是:材料被送入模具后,齿圈压板与凹模及反压力推杆将板料压紧,然后凸模下降开始冲切,冲切时反压力推杆始终压紧板料;冲切完成后,凸模回程,条料从凸模上卸下,接着反压力推杆将工件顶出。

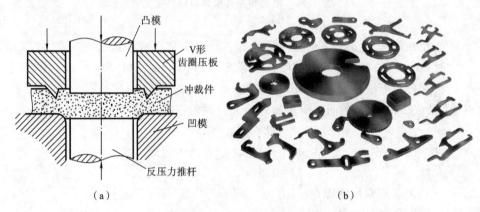

图 2-60　齿圈压板精密冲裁

(a) 精密冲裁原理示意图;(b) 精密冲裁件示例

由于精密冲裁法选用极小的冲裁间隙,凹模刃口带有小圆角,且有齿圈压板与反压力推杆的强大压力作用,变形区材料处于三向压应力状态,抑制了裂纹的产生,使其以纯剪切的塑性变形方式完成分离。因此,精密冲裁法所获得的冲裁件切断面的光亮带可达板料厚度的90%～100%,断面垂直,零件的尺寸精度可达 IT7～IT9,表面粗糙度可达 $Ra\ 3.2$～$0.8\ \mu m$。

精密冲裁对材料的塑性有一定的要求,材料必须具有良好的塑性。材料的塑性越好,越适合精密冲裁。有色金属中的铝、黄铜等材料一般均能获得良好的精密冲裁效果。在黑色金属中,碳含量(质量分数)小于 0.35%、抗拉强度为 300～600 MPa 的中低碳钢精密冲裁效果较好。碳含量在 0.35%～0.7%或更高的碳钢及低合金钢,经球化退火后也可获得良好的精密冲裁效果。

3. 冲裁件的结构工艺性

冲裁件的设计不仅应保证具有良好的使用性能,而且应保证具有良好的工艺性能。

(1) 冲裁件的形状。冲裁件的形状应力求简单、对称、排样废料少。在满足质量要求的前提下,把冲裁件设计成少无废料的排样形式。如图 2-61(a)所示零件,若外形无要求,只要满足三孔位置达到设计要求,则可

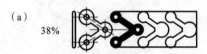

(a) 38%

(b) 79%

图 2-61　冲裁件形状对工艺性能的影响

改成图 2-61(b)所示形状,材料利用率显著提高。

(2) 冲裁件的圆角。冲裁件上直线与直线、曲线与直线的交接处,均应用适宜的圆角连接。因为圆角可以大大减少应力集中,有效地消除冲裁模开裂现象。冲裁件的最小圆角半径如表 2-3 所示。

表 2-3 落料件、冲孔件的最小圆角半径(t 为板材厚度,当 $t<1$ mm 时,均按 $t=1$ mm 计算)

工序	圆弧角	最小圆角半径 R_{min}			
		黄铜、紫铜、铝	低碳钢	合金钢	
落料	$\alpha \geq 90°$	$0.24t$	$0.30t$	$0.45t$	
	$\alpha < 90°$	$0.35t$	$0.50t$	$0.70t$	
冲孔	$\alpha \geq 90°$	$0.20t$	$0.35t$	$0.50t$	
	$\alpha < 90°$	$0.45t$	$0.60t$	$0.90t$	

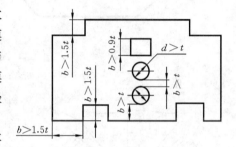

(3) 冲裁件的孔径及孔边距。冲裁件的孔径太小,凸模易折断或压弯,冲孔允许的最小尺寸与模具结构、材料性能及板料厚度有关。冲裁件的孔与孔之间、孔与边缘之间的距离也不能太小,否则模具强度将不够或易使冲裁件变形。冲裁件的孔径及孔边距设计如图 2-62 所示。

(4) 冲裁件的尺寸标注。冲裁件的尺寸标注要符合冲压工艺的要求。如图 2-63(a)所示的尺寸标注,两孔的中心距公差会随模具磨损而增大,应改为图 2-63(b)所示的标注法,这样两孔中心距才与模具磨损无关,其公差值可减小。

图 2-62 冲裁件的孔径及孔边距

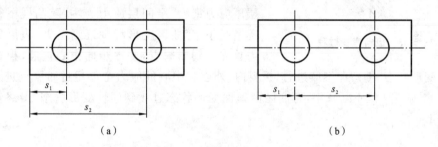

(a)   (b)

图 2-63 冲裁件的尺寸标注

2.3.3 成形工艺

1. 弯曲

弯曲(bending)是将金属板料、棒料、管料或型材等弯成具有一定形状和角度零件的成形方法。弯曲在冲压生产中应用很广。根据所用的工具和设备不同,弯曲方法可分为压弯、折弯、拉弯、滚弯和辊压成形等,如图 2-64 所示。

1) 弯曲变形过程

V 形件的弯曲是板料弯曲中最基本的一种,图 2-65 所示为板料的 V 形弯曲过程。弯曲过程中,随着凸模的下压,坯料产生弯曲变形,弯曲部分的材料由弹性变形状态过渡到塑性变形状态,坯料的直边与凹模 V 形表面逐渐贴近靠紧,弯曲内侧半径逐渐减小趋近凸模的圆角

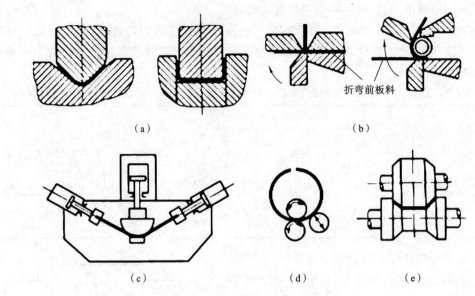

图 2-64　弯曲零件的成形方法

(a) 压弯；(b) 折弯；(c) 拉弯；(d) 滚弯；(e) 辊压成形

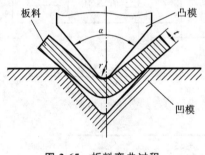

图 2-65　板料弯曲过程

半径,当凸模、坯料与凹模三者完全压合时,弯曲过程结束。

弯曲变形主要发生在弯曲中心角 α 范围内,中心角以外基本上不变形。图 2-66 所示为板料弯曲过程中的应力分布情况。开始弯曲时,相对弯曲半径 r/t 较大,板料内部仅发生弹性弯曲,外层拉应力最大,内层压应力最大,中间层应力为零;随凸模下行,r/t 值逐渐减小,弯曲区变形程度逐渐增大,表层的切向应力首先达到屈服点,并逐步向中心扩展,板料内部呈现弹塑性变形状态;随弯曲继续进行,板料内、外层和中心的应力全部超过屈服点进入全塑性弯曲。因此,随 r/t 值不断减小,弯曲区由弹性变形状态过渡到塑性变形状态,最终使板料产生永久变形。

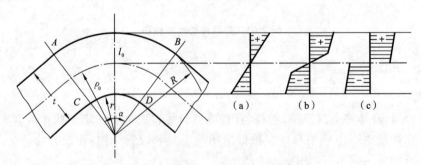

图 2-66　板料弯曲时内部的应力状态

(a) 弹性弯曲；(b) 弹塑性弯曲；(c) 全塑性弯曲

板料弯曲时,外层受拉而伸长,内层受压而缩短,从伸长过渡到缩短,必然有一层金属,其长度在弯曲前后没有变化,该层称为应变中性层。而从外层的拉应力过渡到内层压应力时,应力发生突然变化或不连续的金属层,则为应力中性层。以应变中性层为界,内层长度缩短,厚度增加;外层长度伸长,厚度变小。由于增厚量小于变薄量,因此材料厚度在弯曲变形区内有变小现象。弯曲变形程度越大,弯曲区变薄越严重。

　　一般弯曲件,其宽度方向尺寸比厚度方向尺寸大得多,所以弯曲前后的板料宽度可近似地认为是不变的。弹性弯曲时,应变中性层和应力中性层均处于板料截面中心,塑性弯曲时,应变中性层和应力中性层逐步向内移动,可用图 2-67 说明。塑性弯曲时,设板料的初始长度、宽度和厚度分别为 l、b 和 t,弯曲后成为外径为 R、内径为 r、厚度为 ξt(ξ 为变薄系数)、弯曲中心角为 α 的形状。根据变形前后体积不变的条件,有

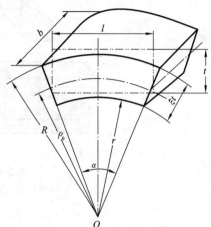

$$tlb = \pi(R^2 - r^2)\frac{\alpha}{2\pi}b \qquad (2\text{-}13)$$

　　塑性弯曲后,应变中性层长度不变,设应变中性层曲率半径为 ρ_0,有

图 2-67　板料弯曲状态

$$l = \alpha\rho_0 \qquad (2\text{-}14)$$

　　式(2-13)和式(2-14)联立求解,并将 $R = r + \xi t$ 代入,得到应变中性层的位置:

$$\rho_0 = \left(\frac{r}{t} + \frac{\xi}{2}\right)\xi t = \left(r + \frac{1}{2}\xi t\right)\xi \qquad (2\text{-}15)$$

　　由式(2-15)可知,$r + \dfrac{1}{2}\xi t$ 为塑性弯曲时的中心位置,在 $r/t \leqslant 4$ 的情况下弯曲,由试验测得系数 $\xi < 1$,因此,应变中性层位置将小于 $r + \dfrac{1}{2}\xi t$,即向内移动,且随变形程度增大,应变中性层位置逐步向内移动。

　　此外,应变中性层处的那一层金属在弯曲前期的变形是切向缩短,而后期必然是切向伸长,这样才能补偿弯曲前期的切向缩短,使其切向应变为零。而一般来说,弯曲后期的切向伸长仅发生在应力中性层的外层金属上。因此,应力中性层在塑性弯曲时也是从板料中间向内层移动的,且内移量比应变中性层的还大。

　　2）工艺特点

　　在弯曲工序中,板料弯曲部分外层外表面的拉伸应力与拉伸应变最大。当外层金属的伸长变形超过材料性能所允许的极限伸长时,金属会破裂;板料越厚,内弯曲圆角半径越小,则拉伸应变越大,越容易弯裂。

　　为防止弯裂,弯曲的最小内圆角半径应为 $r_{\min} = (0.25 \sim 1)t$($t$ 为金属板料的厚度)。材料塑性好,则弯曲圆角半径可小些。此外,弯曲时应尽可能使弯曲线与板料流线方向垂直(见图 2-68)。若弯曲线与流线方向一致,则容易产生破裂,此时应增大弯曲半径。

　　在弯曲结束后,由于弹性变形的恢复,被弯曲的角度增大,此现象称为弹复或回弹(spring back)。一般回弹角为 $0°\sim 10°$。因此在设计弯曲模时,必须使模具的角度比成品件角度小一个回弹角进行补偿,以便在弯曲回弹后得到准确的弯曲角度。

　　3）弯曲件结构工艺性

　　采用弯曲方法成形零件时,受弯曲变形特点的影响,零件上弯曲部分的形状尺寸,如弯曲半径、弯曲边高度等,应满足一定的工艺性要求。

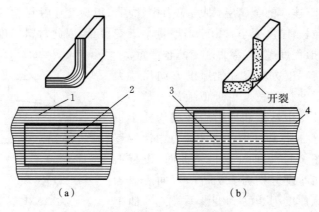

图 2-68　板料流线与弯曲关系

(a) 弯曲线与流线方向垂直;(b) 弯曲线与流线方向平行

1、4—流线;2、3—弯曲线

(1) 弯曲件的形状和尺寸应对称,以避免工件偏移。在允许的情况下,应尽量成对弯曲。

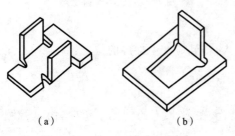

图 2-69　工艺槽、孔及定位孔

(a) 折弯槽;(b) 缺口

(2) 在局部弯曲某一段边缘时,为避免应力集中或弯曲根部撕裂,应在弯曲部分与不弯曲部分之间开设必要的工艺孔、槽或缺口,如图 2-69 所示。

(3) 弯曲时,工件的弯曲圆角半径必须大于最小弯曲圆角半径,否则要多次弯曲,增加工序;也不宜过大,因为过大时,受回弹的影响,弯曲角度与弯曲半径的精度不易保证。

(4) 弯曲件直边的高度不宜过小,如图 2-70 所示,直边高度 h 必须大于 $r+2t$。当 h 较小时,直边在模具上支持的长度过小,不易形成足够的弯矩,很难得到形状准确的零件;否则,应在弯曲部分加工出凹槽或孔,便于弯曲成形,或增加直边高度,弯曲后再切除。

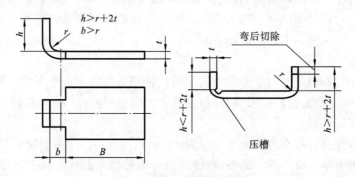

图 2-70　弯曲件直边高度

(5) 弯曲有孔的零件时,为了避免弯曲时孔发生变形,孔与弯曲处的距离必须大于其允许的最小距离,如图 2-71 所示,当 $t<2$ mm 时,$L \geq t$;当 $t \geq 2$ mm 时,$L \geq 2t$。否则,可在弯曲线上冲工艺孔,如对零件孔的精度要求较高,则应先弯曲后再冲孔。

(6) 弯曲件的尺寸注法会影响冲压工序的安排顺序。如图 2-72(a) 所示的注法,可以先落料、冲孔,然后弯曲成形;而按图 2-72(b) 所示的注法,冲孔应安排在弯曲后进行。

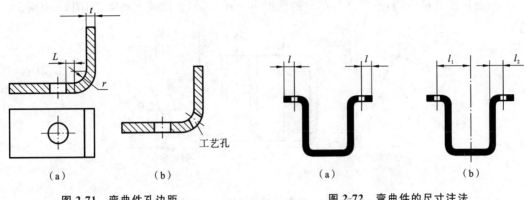

图 2-71　弯曲件孔边距　　　　　　　　图 2-72　弯曲件的尺寸注法

2. 拉深

拉深(deep-drawing)是利用模具使冲裁后得到的平板毛坯变形成开口空心零件的工序,如图2-73所示。通过拉伸可以制成圆筒形、球形、锥形、盒形、阶梯形等形状的开口空心件。其变形过程为:把直径为 D 的平板坯料放在凹模上,在凸模作用下,坯料被拉入凸模和凹模的间隙中,形成空心拉深件。

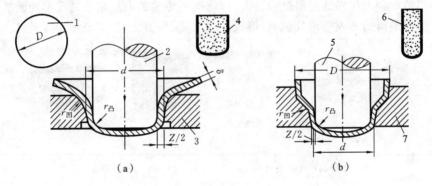

图 2-73　拉深工序

(a) 第一次拉深;(b) 第二次拉深

1—坯料;2、5—凸模;3、7—凹模;4—中间产品;6—成品

1) 拉深变形过程及特点

拉深件的平面凸缘部分(板料外径 D 减去内径 d 的环形部分)切向受压应力作用(材料因直径减小而相互挤压),径向受拉应力作用,在径向和切向分别产生伸长和压缩变形,板厚略有增大,随外径减小,逐步进入凸模与凹模之间的间隙,形成拉深件的直壁。直壁受拉应力作用,主要为传力区。拉深件的底部一般不变形,只起传递拉力的作用,在凸模圆角处,板料产生塑性弯曲。

拉深变形的特点是:

(1) 板料的凸缘部分是拉深变形的主要变形区,其他部分是传力区。凸缘部分在切向压应力和径向拉应力的作用下,产生切向压缩和径向伸长的变形。拉深时产生很大的塑性流动, d/D 越小,变形程度越大。

(2) 拉深后,拉深件壁部厚度不均,筒壁上部有所增厚,越靠近上缘,增厚越多;筒壁下部有所减薄,其中凸模圆角处最薄。厚度变化如图2-74所示。

（3）沿直壁高度方向，拉深件各部分的硬度不一样，越到上缘硬度越大，如图2-74所示。

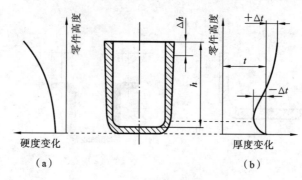

图 2-74　拉深件壁厚和硬度的变化

2）拉深件质量分析

圆筒形件的拉深过程顺利进行的两个主要障碍是凸缘起皱和筒壁拉断。

拉深过程中，凸缘材料在周向产生很大的压应力，这一压力使凸缘材料失去稳定而形成皱褶，犹如压杆两端受压失稳似的。在凸缘最外缘处，切向压应力最大，因而成为起皱最严重的地方，如图 2-75(b)所示。

另外，当凸缘部分材料的变形抗力过大时，筒壁所传递的力量超过筒壁本身的极限抗拉强度，使得筒壁在最薄的凸模圆角处破裂，形成拉穿废品，如图 2-75(d)所示。

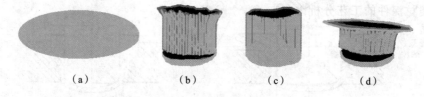

图 2-75　起皱与拉穿
(a) 圆形板料；(b) 起皱和拉裂；(c) 良好；(d) 压边力过大导致拉裂

为了防止起皱，需在凸缘上加压边力，此压边力又成为凸缘移动的阻力，并与材料自身的变形阻力和材料通过凹模圆角时的弯曲阻力合在一起，成为拉深阻力。

对于凸缘上产生的拉深阻力，如果不施加与之平衡的拉深力，则成形是无法实现的。此拉深力由凸模给出，它经过筒壁传至凸缘部分。筒壁与底部的过渡圆角处为筒壁强度最弱处，所以此处的承载能力大小就成了决定拉深成形能否成功的关键。

拉深件出现破裂现象与下列因素有关。

（1）凸、凹模圆角半径。拉深模的工作部分必须设计成具有一定的圆角。对于钢的拉深件，取 $r_凹 = 10t$，而 $r_凸 = (0.6 \sim 1)r_凹$。当这两个圆角半径过小时，板料容易被拉破。

（2）凸、凹模间隙。拉深模的间隙一般取单边间隙 $c = (1.1 \sim 1.2)t$。间隙过小，模具与拉深件的摩擦力增大，易拉破工件和擦伤工件表面，且降低模具使用寿命；间隙过大，又容易使拉深件起皱，影响拉深件的外观质量和尺寸精度。

（3）拉深方法。在改善拉深成形、提高成形极限的时候，应使拉深阻力（包括摩擦阻力）减少并使筒壁的承载能力提高。为此，在拉深中常常采用润滑、退火、温差成形、软模成形等。

3）拉深系数与拉深次数

拉深件圆筒直径 d 与板料直径 D 的比值称为拉深系数，用 m 表示（$m = d/D$）。它是衡量拉深变形程度的指标。m 越小,表明拉深件直径越小,拉深变形程度越大,坯料被拉入凹模越困难,也就越容易产生拉穿废品。一般情况下,拉深系数 m 不应小于材料的极限拉深系数。坯料塑性越好,材料极限拉深系数越小,一般取 $m \geq 0.5$。

当拉深系数过小,不能一次拉深成形时,可采用多次拉深工艺(见图 2-76)。但在多次拉深过程中,会出现加工硬化现象。加工硬化严重时,为保证板料具有足够的塑性,一般一、二道工序后就要进行工序间的再结晶退火处理。其次,在多次拉深中,拉深系数应一次比一次大,以保证拉深件的质量,使生产顺利进行。总拉深系数等于各次拉深系数的乘积。

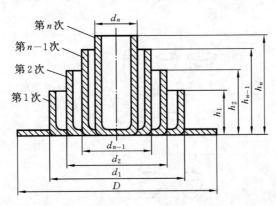

图 2-76　多次拉深时圆筒直径的变化

4) 各类拉深件的工艺分析比较

拉深件的几何形状很多,大体上可以划分为以下三类:①旋转体(轴对称)零件(包括直壁旋转体及曲面旋转体);②盒形零件(如方形、矩形、椭圆形、多角形零件等);③复杂曲面零件。各类拉深件的变形特点如表 2-4 所示。

表 2-4　拉深件的变形特点

拉深件名称			拉深件简图	变 形 特 点
直壁类拉深件	轴对称零件	筒形件		(1) 变形区是毛坯的法兰边部分,其他部分是传力区,不参与主要变形; (2) 在切向压应力和径向拉应力的作用下,毛坯变形区产生切向压缩和径向伸长,从而产生一面受拉、一面受压的变形; (3) 极限变形参数主要受到毛坯传力区承载能力的限制
		带法兰边圆筒形件		
		阶梯形件		
	非轴对称零件	盒形件		(1) 变形性质与前项相同,差别仅在于一面受拉、一面受压的变形在毛坯的周边上分布不均匀,圆弧部分变形大,直边部分变形小; (2) 在毛坯的周边,变形程度大与变形程度小的部分之间存在着相互影响与作用
		带法兰边的盒形件		
		其他形状的零件		

续表

	拉深件名称	拉深件简图	变形特点
直壁类拉深件	非轴对称零件 · 曲面法兰边零件		除具有与前项相同的变形性质外,还有以下特点: (1) 因为零件各部分的高度不同,因此在拉深开始时有严重的不均匀变形; (2) 拉深过程中毛坯变形区内还要发生剪切变形
曲面类拉深件	轴对称零件 · 球面零件		拉深时毛坯的变形区由两部分组成: (1) 毛坯的外周是一面受拉、一面受压的拉深变形区; (2) 毛坯的中间部分是两面受拉应力作用的胀形变形区
	轴对称零件 · 锥形件		
	轴对称零件 · 其他曲面零件		
	非轴对称零件 · 平面法兰边零件		(1) 拉深毛坯的变形区也是由外部的拉深变形区和内部的胀形变形区组成的,两种变形在毛坯周边上的分布是不均匀的; (2) 曲面法兰边零件拉深时,在毛坯外周变形区内还有剪切变形
	非轴对称零件 · 曲面法兰边零件		

5) 拉深件的结构工艺性

(1) 拉深件外形应简单、对称,深度不宜过大,以使拉深次数最少,容易成形。如消音器后盖(见图 2-77)经改造后,冲压工序由原来的八道减少为两道,同时,节省材料 50%。

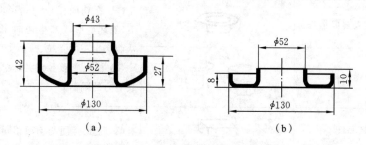

图 2-77 消音器后盖零件结构

(a) 改进前;(b) 改进后

(2) 拉深件的圆角半径应合适,其最小许可半径如图 2-78 所示,否则会增加拉深次数和整形工作,也增加了模具数量,并容易产生废品和提高成本。

(3) 拉深件的制造精度包括直径方向的精度和高度方向的精度。在一般情况下,拉深件的精度不应要求过高。

标注拉深件尺寸时,对于径向尺寸,应注明是保证内壁尺寸,还是保证外壁尺寸,内、外壁

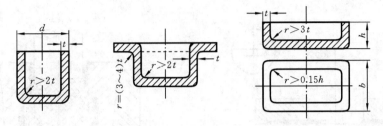

图 2-78　拉深件圆角最小许可半径

尺寸不能同时标注。带台阶的拉深件，其高度方向的尺寸标注一般以底部为基准，若以上部为基准，则高度尺寸不易保证，如图 2-79 所示。

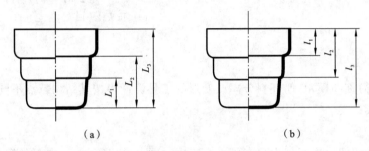

图 2-79　带台阶拉深件的尺寸标注

(a) 合理；(b) 不合理

3. 其他成形工艺

除了弯曲、拉深等成形工艺外，还有翻边、胀形、压印等成形工艺，将这些工艺与其他工艺组合在一起，可加工出某些形状复杂的冲压件。

板料成形有多种变形形式。圆筒件拉深是其中的一种极端情形，板料平面内，一个主应力（径向拉应力）为正，另一个（切向压应力）为负，厚度变化很小。板料成形的另一个极端情形是双向等拉（胀形），它的两个主应变均为拉伸变形，厚度变薄。其他成形工艺则介于两者之间。同一工艺中，在某一区域可能是双向拉伸占优势，而在另一区域可能是拉深占优势。

1）翻边

翻边是在板料或半成品上沿一定的曲线翻起竖立边缘的成形工艺，其中应用最多的是孔的翻边。内孔翻边过程如图 2-80 所示，其变形区是外径为 d_1、内径为 d_0 的圆环。随着凸模下压，圆环内各部分的直径不断增大，直至翻边结束，形成内壁直径等于凸模直径 d_p 的竖直边缘。

内孔翻边的变形程度以翻孔系数 $m(m=d_0/d_1)$ 表示，显然，翻边系数越大，变形程度越小，翻边也越容易。反之，翻边困难，甚至会出现翻边后竖边破裂的情况。

2）胀形

胀形是利用压力通过模具使空心工件或管状毛坯由内向外扩张的成形工艺。它可制出各种形状复杂的零件。胀形可采用不同的方法来实现，一般有机械胀形、橡胶胀形和液压胀形三种。图 2-81 所示为橡胶胀形示意图，它是以橡胶为凸模，橡胶在压力作用下变形，使工件沿凹模胀出所需形状。

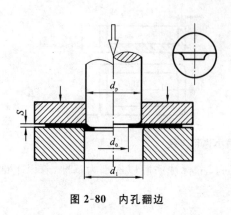

图 2-80　内孔翻边

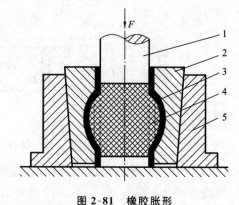

图 2-81　橡胶胀形

1—凸模压头;2—凹模;3—毛坯;4—橡胶;5—套模

2.3.4　冲压模具

冲压模具(简称冲模)是使坯料分离或变形的工具。冲模按其结构特点不同,分为简单模、连续模和复合模三类。

1. 简单模

简单模在冲床的一次行程中只完成一个工序。图 2-82 所示为一典型的简单模。

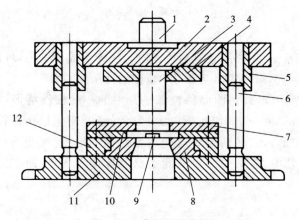

图 2-82　典型的简单模

1—模柄;2—上模座;3—凸模;4—凸模固定板;5—导套;6—导柱;7—导料板;
8—凹模;9—限位销;10—卸料板;11—下模座;12—凹模固定板

冲模按作用可分为以下几部分:

(1) 模架。由上、下模座,导柱,导套等组成。上模座用于固定凸模;下模座用于固定凹模和送料、卸料构件。上、下模座上分别固定有导套和导柱,用于将上、下模导向对准。

(2) 工作零件。凸模和凹模是冲模的工作零件,凸模和凹模共同作用使板料分离或变形。一般凸模通过凸模固定板固定在上模座上,凹模通过凹模固定板固定在下模座上。

(3) 定位零件。用于确定条料或毛坯在模具中的正确位置,如导料板用于控制条料或毛坯的送进方向,限位销则用于控制条料或毛坯送进的距离。

(4) 卸料、压料装置。卸料板是在冲压后使工件或坯料从凸模上脱出的装置。

简单模结构简单,成本低,维修方便,但生产率低。

2. 连续模

连续模可在冲床的一次行程中在模具的不同位置同时完成多个工序。

图 2-83 所示为一冲裁垫圈的连续模。右侧为冲孔模,左侧为落料模。落料凸模上有导正销,上模下降时,导正销首先插入已冲出的孔内,这样就可以保证孔与外缘的位置精度。

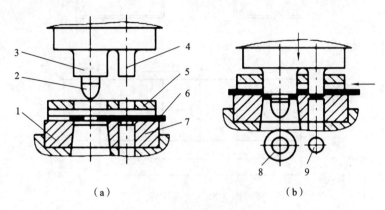

（a） （b）

图 2-83 冲裁垫圈的连续模

（a）工作前;（b）工作时

1—落料凹模;2—导正销;3—落料凸模;4—冲孔凸模;5—卸料板;6—坯料;7—冲孔凹模;8—成品;9—废料

连续模生产率高,易于实现自动化,但定位精度要求高,制造难度大,成本较高,适用于大批量生产精度要求不高的零件。

3. 复合模

复合模可在冲床的一次行程中,在一个位置上同时完成多个工序。图 2-84 所示为落料拉深复合模。上模下降时,首先由落料凸模（凸凹模外缘）与落料凹模完成落料工序,上模继续下行,拉深凸模与拉深凹模（凸凹模内缘）对工件进行拉深。上模回程中,顶出器和压板（卸料器）分别将工件自上、下模中顶出。

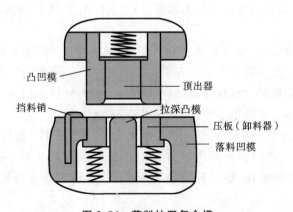

图 2-84 落料拉深复合模

复合模生产率高,零件精度高,但模具制造复杂,成本高,适用于大批量生产。

实例 如图 2-85 所示的支架,材料为 Q235,厚度为 1.2 mm,大批量生产,试制定其冲压工艺规程。

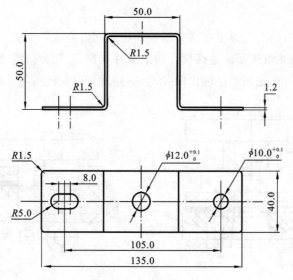

图 2-85　支架零件

1）工艺分析

材料为低碳钢 Q235，塑性好，适合冲压成形。

该件为弯曲件，有三个孔：圆孔 $\phi 10^{+0.1}_{0}$、$\phi 12^{+0.1}_{0}$ 及腰圆孔 10×18。冲孔孔径均大于 $1.5t$，符合冲裁要求，且孔径精度要求与冲压工艺相符；各冲孔与弯曲中心的最小距离均大于 $2t$，符合要求；孔边距也均大于 $2t$，满足冲孔孔边距要求；冲压件外形是由直线与圆弧组成的，直线与直线之间圆弧过渡，圆角半径为 $R1.5$，符合冲裁件外形要求。

最小弯曲圆角半径要求：弯曲件内圆角半径为 $R1.5$，大于料厚 t(1.2 mm)，合乎最小弯曲内圆角半径要求。

该件冲压工艺性良好，可以冲压成形。但该件为"几"字形，弯曲部位多，产品容易产生弯曲回弹和偏移，影响其几何形状精度，在设计模具时应注意。

2）工艺方案制定

从几何形状上看，该件的成形可分为两步：一是制作毛坯，毛坯为落料冲孔件；二是毛坯弯曲成形。

毛坯有两种制出方案：方案一是先落出外形，再进行冲孔，但这需要两副模具，生产率稍低，若生产批量不大，此方案较为合适。方案二是采用一套复合模，同时完成落料和冲孔。根据该件结构尺寸可以判断，复合模凸凹模最小壁厚大于 $2t$，可以采用复合冲裁方式，该方案生产率高，工件质量好，适合大批量生产。制作毛坯时采用方案二。

弯曲成形有两种方案：方案一是一次成形出"几"字形工件，采用一套模具，成形效率高，但模具结构复杂，工件回弹量较大。方案二是分两步弯曲成形，先弯曲外角，再弯曲内角，该方案需要两副弯曲模具，但模具结构简单，工件回弹小且容易控制，因此弯曲成形采用方案二。

综上所述，该件采用的方案是，先用复合冲裁工艺冲出工件外形及三个内孔，再采用二次弯曲成形，先弯外角，再弯内角。当然，采用级进冲压，所有的冲压工序在一副模具的不同工位上完成，也是一种较好的冲压方案。

3）编制冲压工艺规程

针对该工件，其冲压工艺过程如表 2-5 所示。

表 2-5　支架冲压工艺过程

序号	工艺名称	工艺内容及简图	使用设备	工装
1	下料	剪板尺寸为 235×2000	剪板机	
2	落料-冲孔	冲圆孔 $\phi10$、$\phi12$ 及腰圆孔 $10×18$；落外形 235.0	J23-40	落料冲孔复合模
3	弯曲 1	弯曲外角 R1.5　150.0	J23-40	弯曲模
4	弯曲 2	弯曲内角 50.0　R1.5　50.0	J23-40	弯曲模
5	检验			

2.3.5　板料柔性加工工艺简介

板料冲压一般用于冲压件的大量生产。近年来,随着多品种少批量个性化产品及新产品试制的发展,板料柔性加工需求越来越多,其中数控转塔冲床及数控折弯机组成的板料柔性加工系统发展较快。

1. 数控转塔冲床

数控转塔冲床是一种利用数控技术对板料进行冲裁、压弯、局部成形加工的压力机。在进行钣金加工时,板坯夹持在压力机的夹钳上,按照数控加工程序在 X、Y 两个方向移动,而位于转塔上的模具单元可以按程序自动调换。在液压或伺服电动机驱动下,模具通过单次或步冲方式加工出各种形状和尺寸的圆孔、长方孔、异形孔,也可以冲出各种直线、圆弧、曲线外形的零件。

图 2-86、图 2-87 所示是数控转塔冲床及模具

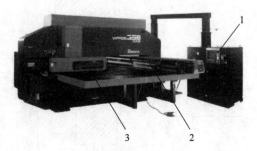

图 2-86　数控转塔冲床
1—控制台;2—夹钳;3—模具库

库示意图。数控转塔冲床是由计算机控制系统、机械或液压动力系统、伺服送料机构、模具库、模具选择系统、外围编程系统等组成的。在数控冲压机上进行钣金加工,可以缩短生产准备时间,节省开发模具的费用,而且可以用较小吨位的压力机冲制出较大尺寸的钣金零件。因此,数控冲压机广泛应用于电气电柜、仪器仪表、生活电器、电子产品、机械等行业中,特别适用于钣金零件的中小批量生产、新产品试制等场合,已成为板料柔性加工系统的常用设备。

　　如图 2-88 所示的电柜零件的面板,其加工过程是:先将板料在压力机的工作台上用夹钳装夹好,压力机将 6 mm 冲孔模具转到滑块下,然后夹钳按数控程序带动板料移动到冲孔位置,依次冲出 $16×\phi6$ mm 的孔,当冲制 $90×25$ mm² 长方孔时,按数控程序调用位于转塔模具库上的冲方模具($25×25$ mm²)单元,将其转到滑块下,利用程序分步 1-2-3-4 冲出长方孔。

图 2-87　数控转塔冲床模具库

1—自动转角工位;2—下模座;3—上模座

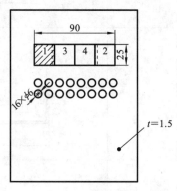

图 2-88　面板零件

2. 数控折弯机

　　折弯机是一种通用的金属板料加工设备,它利用通用模具将板料弯曲成各种零件。图 2-89所示是各种折弯成形加工。通过多次冲压或更换不同形状的模具,还可得到较为复杂形状的弯曲件。结合数控转塔冲床、激光切割机床进行冲孔、冲槽、切边、切口及某些浅拉深等工序,可以制造各种复杂钣金零件。折弯机具有重量轻、节约材料、节省模具成本等优点。板料折弯机在造船、汽车、高铁、电气、航空等工业部门得到了广泛的应用。

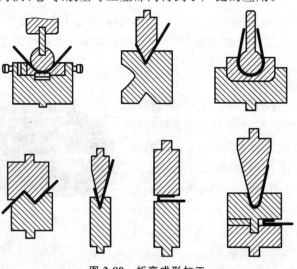

图 2-89　折弯成形加工

复习思考题

2.1.1　锡在 20 ℃、钨在 1100 ℃变形,各属哪种变形? 为什么? 已知锡的熔点为 232 ℃,钨的熔点为 3380 ℃。

2.1.2　纤维状组织是怎样形成的? 它的存在有何利弊? 试举例说明。

2.1.3　如何提高金属的塑性? 最常用的措施是什么?

2.1.4　"趁热打铁"的含义何在?

2.1.5　原始坯料长 150 mm,若拔长到 450 mm,则锻造比是多少?

2.2.1　在图 2-90 所示的两种砧铁上拔长时,效果有何不同?

2.2.2　重要的轴类锻件为什么在锻造过程中安排有镦粗工序?

2.2.3　为什么在模锻时所用的金属质量比充满模膛所要求的要多一些?

2.2.4　锤上模锻时,多模膛锻模的模膛可分为几种? 它们的作用是什么? 为什么在终锻模膛周围要开设飞边槽?

2.2.5　如何确定模锻件分模面的位置?

2.2.6　绘制模锻件图应考虑哪些问题? 选择分模面与铸件分型面的方法有何异同? 为什么要考虑模锻斜度和圆角半径? 锤上模锻带孔的锻件时,为什么不能锻出通孔?

2.2.7　图 2-91 所示零件的模锻工艺性如何? 为什么? 应如何修改使其便于模锻?

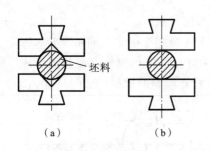

图 2-90　两种砧铁
(a) V 形砧;(b) 平砧

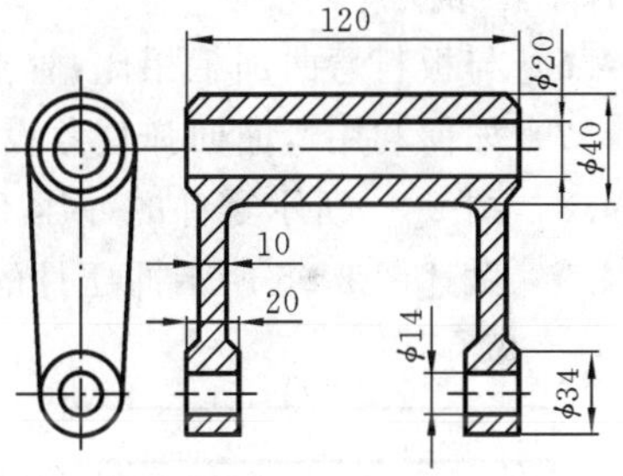

图 2-91　拨叉

2.2.8　图 2-92 所示的两零件采用锤上模锻工艺成形,试选择合适的分模面。

2.2.9　图 2-93 所示零件若分别单件、小批、大批量生产时,应选用哪种方法锻造? 定性地绘出大批量生产所需的锻件图。

2.2.10　摩擦压力机上模锻有何特点?

2.2.11　与普通模锻相比,精密模锻具有什么特点?

2.2.12　精密模锻时需采取哪些措施才能保证产品精度?

2.2.13　挤压零件生产的特点是什么?

2.4.1　板料冲压生产的特点是什么?

2.4.2　试分析冲裁间隙对冲裁件质量的影响。如何确定合理的冲裁间隙?

2.4.3　简述精密冲裁的原理及特点。

2.4.4　用 50 mm 冲孔模具生产 50 落料件能否保证冲压件的精度? 为什么?

2.4.5　250 mm×1.5 mm 板料能否一次拉深成直径为 50 mm 的拉深件? 应采取哪些措

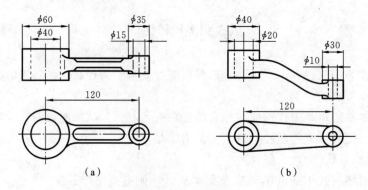

图 2-92　连杆

(a) 平连杆;(b) 弯连杆

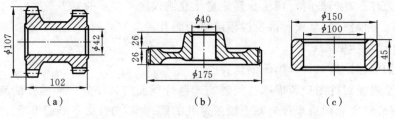

图 2-93　不同的零件

施才能保证正常生产?

2.4.6　与板料弯曲加工相比,管子的弯曲加工有何特点?

2.4.7　如何利用弯曲回弹现象设计弯曲模,使工件得到准确的弯曲角度?

2.4.8　图 2-94 所示零件的冲压工艺性如何?为什么?应如何修改使其便于冲压?

2.4.9　试述图 2-95 所示冲压件的生产过程,并计算板料的放样(毛坯)尺寸。

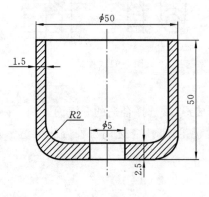

图 2-94　深孔零件

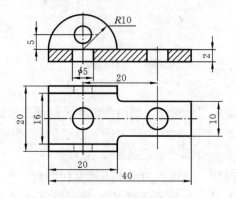

图 2-95　冲压件

图 3-0　德国通快 15 kW CO_2 激光焊接机

第 3 章　焊　接　工　艺

3.1　概　　述

焊接(welding)是指用加热或加压等工艺措施,使两个分离表面产生原子间的结合与扩散作用,从而形成不可拆卸接头的材料成形方法。

1. 焊接工艺的特点

(1) 可将大而复杂的结构分解为小而简单的坯料拼焊结构。图 3-1 所示是汽车车身生产过程,先分别制造出车门、地板、顶盖、后围和侧围等部件,再将各部件组装拼焊。这样简化了工艺,降低了成本。

(2) 可实现不同材料间的连接成形。如某气门件采用合金钢头部和 45 钢杆部焊接而成,因此,可优化设计,节省贵重材料。

(3) 可实现某些特殊结构的生产。例如,1.26×10^6 kW 核电站锅炉,外径为 6400 mm,壁厚为

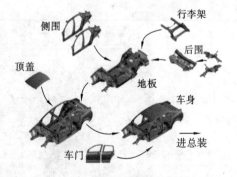

图 3-1　汽车车身生产过程

200 mm,高度为 13000 mm,工作参数为 17.5 MPa、350 ℃,要求无泄漏(有放射性核燃料),这种结构只有采用焊接方法才能制造出来。

(4) 焊接结构重量小。采用焊接方法制造船舶、车辆、飞机、飞船、火箭等运输工具,可以减轻自重,提高运载能力和行驶性能。

但焊接结构是不可拆卸的,更换修理部分零部件不便,焊接易产生残余应力,焊缝易产生裂纹、夹渣、气孔等缺陷,引起应力集中现象,降低结构承载能力,缩短使用寿命,甚至造成脆断。因此,应特别注意焊接质量,否则易造成恶性事故。

我国焊接技术是在中华人民共和国成立后才发展起来的,特别是在改革开放后有了巨大

的发展,从手弧焊到激光焊的各种焊接方法得到普及,焊接机器人的应用愈来愈多。焊接的零部件和结构,小到集成电路基片与引脚,大到 720 t 大型水轮机的工作轮,地上的汽车,水中的万吨级远洋货轮,天上的飞机,太空中的火箭和飞船、卫星等等,无处不在。但与世界发达工业国家相比,我国焊接结构的品质和生产效率还有一定差距。

2. 焊接工艺的分类

根据焊接过程的工艺特点,可将焊接按图 3-2 所示进行分类。

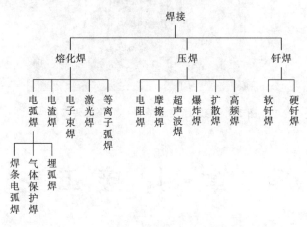

图 3-2　焊接工艺分类

3. 焊接在工业中的应用

(1) 金属结构的焊接。锅炉、压力容器、管道、桥梁、海洋钻井平台和起重机等,以及船舶、车辆、飞机、火箭的梁架和外壳等,均可焊接成形。像锅炉汽包等焊接结构,很难用其他生产方法制造出来。图 3-3 所示为由机器人组成的汽车车身焊装生产线。

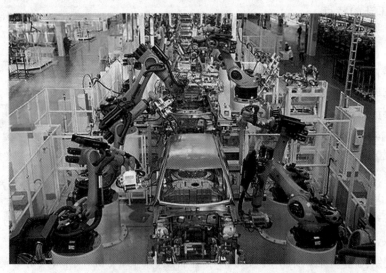

图 3-3　汽车车身的机器人焊装生产线

(2) 机械零件的焊接。某些机械零件的制造中也需要焊接工艺,如焊接式刀具、大型齿轮等。

3.2 熔化焊原理

3.2.1 熔化焊的基本原理

1. 熔化焊的本质及特点

(1) 熔化焊(fusion welding)的本质是小熔池熔炼与铸造,是金属熔化与结晶的过程。当温度达到材料熔点时,母材和焊丝熔化形成熔池,热源移走后熔池材料结晶成柱状晶(见图3-4)。

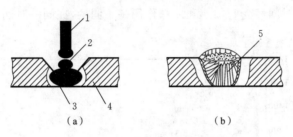

图 3-4 熔化焊过程示意图

(a) 熔池;(b) 熔池结晶

1—焊丝;2—熔滴;3—熔池;4—母材;5—柱状晶

(2) 熔池存在时间短,温度高;冶金过程进行不充分,氧化严重;热影响区大。

(3) 冷却速度快,结晶后易产生粗大的柱状晶。

2. 熔池的冶金反应

熔化焊从母材和焊条被加热熔化到熔池形成、停留、结晶,在高温作用下要发生一系列的氧化还原反应,从而影响焊后的化学成分、组织和性能。

首先,空气中的氧气和氮气在电弧高温作用下发生分解,与金属和碳等发生反应,如:

$$Fe+O \longrightarrow FeO$$
$$Mn+O \longrightarrow MnO$$
$$Si+2O \longrightarrow SiO_2$$
$$2Cr+3O \longrightarrow Cr_2O_3$$
$$C+2O \longrightarrow CO_2$$

这样,Fe、C、Mn、Si、Cr 等元素会大量烧损,焊缝金属氧含量会大大增加,力学性能明显下降,尤其是低温冲击韧度急剧下降,从而引起冷脆等现象。

空气中的氮和氢在高温下能溶解于液态金属中,氮还能与铁反应生成 FeN 和 Fe_2N,Fe_2N 呈片状夹杂物,增大了焊缝的脆性。氢在冷却时保留在金属中,可引起氢脆和冷裂缝。

3. 熔化焊的三要素

由熔化焊的本质及特点可知,要获得良好的焊接接头,必须有合适的热源、良好的熔池保护和焊缝填充材料,此称为熔化焊的三要素。

(1) 热源。能量要集中,温度要高,以保证金属快速熔化,减小热影响区。满足要求的热源有电弧、等离子弧、电渣热、电子束和激光等。

(2) 熔池保护。可用渣保护、气保护和渣-气联合保护,以防止氧化,并进行脱氧、脱硫和脱磷,给熔池过渡合金元素。

(3) 填充材料。保证焊缝填满及给焊缝带入有益的合金元素,以满足力学性能和其他性能的要求。填充材料主要有焊芯和焊丝。

3.2.2　熔化焊焊接接头的组织与性能

熔化焊是局部加热过程,焊缝(weld bead)及附近的母材要经历一个加热和冷却过程。这一过程会引起焊接接头组织和性能的变化,影响焊接的质量。

1. 焊接热循环

在焊接加热和冷却过程中,焊缝及其附近的母材上某点的温度随时间变化的过程叫作焊接热循环。图 3-5 所示为实测的某 16Mn 钢焊接接头热循环曲线。由图可见,焊缝及其附近的母材上各点在不同时间经受的加热和冷却作用是不同的,在同一时间各点的温度也不同,导致组织和性能也不同。

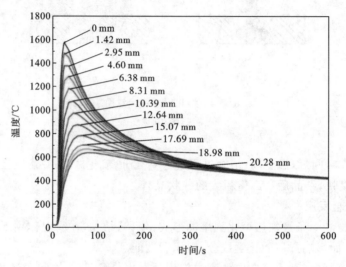

图 3-5　焊接接头热循环曲线

(图中数值为测试点距焊缝中心的距离)

焊接热循环的特点是加热和冷却速度很快,对于易淬火钢,易导致马氏体相变,产生焊接变形、应力及裂纹。

受焊接热循环的影响,焊缝附近的母材组织或性能会发生变化,该区域称为焊接热影响区(heat-affected zone)(见图 3-6)。熔化焊焊缝和母材的交界线称为熔合线,熔合线两侧有一个很窄的焊缝与热影响区的过渡区,叫熔合区,也叫半熔化区。因此,焊接接头由焊缝区、熔合区和热影响区组成。

图 3-6　焊缝区、熔合区及热影响区的组织

1—母材;2—热影响区;3—焊缝区

2. 焊缝的组织和性能

热源移走后,熔池中的液体金属立刻开始冷却结晶,熔合区中许多未完全熔化的晶粒开始向焊缝中心生长,为柱状树枝晶(见图 3-7)。这样,低熔点物质被推向焊缝最后结晶部位,形成成分偏析。宏观偏析的分布与焊缝成形系数 B/H 有关,如图 3-8 所示。当 B/H 很小时,易形成中心线偏析,产生热裂纹。

熔池液体金属凝固为焊缝金属的结晶过程,称为一次结晶。如果在其后的冷却过程中固态的焊缝金属继续发生组织转变,则这称为二次结晶。如低碳钢一次冷却结晶形成奥氏体,二次结晶时奥氏体发生组织转变,形成珠光体加铁素体。当钢中碳含量较高时,特别是合金元素含量较高时,二次结晶有可能发生奥氏体向马氏体的转变,形成淬火组织。

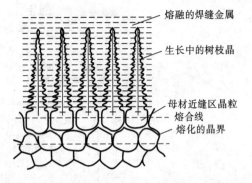

图 3-7 熔池中的液态金属结晶凝固示意图

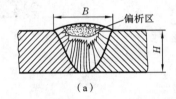 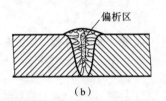

图 3-8 焊缝结晶过程

(a) B/H 较大;(b) B/H 较小

焊缝金属的宏观组织形态是柱状晶,晶粒粗大、成分偏析严重、组织不致密。焊接相当于小熔池炼钢,焊缝冷却快,化学成分控制严格,碳、硫、磷等含量低,可通过渗合金调整焊缝的化学成分,这样,焊缝金属的强度可与母材相当。

3. 热影响区与熔合区的组织和性能

热影响区各点的最高加热温度不同,其组织变化也不同。低碳钢的热影响区如图 3-9 所示,图 3-9(a)为焊接接头各点的最高加热温度曲线及室温下的组织图,图3-9(b)为简化的铁碳相图。

低碳钢的热影响区可分为以下几个区域:

(1) 过热区(overheated zone)。温度在 1100 ℃ 以上,晶粒粗大,塑性差,易产生过热组织,是热影响区中性能最差的部分。

(2) 正火区(normalized zone)。温度为 850 ℃～1100 ℃,因冷却时奥氏体向珠光体＋铁素体转变,故晶粒细小,性能好。

(3) 部分相变区(partial phase-change zone)。低碳钢加热到 700～850 ℃时,存在铁素体、奥氏体两相,其中铁素体在高温下长大,冷却时不变,使晶粒较粗大。而奥氏体向珠光体＋铁素体转变,使晶粒细小。此区中的晶粒大小不均,性能较差。

易淬火钢的热影响区分为淬火区(A_{C3} 以上区域)、部分淬火区(A_{C1} 至 A_{C3} 区域)。由于焊后冷却速度快,易产生淬硬组织。调质合金钢的热影响区包括淬火区、部分淬火区和软化区(A_{C1} 至高温回火的区域)。其中淬火区中金属的力学性能显著下降,易引起冷裂纹。

熔合区成分不均匀,组织为粗大的过热组织或淬硬组织,是焊接接头中性能最差的部位。

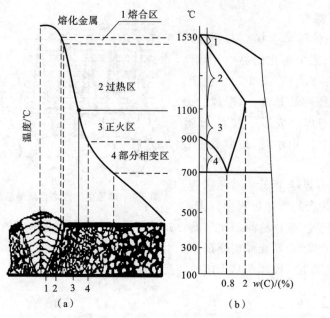

图 3-9　低碳钢焊接热影响区的组织变化

(a) 组织图；(b) 铁碳相图

3.2.3　焊接变形和焊接应力

1. 焊接应力与变形产生的原因

焊接结构是由多种型材和板材组合焊接而成的。熔化焊接是一个局部快速加热和冷却的过程，焊件各部位不均匀的膨胀和收缩，导致焊接结构产生了应力和变形。

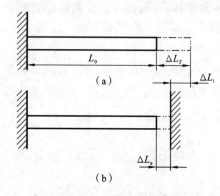

图 3-10　杆件的热变形

1）热变形与热应力

如图 3-10(a)所示的金属杆件，当温度为 T_0 时，初始长度为 L_0。在自由状态下加热至温度 T_1 时，其自由变形量 ΔL_T 为

$$\Delta L_T = \alpha(T_1 - T_0)L_0 \tag{3-1}$$

式中：α——材料的线膨胀系数，为材料的热物理性能参数之一，在不同温度下有一定变化。

自由变形率 ε_T（即单位长度上的自由变形量）用下式计算：

$$\varepsilon_T = \frac{\Delta L_T}{L_0} = \alpha(T_1 - T_0) = \alpha \Delta T \tag{3-2}$$

如果杆件在升温过程中受到阻碍（见图 3-10(b)），其不能完全自由地变形，变形只能部分地表现出来，则能表现出来的这部分变形，称为外观变形，用 ΔL_e 表示，其外观变形率 ε_e 为

$$\varepsilon_e = \frac{\Delta L_e}{L_0} \tag{3-3}$$

未表现出来的那部分变形，称为内部变形，其值为自由变形与外观变形之差，因为杆件受压故该值为负值，其变形量 ΔL_i 为

$$\Delta L_i = -(\Delta L_T - \Delta L_e) \tag{3-4}$$

内部变形率 ε_i 为

$$\varepsilon_i = \frac{\Delta L_i}{L_0} \tag{3-5}$$

在弹性极限内,应力与应变之间的关系可以用胡克定律表示,则材料内部的应力 σ 为

$$\sigma = E\varepsilon_i = E(\varepsilon_e - \varepsilon_T) \tag{3-6}$$

式中:E——材料的弹性模量。

若金属杆件在加热过程中受到阻碍,其长度不能自由伸长,则杆件内部会产生变形。若内部变形率绝对值小于该温度下材料屈服时的变形率 ε_s,则杆件内部变形为弹性变形。当杆件的温度从 T_1 降至 T_0 时,如果允许杆件自由收缩,则杆件将恢复到初始长度,杆件内无应力。

如果将杆件加热到更高温度 T_2,使杆件的内部变形率绝对值大于该温度下材料屈服时的变形率,则杆件中不仅会产生弹性变形,还会产生压缩塑性变形。此时,当杆件温度从 T_2 降至 T_0 时,如果允许杆件自由收缩,则杆件长度将比初始长度 L_0 短,杆件内也无应力;若不允许杆件自由收缩,则杆件内将产生拉伸应力,称为残余应力。

如果杆件两端都受到绝对刚性约束,则杆件外观变形率 ε_e 为零,内部变形率为

$$\varepsilon_i = -\varepsilon_T = -\alpha \Delta T \tag{3-7}$$

若均为弹性变形,则材料内应力为

$$\sigma = -\alpha E \Delta T \tag{3-8}$$

据此可以计算出完全刚性约束条件下,材料加热时不产生塑性压缩的上限温度 T_s:

$$T_s = \frac{\sigma_s}{\alpha E} \tag{3-9}$$

对于屈服强度为 $235 \sim 470$ MPa 的钢材,可以计算出 T_s 为 $100 \sim 200$ ℃,因此,在完全刚性约束条件下,加热到 $100 \sim 200$ ℃时,杆件中的应力就可以达到材料的屈服极限。

2)焊接应力与变形

图 3-11 所示为定性分析焊接应力的简化模型。设有连成一体的三根钢板条(见图 3-11(a)),中间板条模拟焊缝和邻近焊缝的金属,两边不加热板条模拟两边的母材金属。为简化分析,忽略板条之间的热传导,假设对中间板条加热时,其他两条温度保持不变。

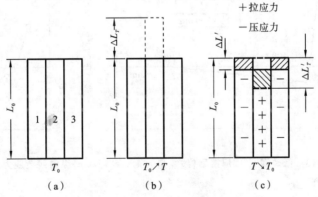

图 3-11 焊接应力分析简化模型

对于钢铁材料,一般在 $600 \sim 650$ ℃以上时,由于材料屈服强度的下降和高温下的蠕变,材料处于塑性状态,在较小的应力下会发生塑性变形;而在低温下,由于屈服强度的上升,材料处于弹性状态。焊接时,焊缝及邻近部位急速升温,如图 3-11(b)所示,先将板条 2 加热到钢的塑性温度以上,板条 1、3 温度保持不变。这时板条 2 处于塑性状态,板条 2 因热膨胀伸长的量 ΔL_T 将全部被板条 1、3 塑性压缩,三根板条保持长度 L_0 不变。焊接冷却时,如图 3-11(c)所

示,板条 2 从高温冷却下来,由于板条 2 在高温下产生了永久的塑性变形,因此,冷却过程中板条 2 将从最高温度时的实际长度 L_o 缩短。在塑性温度以上的阶段里,由降温引起的收缩量仍然被板条 1、3 塑性拉伸,三根板条仍然保持原长 L_o 不变,相互间也没有力的作用。当温度进一步降低时,板条 2 达到弹性状态,它的进一步收缩将受到板条 1、3 的限制,相互间出现弹性应力,板条 2 被弹性拉伸,板条 1、3 被弹性压缩,温度下降愈多,相互作用力愈大,相互被拉伸与压缩的量也愈大。当板条 2 温度回到 T_o 时,板条 1、2、3 都比原长 L_o 缩短了一段 $\Delta L'$。冷却至室温后,板条 2 被拉伸,受拉应力作用;板条 1、3 被压缩,存在压应力。

由图 3-11 所示的简化模型可以看出,焊接应力是由于局部加热或冷却受到阻碍而产生的。焊件局部被加热产生膨胀,受到周围冷金属的约束不能自由伸长,产生了压缩塑性变形,冷却后这部分金属不能自由收缩,产生残存在焊件内部的应力,称为焊接残余应力。焊后引起的焊件形状、尺寸的变化称为焊接变形。

图 3-12 所示为典型的等厚度钢板对称焊接的残余应力分布,常把平行于焊缝方向的应力称为纵向应力,垂直于焊缝方向的应力称为横向应力。对于普通碳钢的焊接结构,在焊缝区附近纵向残余应力为拉应力,其最大值可以达到或超过屈服极限,拉应力区以外的为压应力。图 3-13 所示为实测的某不同宽度低碳钢钢板焊后纵向残余应力的分布。

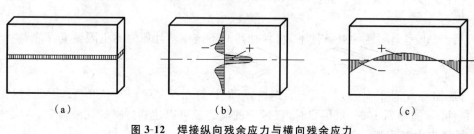

图 3-12　焊接纵向残余应力与横向残余应力
(a) 对接接头;(b) 纵向残余应力;(c) 横向残余应力

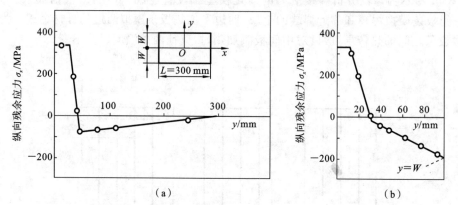

图 3-13　低碳钢 CO_2 焊接后(线能量为 12.56 kJ/cm)纵向残余应力分布
(a) 宽板;(b) 窄板

2. 焊接应力和变形的防止

1) 焊接应力的防止及消除

焊接应力是由于局部加热或冷却受到阻碍而产生的,其分布与焊缝接头形式有关。生产中可采取以下措施防止或消除焊接应力。

(1) 焊缝不要密集交叉,截面和长度也要尽可能小,以减小焊接局部加热,从而减小焊接应力。

（2）采取合理的焊接顺序，使焊缝能够自由地收缩，以减小应力（见图 3-14(a)）。如图 3-14(b)所示，先焊焊缝 1 会导致对焊缝 2 的约束增大，从而增大了残余应力。

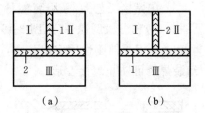

图 3-14 焊接顺序对焊接应力的影响
（a）焊接应力小；（b）焊接应力大

（3）采用小线能量，多层焊，可减小焊接应力。

（4）焊前预热可以降低工件温差，能减小残余应力。

（5）当焊缝还处在较高温度时，锤击焊缝使金属伸长，能减小焊接残余应力。

（6）焊后进行消除应力的退火可消除残余应力。通常把焊件缓慢加热到 550～650 ℃，保温一定时间，再随炉冷却，利用材料在高温时屈服强度下降和蠕变现象而达到减小焊接残余应力的目的。这种方法可以消除约 80% 的残余应力。

此外，也可以用机械法，如加压和振动等来消除应力，利用外力使焊接接头残余应力区产生塑性变形，达到减小残余应力的目的。

2）焊接变形的防止和消除

焊件焊后的变形形式主要有尺寸收缩、角变形、弯曲变形、扭曲变形、波浪变形等，如图 3-15 所示。生产中防止和消除焊接变形的常见措施如下。

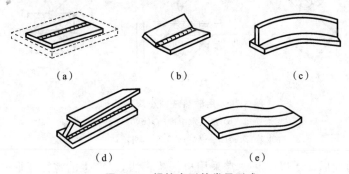

图 3-15 焊接变形的常见形式
（a）尺寸收缩；（b）角变形；（c）弯曲变形；（d）扭曲变形；（e）波浪变形

（1）焊缝不要密集交叉，截面和长度也要尽可能小，以减小焊接局部加热，从而减小焊接变形。采用对称布置焊缝方式。如图 3-16 所示，其中图 3-16(a)所示为对称布置焊缝，图 3-16(b)所示为对称双 Y 形坡口。

（2）采用反变形方法（见图 3-17）。按测定的检验数据估计焊接变形的方向和大小，在组装时使工件反向变形，以抵消焊接变形。

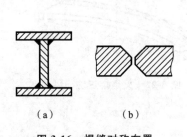

图 3-16 焊缝对称布置
（a）对称焊缝；（b）对称双 Y 形坡口

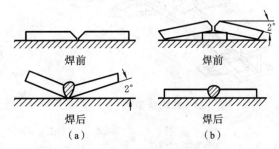

图 3-17 Y 形坡口对接焊的反变形法
（a）产生角变形；（b）采用反变形

(3) 在焊接工艺上,采用高能量密度的热源(如等离子弧、电子束等)、小线能量、对称焊(见图 3-18)和分段倒退焊(见图 3-19)、多层多道焊,都能减小焊接变形。

(4) 采用焊前刚性固定组装焊,可减小焊接变形,但这样会产生较大的焊接应力。采用定位组装焊也可防止焊接变形。

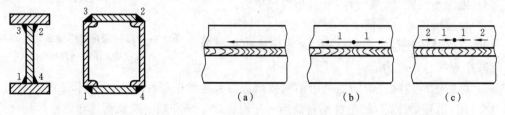

图 3-18　对称焊接方法　　　　　图 3-19　分段倒退方法在长焊缝中的应用

　　　　　　　　　　　　　　　　　　　(a) 变形最大;(b) 变形较小;(c) 变形最小

(5) 焊前预热,焊接过程中采用散热措施(见图 3-20),锤击还处在高温状态的焊缝等都能减小焊接变形。

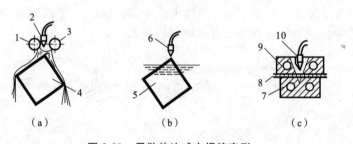

图 3-20　用散热法减小焊接变形

(a) 喷水冷却;(b) 浸入水中冷却;(c) 用水冷铜块冷却

1、3—喷水管;2、6、10—焊炬;4、5、8—焊件;7、9—水冷铜块

　　焊接后严重的变形应予以矫正。常采用机械矫正法,以产生的塑性变形来矫正焊接变形,如图 3-21 所示。这种方法会产生加工硬化现象而使材料塑性下降,通常只适用于塑性好的低碳钢和普通低合金钢。火焰矫正法是利用火焰加热的热变形方法,以产生新的收缩变形来矫正原来的变形,如图 3-22 所示。这种方法一般也仅适用于塑性好且无淬硬倾向的材料。

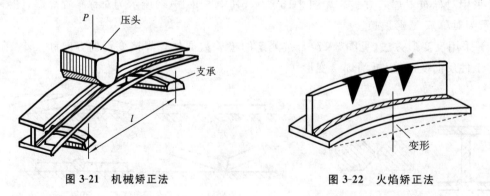

图 3-21　机械矫正法　　　　　　　图 3-22　火焰矫正法

3.2.4　焊接缺陷

焊接接头不完整称为焊接缺陷,主要有焊接裂纹、未焊透、夹渣、气孔和焊缝外观缺陷等,

如图 3-23 所示。这些缺陷将减小焊缝的截面面积,降低焊缝的承载能力,导致应力集中,引起裂纹,并会降低疲劳强度,易引起焊件破裂而导致脆断。其中危害最大的是焊接裂纹和气孔。

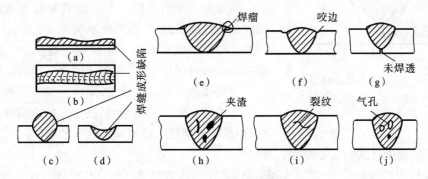

图 3-23　常见焊接缺陷

(a) 焊缝堆高不均;(b) 焊缝宽度不均;(c) 堆高过高;(d) 焊缝凹陷;(e) 焊瘤;
(f) 咬边;(g) 未焊透;(h) 夹渣;(i) 裂纹;(j) 气孔

1. 焊接裂纹

1) 热裂纹

热裂纹(hot crack)如发生在焊缝区,在焊缝结晶过程中形成,则其称为结晶裂纹;热裂纹如发生在热影响区,在加热到过热温度时因晶间低熔点杂质熔化而形成,则称为液化裂纹。热裂纹的微观特征是沿晶界开裂,所以又称为晶间裂纹。因热裂纹在高温下形成,所以有氧化色彩。

(1) 产生热裂纹的原因。

①晶间存在液态薄膜。在焊接过程中,焊缝结晶的柱状晶形态,会导致低熔点杂质偏析,从而在晶间形成一层液态薄膜。在热影响区的过热区,如晶界存在较多的低熔点杂质,则会形成晶间液态薄膜,从而产生热裂纹。

②接头中存在拉应力。液态薄膜还未建立起强度时,在拉应力的作用下容易开裂,从而产生热裂纹。

(2) 防止热裂纹的措施。热裂纹是由冶金因素和力的因素引起的,因此,防止热裂纹也应从这两方面考虑,主要采取下列措施:

①限制钢材和焊条、焊剂的低熔点杂质,如硫和磷含量。Fe 和 FeS 易形成低熔点共晶体,其熔点为 988 ℃,很容易产生热裂纹。

②适当提高焊缝成形系数,防止产生中心偏析。一般认为焊缝成形系数在 1.3～2 之间较合适。

③调整焊缝化学成分,避免低熔点共晶,缩小结晶温度范围,改善焊缝组织,细化焊缝晶粒,提高塑性,减少偏析。一般认为,碳的质量分数控制在 0.10% 以下,热裂纹敏感性会大大降低。

④ 采取减小焊接应力的工艺措施,如采用小线能量、焊前预热、合理布置焊缝等。

⑤ 施焊时弧坑需填满,以减小应力。

2) 冷裂纹

(1) 冷裂纹的形态。焊缝区和热影响区都可能产生冷裂纹(cold crack),常见的冷裂纹形态有三种(见图 3-24):

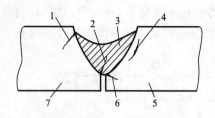

图 3-24　焊接冷裂纹的形态
1—焊趾裂纹；2、6—焊根裂纹；
3—焊道；4—焊道下裂纹；5、7—焊件

①焊道下裂纹。在焊道下的热影响区内形成的焊接冷裂纹称为焊道下裂纹，它常平行于熔合线扩展。

②焊趾裂纹。沿应力集中的焊趾处形成的焊接冷裂纹称为焊趾裂纹，它在热影响区扩展。

③焊根裂纹。沿应力集中的焊缝根部所形成的焊接冷裂纹称为焊根裂纹，它向焊缝或热影响区扩展。

冷裂纹的特征是无分支，通常为穿晶型裂纹。冷裂纹表面无氧化色彩。最主要、最常见的冷裂纹是延迟裂纹，即在焊后延迟一段时间才发生的裂纹。

（2）产生延迟裂纹的主要原因。

①焊接接头（焊缝和热影响区及熔合区）的淬火倾向严重，产生淬火组织，导致接头脆化。

②焊接接头氢含量较高，并聚集在焊接缺陷处形成大量氢分子，造成非常大的局部压力，使接头脆化。

③存在较大的拉应力。因氢的扩散需要时间，所以冷裂纹在焊后需延迟一段时间才出现。由于它是氢所诱发的，故也称为氢致裂纹。

（3）防止延迟裂纹的措施。

①选用碱性焊条或焊剂，减少焊缝金属中氢的含量，提高焊缝金属的塑性。

②焊前清理一定要严格，焊条、焊剂要烘干，焊缝坡口及附近母材要去油、去水、除锈，减少氢的来源。

③工件焊前预热，焊后缓冷，可降低焊后冷却速度，避免产生淬硬组织，并可减小焊接应力。

④采取减小焊接应力的工艺措施，如对称焊、小线能量的多层多道焊等。

⑤焊后立即进行去氢处理，加热到 250 ℃，保温 2～6 h，使焊缝金属中的扩散氢逸出金属表面。

⑥焊后进行清除应力的退火处理。

2. 气孔

焊缝气孔的产生是由于在熔池液体金属冷却结晶时，原来高温下溶解在焊缝液体金属中的大量气体，随温度的下降溶解度降低从而析出。氢和氮在室温下几乎不溶于铁，但在1500℃以上的高温下，氮、氢在铁中的溶解度增大约 40 倍。这样在焊缝快速冷却下，气体来不及逸出熔池表面，由此导致气孔的产生。

1）焊缝气孔的种类

（1）氢气孔。高温时，氢在液体中的溶解度很大，大量的氢溶入焊缝熔池中，而焊缝熔池在热源离开后快速冷却，氢的溶解度急速降低，析出氢气，产生氢气孔。

（2）一氧化碳（CO）气孔。当熔池氧化严重时，熔池中存在较多的 FeO，在熔池温度下降时，将发生如下反应：

$$FeO + C \longrightarrow Fe + CO \uparrow$$

此时，若熔池已开始结晶，则 CO 将来不及逸出，便产生 CO 气孔。熔池氧化越严重，碳含量越高，越易产生 CO 气孔。

（3）氮气孔。熔池保护不好时，空气中的氮会溶入熔池而产生氮气孔。

2）防止气孔的措施

（1）焊条、焊剂要烘干，焊丝和焊缝坡口及其两侧的母材要清除锈、油和水。

(2) 焊接时采用短弧焊,采用碱性焊条。

(3) 用 CO_2 气体保护焊焊接时,采用药芯焊丝。

(4) 采用低碳材料,也可减少和防止气孔的产生。

3.2.5 焊接检验

为了保证焊接接头品质,防止有缺陷焊件投入使用,对焊接过程进行严格的检验是十分必要的。

1. 焊接检验过程

1) 焊前检验

焊接品质检验是焊接结构生产过程的重要组成部分。焊前检验是防止缺陷产生的必要条件,主要指焊接原材料检验、设计图样与技术文件的论证检查和焊接工人的培训考核等。其中,焊前原材料检验特别重要,应对原材料进行化学分析、力学性能试验和必要的焊接性能试验。必须注意原材料的保管与发放,不允许错用材料或混料,否则就可能造成大的焊接缺陷或事故。因一块钢板错用而造成的重大事故并不鲜见。

2) 焊接生产中的检验

焊接生产中的检验是指生产工序之间的检验。通常贯彻自检制,由每个工序的焊工在焊后自己认真检验(主要是外观检验),合格后打上焊工代号的钢印。这样可以及时发现问题,予以补救。

3) 成品检验

成品检验是焊接产品制成后的最后品质评定检验。例如,按设计要求的品质标准,经 X 射线检验、水压试验等有关检验合格以后,产品才能出厂,以保证安全使用性能。至于哪种产品应该要求哪一级的焊接品质标准,或采取哪种焊接检验方法,应由产品设计部门和根据有关产品技术标准与规程来确定。

2. 外观检验

用肉眼或低倍数(小于 20 倍)放大镜检查焊缝区有无可见的缺陷,如表面气孔、咬边、未焊透、裂缝等,并检查焊缝外形及尺寸是否合乎要求。外观检验合格以后,才能进行下一步的其他检验。

3. 无损检验

1) 磁粉检验

磁粉检验原理是:在工件上外加一磁场,当磁力线通过完好的焊件时,它是直线的,当有缺陷存在时,磁力线就会被扰乱。在焊缝表面撒上铁粉时,磁力线扰乱部位的铁粉就吸附在裂缝等缺陷之上,其他部位的铁粉并不吸附。所以,可通过焊缝上铁粉吸附情况,判断焊缝中缺陷的所在位置和大小。

2) 着色检验

着色检验的过程是:将焊件表面加工打磨到近似 Ra 12.5 μm,用清洗剂除去杂质污垢;涂上渗透剂,渗透剂呈红色,具有很强的渗透性能,可由工件表面渗入缺陷内部;10 min 以后,将表面的渗透剂擦掉,再次清洗表面;涂上白色的显示剂,借助毛细管作用,缺陷处的红色渗透剂即显示出来;用 4~10 倍放大镜可直接观察缺陷的位置与形状。

3) 超声波检验

超声波的频率在 20000 Hz 以上,具有透入金属材料深处的特性,而且由一种介质进入另一种介质时,在界面处会产生反射波。因此,用超声波检验焊件时,在荧光屏上可看到始波和底波。若焊接接头内部存在缺陷,将另外产生脉冲反射波形,介于始波与底波之间,根据脉冲反射波形的相对位置及形状,即可判断出缺陷的位置、种类和大小。

4)X 射线和 γ 射线检验

X 射线和 γ 射线都是电磁波,都能不同程度地透过金属。当其经过不同物质时,会产生不同程度的衰减,从而使在金属另一面的照相底片得到不同程度的感光。焊缝中有未焊透、裂缝、气孔与夹渣等缺陷时,通过缺陷处的射线衰减程度会减小。因此,相应部位的底片感光较强,底片冲出后,缺陷部位会显示出明显可见的黑色条纹和斑点。

国家标准 GB/T 3323 根据焊接接头中裂纹、未熔合、未焊透等缺陷的性质和数量,将焊接品质分为四级。各级焊缝不允许哪种缺陷和允许哪种缺陷达到什么程度,在标准中都有详细的规定,可由检验人员借助计算机进行评定。

3.3　焊接工艺方法

3.3.1　熔化焊工艺

熔化焊的热源有电弧、等离子弧、高能电子束、激光束等,焊接区域的保护有渣保护、气保护和渣-气联合保护,因此,出现了多种不同的熔化焊工艺,这些工艺都有各自独特的优势和应用。

1. 手工焊条电弧焊

手工焊条电弧焊(shielded metal arc welding,SMAW)是手工操纵焊条进行焊接的电弧焊方法,简称手弧焊。手弧焊所用的设备简单,操作方便、灵活,应用极广。

1)焊接原理及工艺

(1)焊接原理。焊接前,将焊钳和焊件分别接到焊机输出端的两极,并用焊钳夹持焊条。焊接时,利用焊条与焊件间产生的高温电弧作热源,使焊件接头处的金属和焊条端部迅速熔化,形成金属熔池。当焊条向前移动时,随着新的熔池不断产生,原先的熔池不断冷却、凝固,形成焊缝,两分离的焊件成为一体,如图 3-25 所示。

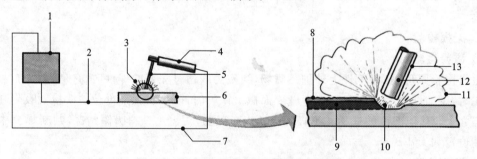

图 3-25　手工焊条电弧焊工艺原理示意图

1—弧焊电源;2、7—电缆;3、10—电弧;4—电焊条夹钳;5—电焊条;6—工件;
8—凝固的焊渣;9—焊缝金属;11—保护气体;12—焊芯;13—药皮

焊接电弧是在焊条与工件两电极之间产生的强烈而持久的气体放电现象。焊接电弧由三部分组成:阴极区、阳极区和弧柱区,如图 3-26 所示。阴极区是发射电子的区域,发射电子需消耗一定能量,阴极区产生的热量略少。在焊接钢材时,阴极区平均温度为 2400 K,约占总热量的 36%。阳极区受电子轰击和吸入电子而获得较多能量,所以阳极区温度较阴极区高,焊接钢材时,阳极区温度可达 2600 K,该区热量约占电弧总热量的 43%。弧柱区是阴极区和阳极区之间的电弧部分,其长度基本等于电弧长度,弧柱区温度可达 6000～8000 K,弧柱区的热量约占电弧总热量的 21%。

手弧焊采用的是渣-气联合保护。焊条药皮中含有一定量的造气剂,如木粉、碳酸盐,高温下形成 CO_2、H_2O、$H_2O(g)$ 等,这些气体从药皮中排出,形成保护气罩;同时药皮中还有一定量的造渣剂,当焊芯熔化形成熔滴时,形成的熔渣能迅速覆盖熔滴,进入熔池后均匀覆盖在熔池表面,既防止氮、氧侵入,同时通过和液态金属的冶金反应脱氧、脱硫、去氢等。

高温电弧使焊件金属和焊芯迅速熔化形成熔池,此外,药皮中通常还含有一定成分的合金元素(例如铁合金),这些合金元素也将溶入熔池中,焊缝金属的最终成分由焊件、焊芯和药皮的成分共同决定。

(2) 焊接工艺。手弧焊电源主要有交流弧焊电源和直流弧焊电源两类。

直流弧焊电源输出端有正、负极之分,焊接时电弧两极极性不变。焊件接电源正极、焊条接电源负极的接线法称为直流正接,也称为正极性(见图 3-27(a)),可获得较大的熔深,适合焊接厚板;反之称为反接,也称为反极性(见图 3-27(b)),适合焊接薄板。

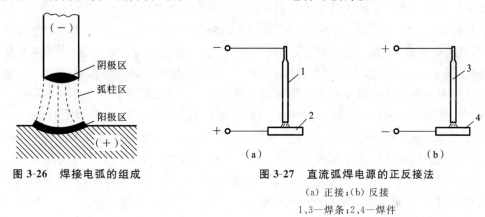

图 3-26　焊接电弧的组成

图 3-27　直流弧焊电源的正反接法
(a) 正接;(b) 反接
1、3—焊条;2、4—焊件

交流弧焊电源焊接时,两级不存在温度差。交流弧焊电源成本低,使用较广。

2) 焊条

(1) 焊条的组成和各部分作用。

焊条由焊芯和药皮两部分组成。

焊芯起导电和填充焊缝金属的作用。为保证焊缝金属具有良好的塑性、韧度并减小产生裂纹的倾向,焊芯必须由经过专门冶炼的,低硅、低硫、低磷的金属丝制成。碳素钢用焊丝的钢号和成分如表 3-1 所示,碳含量低,且有一定的锰含量。

表 3-1　碳素钢用焊丝的钢号和成分

钢号	化学成分/(%)(质量分数)							用途
	w_C	w_{Mn}	w_{Si}	w_{Cr}	w_{Ni}	w_S	w_P	
H08E	≤0.10	0.30～0.55	≤0.03	≤0.20	≤0.30	≤0.02	≤0.02	重要焊接结构
H08A	≤0.10	0.30～0.56	≤0.03	≤0.20	≤0.30	≤0.03	≤0.03	一般焊接结构
H08MnA	≤0.10	0.80～1.10	≤0.07	≤0.20	≤0.30	≤0.30	≤0.03	用作埋弧焊焊丝

药皮是压涂在焊芯表面的涂料层,由矿石粉、有机物粉、铁合金粉和黏结剂等原料按一定比例配制而成。药皮的主要作用是引弧、稳弧、保护焊缝(不受空气中有害气体侵害),以及去除杂质等。药皮原材料的种类、名称和作用如表 3-2 所示。

表 3-2　焊条药皮原材料的种类、名称和作用

原料种类	原料名称	作用
稳弧剂	碳酸钾、碳酸钠、长石、大理石、钛白粉、钠水玻璃、钾水玻璃	改善引弧性能,提高电弧燃烧的稳定性
造气剂	淀粉、木屑、纤维素、大理石	生成一定的气体,隔绝空气,保护焊接熔滴与熔池
造渣剂	大理石、氟石、菱苦石、长石、锰矿、钛铁矿、黄土、钛白粉、金红石	生成具有一定物理、化学性能的熔渣,保护焊缝。碱性渣中的 CaO 还可起脱硫、磷的作用
脱氧剂	锰铁、硅铁、钛铁、铝铁、石墨	降低电弧气氛和熔渣的氧化性,脱氧、锰,还可脱硫
合金剂	锰铁、硅铁、铬铁、钼铁、钒铁、钨铁	使焊缝金属获得必要的合金成分
稀渣剂	氟石、长石、钛铁矿、钛白粉	增加熔渣流动性,降低熔渣黏度
黏结剂	钠水玻璃、钾水玻璃	将药皮牢固地粘在焊芯上

焊条按药皮熔渣化学性质分为酸性焊条和碱性焊条两大类。

酸性焊条(acid electrode)的熔渣中含有较多的酸性氧化物(如 TiO_2、SiO_2)。酸性焊条能用于交、直流电焊机,焊接工艺性能较好,对焊接处的锈、油污、水分等不敏感,但熔渣氧化性较大,焊缝金属中的合金元素含量较少,杂质较多,故焊缝的力学性能、特别是冲击韧度较低。酸性焊条适用于一般的低碳钢和相应强度等级的低合金钢结构的焊接。

碱性焊条(basic electrode)的熔渣中含有较多碱性氧化物(如 CaO)和萤石(CaF_2)。碱性焊条药皮中不含有机物,药皮产生的保护气氛中氢含量极低,又称为低氢焊条。由于焊缝金属中的氢、氧等含量低,故焊缝金属具有良好的抗裂性和力学性能,特别是冲击韧度很高。但工艺性能差,因此主要用于重要结构的焊接。碱性焊条一般用于直流电焊机,只有在药皮中加入较多的稳弧剂后,才适合交、直流电焊机两用。

(2)焊条的型号和牌号。

焊条牌号为原机械工业部标准,电焊条分为结构钢焊条(J)、耐热钢焊条(R)、不锈钢焊条(G、A)、堆焊焊条(D)、低温钢焊条(W)、铸铁焊条(Z)、镍和镍合金焊条(Ni)、铜及铜合金焊条(T)、铝及铝合金焊条(L)以及特殊用途焊条(TS)。焊条牌号用表示焊条类别的字母和其后的三位数字表示,前两位数字表示焊缝金属抗拉强度等级,第三位表示焊条的药皮类型和焊接电流种类。

焊条型号为国家标准,电焊条分为碳钢焊条、低合金钢焊条、高强度钢焊条、不锈钢焊条、堆焊焊条、铸铁焊条、铜及铜合金焊条、铝及铝合金焊条等。碳钢和低合金钢焊条,在字母 E 后面只有 4 位数字,前面两位数字表示熔敷金属的最低抗拉强度值。第三位数字表示焊条适用的位置,第三位和第四位数字组合,表示药皮类型和焊接电流种类。例如,型号 E4315(相当于牌号 J427)表示焊缝熔敷金属的最低抗拉强度为 420 MPa,全位置焊接,低氢钠型药皮,直流反接使用。

(3)焊条的选用原则。焊条的基本选用原则是应使焊缝金属与母材具有相同的使用性能。

焊接低碳钢或低合金结构钢时,按照"等强度"原则选择焊条,保证焊缝金属抗拉强度与母材相当;焊接特殊性能钢(如耐热钢、不锈钢等)和非铁金属时,按照"等成分"原则选择焊条,以保证焊缝金属的主要成分与母材相同或相近,以满足特殊性能要求。

3）手弧焊的应用

手弧焊设备简单，应用广泛。适用于各种位置下的焊接，尤其适用于结构形状复杂和不规则焊缝的焊接，对焊缝接头装配精度要求不高；适用性强，几乎可以焊接所有的钢种；容易控制形状复杂的工件的焊接变形。但是手弧焊劳动条件差、生产率低。

2. 埋弧焊

1）埋弧焊的原理及特点

埋弧焊（submerged arc welding，SAW）是电弧在焊剂层下燃烧进而进行焊接的方法，是目前广泛使用的一种生产率较高的机械化焊接方法。

如图 3-28 所示，焊接时，焊剂经焊剂漏斗匀速流出，覆盖在焊件上，实心焊丝经送丝轮和电极夹自动连续送进，维持电弧在焊剂层下稳定燃烧，焊机匀速行进（或焊机机头不动而工件匀速移动）完成工件的焊接。

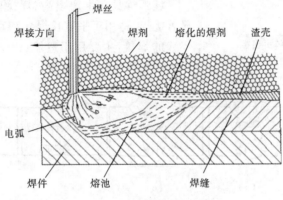

图 3-28　埋弧焊的工艺过程

高温电弧使焊丝和焊件熔化形成熔池，电弧周围的焊剂熔化形成熔渣泡，焊剂层和熔渣泡保护熔滴和熔池，防止空气侵入，同时阻止熔滴向外飞溅，未熔化的焊剂可回收再用。

因电弧在焊剂包围下燃烧，所以热效率高；焊丝为连续的盘状焊丝，可连续馈电；焊接无飞溅，可实现大电流高速焊接（300～2000 A），生产率高；焊接时没有弧光，几乎没有气体烟尘；熔池保护效果好，且有较多的时间进行冶金反应，焊接质量好。

埋弧焊所用的焊接材料为焊丝和焊剂。目前应用最广的焊剂是 HJ431，配焊丝 H08A、H08MnA 等，可焊接 A3、16Mn 钢等，广泛用于锅炉、船体等的制造。

2）埋弧焊的工艺

（1）焊前准备。埋弧焊对工件的下料、坡口加工、清洗和装配要求较严格。清除待焊边缘 20～30 mm 内的油污、锈蚀、水分等。埋弧焊由于焊接电流大，熔深大，板厚小于 14 mm 时，可不开坡口，板厚在 14 mm 以上就要开坡口。板厚为 14～22 mm 时，应开 Y 形坡口；板厚为 22～50 mm 时，可开双 Y 形（见图 3-29）或 U 形坡口。装配时焊缝间隙应均匀，用优质焊点点固。焊直缝时，还应安装引弧板和引出板（见图 3-30），以防止起弧和熄弧时产生的气孔、夹杂、缩孔、缩松等缺陷进入焊缝之中，焊后再去除。

（2）平板对接焊。板厚为 10 mm 以上的板常采用双面焊（见图 3-31（a）），可不留间隙直接进行双面焊接，也可采用手工打底焊（见图 3-31（b））。板厚为 14 mm 以下的板，为提高生产率，可在焊缝背面加衬垫，如焊剂垫，或采用锁底坡口等，实现单面焊双面成形（见图 3-31（c）（d）（e））。

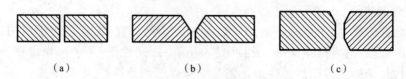

图 3-29　坡口形式

(a) I 形坡口；(b) Y 形坡口；(c) 双 Y 形坡口

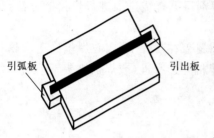

图 3-30　引弧板和引出板

（3）环焊缝。焊接环焊缝时,焊丝起弧点应与环的中心线偏离一段距离 e(见图 3-32),以防止熔池金属液流淌。一般偏离距离为 $20\sim40$ mm,直径小于 250 mm 的环焊缝一般不采用埋弧焊。

3）埋弧焊的应用

埋弧焊具有生产率高、焊接质量好、生产条件好等显著优点,适用于平直长焊缝和直径大于 250 mm 的环焊缝的焊接,主要用于造船、锅炉、化工容器、工程机械和大型金属结构等工业生产。

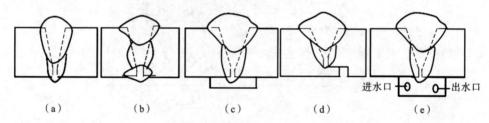

图 3-31　平板对接焊工艺

(a) 双面焊；(b) 打底焊；(c) 采用衬垫；(d) 采用锁底坡口；(e) 水冷钢板

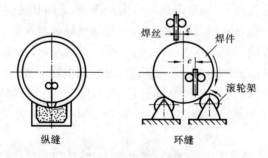

图 3-32　筒体埋弧焊

埋弧焊只适合平焊位置的焊接。电流强度低于 100 A 时电弧不稳定,因此不适用于厚度 3 mm 以下薄板的焊接。此外,铸铁因不能承受高热输入量引起的热应力,一般不能用埋弧焊；铝、镁、钛等活性极强的金属及合金因没有适用的焊剂,也不能使用埋弧焊焊接。

为提高埋弧焊的生产率,在单丝埋弧焊基础上还衍生出多丝、带极埋弧焊等。

3. 非熔化极气体保护焊

钨极氩弧焊(gas tungsten arc welding 或 tungsten inert gas welding)是最常用的非熔化极气体保护焊,是用钨棒作为电极并利用氩气进行保护的焊接方法,如图 3-33 所示。

以钨-钍合金或钨-铈合金为阴极,利用钨合金熔点高、发射电子能力强、阴极产热少、钨极寿命长的特点,形成不熔化极氩弧焊。焊接过程中根据工件的具体要求可以加或者不加填充焊丝。

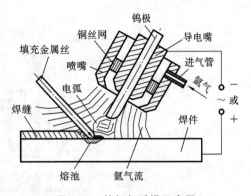

图 3-33　钨极氩弧焊示意图

钨极氩弧焊可分为手工焊和自动焊。对于直线焊缝和规则的曲线焊缝,可采用自动焊。而对于不规则或较短的焊缝,则可采用手工钨极氩弧焊。

钨极氩弧焊具有以下特点:

(1) 氩气具有极好的保护作用,能有效地隔绝周围空气。氩气本身既不与金属起化学反应,也不溶于金属。因此,特别适用于焊接活性很强的金属及其合金,如铝、镁、钛、不锈钢等。

(2) 焊接应力和变形小。电弧受氩气流的冷却和压缩作用,电弧热量集中,且在氩气中燃烧的电弧热量损失小,所以热影响区很窄,焊接应力与变形小。

(3) 钨极电弧非常稳定,即使在很小电流(<10 A)情况下仍可稳定燃烧,特别适用于薄板材料的焊接。

(4) 无飞溅,焊缝成形美观。

但是,钨极承载电流能力有限,焊接电流不能太大,致使熔敷速度小、熔深浅;氩气和钨极较贵,生产成本较高。因此,钨极氩弧焊一般只适用于焊接厚度小于 6 mm 的工件。

钨极氩弧焊焊接铝、镁合金时,一般采用交流电源,既可利用负半周电流时大质量氩离子击碎熔池表面的氧化膜(称为阴极破碎作用),又可利用正半周对钨极的冷却作用以减少钨极的烧损。焊接其他金属时,一般采用直流正接(焊件接正极)方式,否则易烧损钨极。

在普通钨极氩弧焊基础上,为了提高焊接熔深,还发展出了活性钨极氩弧焊,通过在焊件表面涂覆一层活性剂等使焊接熔深显著增加。该方法现已广泛用于舰船用管道系统及其零部件的焊接。

4. 熔化极气体保护焊

熔化极气体保护焊(gas metal arc welding,GMAW)是指使用连续送进的焊丝为熔化电极,使用气体保护电弧和焊接区的电弧焊工艺,具有焊接热输入小、不需(或少量)清理焊渣、使用范围广等优点,得到了广泛的应用。

根据保护气体和焊丝种类的不同,可将熔化极气体保护焊分为二氧化碳气体保护焊、熔化极惰性气体保护焊、熔化极活性混合气体保护焊和药芯焊丝气体保护焊。

1) 二氧化碳气体保护焊(CO_2 焊)

以廉价的 CO_2 为保护气体,用焊丝为电极引燃电弧,实现半自动焊或自动焊(见图 3-34)。

CO_2 气体密度大,高温体积膨胀大,保护效果好。但 CO_2 高温下具有很强的氧化性,易造成合金元素的氧化和烧损;因 CO_2 气流的冷却作用,熔池凝固比较快,焊缝易产生气孔;飞溅较大。因此,为了加强脱氧和渗合金的效果,CO_2 焊需采用含 Mn、Si 较多的专用焊丝。焊接低碳钢和普通低合金结构钢时常用 H08Mn2SiA 焊丝。由于高温下氧化性强,CO_2 焊不能焊接易氧化的有色金属和不锈钢。

CO_2 焊成本低(只有埋弧焊和焊条电弧焊的 $40\% \sim 50\%$),生产率高(比焊条电弧焊高 $1\sim$ 3 倍),焊缝质量较好(热影响区小,焊缝氢含量低),主要用于低碳钢和强度级别不高的普通低

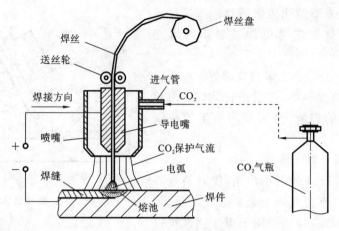

图 3-34　CO_2 气体保护焊示意图

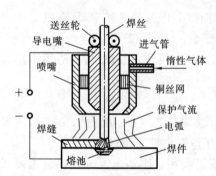

图 3-35　熔化极惰性气体保护焊

合金结构钢的焊接,广泛应用于汽车、造船、工程机械等工业部门。

2)熔化极惰性气体保护焊

以可熔化的焊丝为一电极、以惰性气体为保护气体,形成熔化极惰性气体保护焊(metal inert gas welding)(见图 3-35)。常用的保护气有氩气、氦气和它们的混合气体。

熔化极惰性气体保护焊所用电流比较大,生产率高,因此,通常用来焊接较厚的焊件,比如板厚 8 mm 以上的铝容器。为使电弧稳定,通常采用直流反接(焊件接负极)方式,这对铝焊件正好有"阴极破碎"的作用,可清除氧化皮。

3)熔化极活性混合气体保护焊

熔化极活性混合气体保护焊(metal active-gas welding)是在惰性气体中加入少量活性气体(如 CO_2、O_2)作为保护气体的一种熔化极气体保护焊方法,在基本不改变惰性气体电弧基本特性的条件下,进一步提高电弧稳定性。由于混合气体中氩气所占比例大,又常称为富氩混合气体保护焊。适用于焊接碳钢、合金钢和不锈钢等钢铁材料,尤其在不锈钢的焊接中得到了广泛的应用。

4)药芯焊丝气体保护焊

药芯焊丝气体保护焊(flux-cored arc welding,FCAW)是采用药芯焊丝作熔化极的电弧焊。药芯焊丝气体保护焊分为两种形式:一种是焊接过程中使用外加保护气体的焊接,称为药芯焊丝气体保护焊;另一种是不加保护气体,靠焊丝内部的药芯燃烧与分解所产生的气体和熔渣作保护,称为药芯自保护焊。其中应用最多的是药芯焊丝 CO_2 气体保护焊。

药芯焊丝的截面形状种类较多,典型的焊丝截面形状如图 3-36 所示。O 形截面的焊丝又称为管状焊丝,因芯部粉剂不导电,电弧稳定性较差,折叠焊丝因焊丝芯部也能导电,电弧燃烧稳定。芯部粉剂的成分和焊条药皮类似,含有稳弧剂、脱氧剂、造渣剂和铁合金等。

药芯焊丝气体保护焊采用渣-气联合保护,电弧稳定,飞溅少,熔池表面覆盖有熔渣,生产率是焊条电弧焊的 3~5 倍,焊接各种钢材的适应性强。

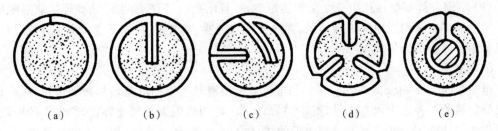

图 3-36　药芯焊丝的截面形状

(a) O 形；(b) T 形；(c) E 形；(d) 梅花形；(e) 中间填丝形

5. 窄间隙焊

窄间隙焊(narrow gap welding，NGW)技术在 20 世纪 60 年代提出，至 80 年代从实验室研制进入工业生产。窄间隙焊是指在小根部开口、小坡口角度的 U 形或 V 形坡口内填充金属的多层焊技术。窄间隙焊坡口的典型形式是 I 形坡口或坡口角度很小(0.5°~7°)的 U、V 形坡口(见图 3-37)。多种焊接方法都可采用窄间隙焊，包括窄间隙埋弧焊、窄间隙气体保护焊、窄间隙钨极氩弧焊等，其中窄间隙埋弧焊应用最成熟。图 3-38 所示为窄间隙埋弧焊焊嘴结构示意图，焊嘴需制成窄的扁形结构。

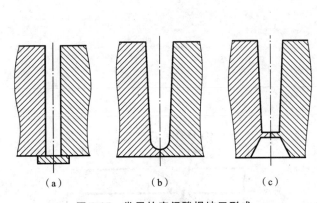

图 3-37　常用的窄间隙焊坡口形式

(a) 单面衬板坡口；(b) 单面锁边坡口；(c) 双面焊坡口

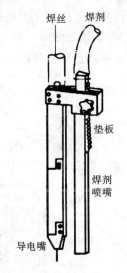

**图 3-38　窄间隙埋弧焊焊嘴
结构示意图**

窄间隙焊的优点如下：

(1) 坡口断面面积小。相比于常规坡口，窄间隙焊坡口断面面积显著减小，尤其是厚板焊接，因此，减少了焊接时间，节约了焊接材料，降低了成本。与传统埋弧焊相比，窄间隙埋弧焊可节约焊丝 30%~50%，焊剂 55%~65%。

(2) 焊接线能量小，焊接应力与变形小。焊接热影响区窄，改善了接头力学性能。

窄间隙焊也存在如下不足：

(1) 由于电弧轴向与侧壁夹角很小，某些焊接条件下易产生侧壁熔合不良的缺陷，这是窄间隙焊的关键问题，可以通过改变焊丝的角度如偏摆焊丝，或采用波浪焊丝等来改善。

(2) 在狭窄坡口内，丝、气、电等的导入困难，焊枪复杂。

（3）窄间隙焊焊缝往往由几十层焊道形成，一旦出现内部缺陷，去除这些焊接缺陷困难。

窄间隙焊主要用于厚板焊接结构，如厚壁压力容器、厚壁管道、原子能反应堆外壳，以及重型机械中的厚板结构等。

6. 电渣焊

电渣焊(electroslag welding)是利用电流通过熔渣时产生的电阻热加热和熔化焊丝、母材来进行焊接的一种熔化焊方法，如图 3-39 所示。渣池因电阻大于其他部位，产生大的电阻热，其温度超过 2000 K，可以使焊丝和附近的焊件熔化，形成金属熔池，焊丝不断被送进，熔池与熔渣液面上升，水冷铜滑块也逐步上升，在水冷铜滑块的强烈冷却作用下，熔池下部金属液体开始凝固，这样，随着铜块的上升，形成完整的焊缝。

电渣焊的特点是很厚的焊件可以一次焊成，但焊接线能量大，加热和冷却速度低，高温停留时间长，焊缝晶粒为粗大的树枝状组织，热影响区也严重过热。因此，重要的焊件焊后必须进行正火处理。

电渣焊主要的应用是厚大工件的直缝电渣焊和环缝电渣焊，焊接生产率高，用于锅炉制造、重型机械和石油化工等行业。

7. 电子束焊

电子束焊(electron beam welding)是指利用加速和聚焦的电子束轰击置于真空或非真空的焊接面，使被焊工件熔化实现焊接。真空电子束焊是应用最广的电子束焊。

当电子束能量密度较小时，加热区集中在工件表面，这时电子束焊与电弧焊相似；而电子束能量高时，将产生穿孔效应，形成小孔焊(见图 3-40)或深熔焊，熔深可达 200 mm。

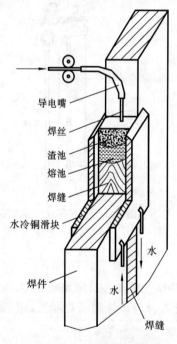

导电嘴
焊丝
渣池
熔池
焊缝
水冷铜滑块
焊件
水
水
焊缝

图 3-39 电渣焊示意图

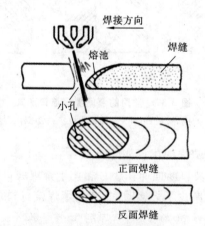

焊接方向
熔池
焊缝
小孔
正面焊缝
反面焊缝

图 3-40 小孔焊示意图

电子束焊保护效果好，能量密度大，穿透能力强，可焊接厚大截面工件和难熔金属，加热小，焊接变形小，主要用于微电子器件、导弹外壳、核电站锅炉汽包和精度要求高的齿轮等的焊接。

8. 激光焊

激光是一种波长规定、能量高度集中的光束。激光焊(laser beam welding)是以高功率聚焦激光束为热源,熔化材料形成焊接接头的高精度、高效率焊接方法。

激光焊接的基本模式有热导焊和深熔焊。热导焊激光功率密度较低($10^5 \sim 10^6$ W/cm²),依靠热传导向工件内部传递热量形成熔池。这种焊接模式熔深小,深宽比较小。深熔焊激光功率密度高($10^6 \sim 10^7$ W/cm²),工件迅速熔化乃至气化形成小孔。这种焊接模式熔深大,深宽比也大。在机械制造领域,除了微薄零件以外,一般应选用深熔焊。

激光焊具有焊接热影响区窄、焊接应力与变形小、焊接质量好等优点,近年来应用迅速增加。激光焊适用性广,既可以用于微电子器件,如微电子工业中的薄膜、丝、集成电路内引线和异材的焊接,也可以焊接一定厚度的钢铁结构,如激光焊接在汽车制造业中已得到广泛的应用。

3.3.2　压力焊

压力焊是在低于焊件材料熔点温度下进行焊接的技术,利用摩擦、扩散和加压等物理作用克服两个连接表面的不平度,除去(挤走)氧化膜及其他污物,使两个连接表面的原子相互接近到晶格距离,从而实现在固态下的连接。这种连接都必须加压,所以称为压力焊。根据压力提供方式,压力焊可以分为电阻焊、摩擦焊、爆炸焊、扩散焊、冷压焊等。

1. 电阻焊

电阻焊(resistance welding)是利用电流流过焊件时产生的电阻热,将焊件局部加热到塑性或半熔化状态,然后在压力作用下形成焊接接头的焊接方法。电阻焊按照工件接头形式,分为点焊、缝焊和对焊。与其他焊接方法相比,电阻焊机械化、自动化程度高,不需外加焊接材料,接头质量高,焊接变形小,但是耗电量大,设备较复杂。

1) 电阻焊的原理

(1) 电阻焊的热源。

当焊接电流通过两电极间的焊接区时,根据焦耳-楞次定律,焊接区的总电阻热为

$$Q = I^2 R t$$

式中:Q——电阻热;

　I——焊接电流;

　R——电极间的总电阻;

　t——通电时间。

由于金属材料电阻较小且导热性很强,为了使焊件在极短的时间内迅速升温,需要使用低电压、大电流的大功率焊机。

(2) 电阻焊的过程。

这里以电阻点焊说明电阻焊的过程。如图 3-41 所示,首先柱状电极压紧待焊件,形成紧

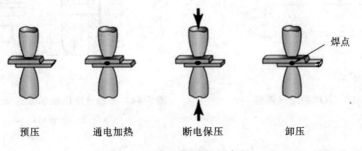

预压　　　　通电加热　　　断电保压　　　卸压

图 3-41　电阻焊过程示意图

密接触;通电后两工件间接触电阻增大,电阻热将焊件接触点处加热到局部熔化状态,形成一个熔核,熔核周围的金属达到塑性状态,形成包围熔核的塑性环;断电后为防止熔核冷却结晶时产生缩孔等缺陷,须继续保压,防止缩松和缩孔的产生并细化晶粒;焊接完成后卸压。

2)点焊

点焊(spot welding)是将焊件装配成搭接接头并压紧在两电极之间,利用电阻热熔化母材金属,形成焊点的电阻焊方法。

(1)点焊时的分流。在多点点焊时,如图 3-42 所示,已焊点形成导电通道,在焊下一点时,焊接电流一部分将从已焊点流过,使待焊点电流减小,这种现象称为分流。

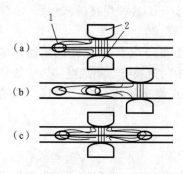

图 3-42　点焊时分流

(a)分流量较小;(b)分流量居中;
(c)分流量较大
1—先前焊点;2—电极

分流减小了焊接电流,使焊点质量下降。若焊接电流为 I,分流电流为 I_1,流过待焊点的电流为 I_2,则

$$I = I_1 + I_2$$

$$I_1 = K\delta/e$$

式中:K——比例系数;

δ——板厚;

e——点距。

由上式可见:工件愈厚,导电性愈好;点距愈小,分流愈严重。因此,对一定的材料和板厚,为防止分流应满足最小点距的要求。常用材料最小点距如表 3-3 所示。

表 3-3　常用材料点焊时的最小点距

低碳钢或低合金钢	板厚/mm	0.5	1.0	2.0	4.0
	最小点距/mm	10	12	18	32
铝合金	板厚/mm	0.5	1.0	2.0	4.0
	最小点距/mm	11	15	22	40

(2)点焊时的熔核偏移。焊接不同厚度或不同材料时,薄板或导热性好的材料吸热少而散热快,导致熔核偏向厚板或导热性差的材料的现象(见图 3-43)称为熔核偏移。熔核偏移易使焊点减小,导致接头性能下降。可通过采用特殊电极和工艺垫片等措施,防止熔核偏移,如图 3-44 所示。图 3-44(a)所示为在薄板处用加黄铜套的电极来减少薄板散热。图 3-44(b)所示为在薄件上加一工艺垫片来加厚薄件。

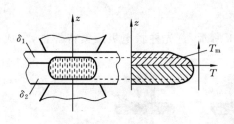

图 3-43　点焊的熔核偏移

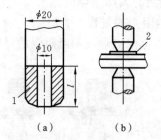

图 3-44　采用特殊电极和工艺垫片防止熔核偏移

(a)特殊电极;(b)工艺垫片
1—黄铜套;2—垫片

(3)点焊工艺参数。点焊的工艺参数为电流、压力和时间。大电流、短时间称为强规范,

主要用于薄板和导热性好的金属的焊接,也可用于不同厚度或不同材料及多层薄板的点焊。小电流、长时间称为弱规范,主要用于厚板和易淬火钢的点焊。

点焊主要用于汽车、飞机等的薄板结构的大批量生产,如汽车车身的装配等。

3) 缝焊

缝焊(seam welding)是连续的点焊过程,它用连续转动的盘状电极代替柱状电极,焊后获得相互重叠的连续焊缝(见图 3-45)。缝焊分流严重,通常采用强规范焊接,焊接电流比点焊大 1.5~2 倍。

缝焊主要用于低压容器,如汽车、摩托车的油箱和气体净化器等的焊接。

4) 对焊

对焊(butt welding)是利用电阻热将工件断面对接焊接的一种电阻焊方法(见图 3-46)。

(1) 电阻对焊。将工件夹紧并加压,然后通电使接触面温度达到塑性温度(950~1000 ℃),在压力下发生塑性变形和再结晶形成固态焊接接头(见图 3-46(a))。电阻对焊要求对接处焊前严格清理,所焊截面面积较小,一般用于钢筋的对接焊。

(2) 闪光对焊。先通电,后接触,因个别点接触,个别点通过的电流密度很大,可使其瞬间熔化或气化,形成液态过梁。过梁上存在的电磁收缩力及电磁引力和斥力使过梁爆破飞出,形成闪光(见图 3-46(b))。闪光一方面排除了氧化物和杂质,另一方面使对口处的温度迅速升高。

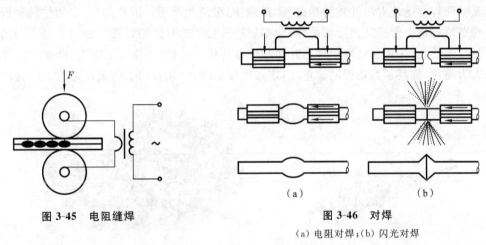

图 3-45 电阻缝焊　　　图 3-46 对焊
(a) 电阻对焊;(b) 闪光对焊

当温度分布达到合适的状态后,立刻施加顶锻力,将对口处所有的液态物质全部挤出,使纯净的高温金属相互接触,在压力下产生塑性变形和再结晶,形成固态连接接头。

闪光对焊主要用于钢轨、锚链、管子等的焊接,也可用于异种金属的焊接。因接头中无过热区和铸态组织,所以性能好。

2. 摩擦焊

摩擦焊(friction welding)是利用焊件接触面之间的相对摩擦运动和塑性流动所产生的热量,使端部达到黏塑性状态,然后迅速顶锻,完成焊接的一种压焊方法。

根据焊件间相对运动方式的不同,摩擦焊分为旋转摩擦焊、线性摩擦焊、搅拌摩擦焊等。

1) 摩擦焊的原理

这里以旋转摩擦焊为例说明摩擦焊原理。如图 3-45 所示,一个焊件高速旋转,另一个焊件向旋转焊件方向移动,与之接触,施加轴向压力 F_1,开始摩擦加热,待接头处摩擦加热温度达到焊接温度时,立即停止焊件的转动,同时对接头施加更大的顶锻压力 F_2,使其产生一定的

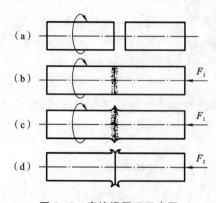

图 3-47　摩擦焊原理示意图

(a) 开始相对运动;(b) 施加压力焊件接触;
(c) 形成飞边;(d) 停止运动顶锻焊接

顶锻变形量并形成焊接接头,卸压取出焊件。焊接过程不需焊接材料,全部焊接过程只需几秒钟。

摩擦焊过程中,焊件接合面上的氧化膜或其他污染层在高速摩擦下破碎,在随后的摩擦和轴向压力作用下这些破碎的氧化物和部分塑性层被挤出接合面形成飞边,剩余的塑性变形金属就构成焊缝金属,并通过顶锻使焊缝金属进一步产生再结晶,形成了质量良好的焊接接头。

2)摩擦焊的分类

(1) 旋转摩擦焊。如图 3-47 所示,旋转摩擦焊(rotary friction welding)一般用于圆柱或管界面焊件的焊接,如用旋转摩擦焊制造气门件。

(2) 线性摩擦焊。线性摩擦焊(linear friction welding)是利用焊件在压力下的线性相对运动与摩擦来实现焊接的方法。如图 3-48 所示,摩擦副中一个工件被往复机构驱动,在轴向压力作用下相对另一个被夹紧的工件沿焊接面上某一方向作直线往复相对运动,从而产生大量摩擦热,使接合面被清理并形成黏塑性金属层,金属层不断被挤出形成飞边,当接头达到一定缩短量时两焊件迅速对中并施加顶锻压力完成焊接。

线性摩擦焊适合焊接非圆形截面、形状不规则及尺寸差异大的焊件。如图 3-49 所示的航空发动机整体叶盘,采用线性摩擦焊将叶片和轮盘焊接成一体,不需加工榫头、榫槽,转子部位的结构大为简化,提高了发动机的推重比,还可以根据叶片、轮盘的工作条件选用不同的材料。

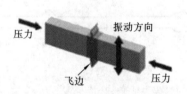

图 3-48　线性摩擦焊原理示意图

图 3-49　航空发动机整体叶盘

(3) 搅拌摩擦焊。如图 3-50 所示,搅拌摩擦焊(friction-stir welding)是指利用高速旋转的搅拌头与工件摩擦产生的热量使被焊材料局部软化,被塑性软化的材料在搅拌头的作用下受到搅拌、挤压,并随着搅拌头的旋转沿焊缝向后流动,形成塑性金属流,在搅拌头离开后的冷却过程中,受到挤压而形成致密的固相焊接接头。搅拌摩擦焊主要用于焊接铝合金。

摩擦焊的焊接接头质量好、稳定;适用于焊接异种钢和异种金属,如碳素结构钢-高速钢、铜-不锈钢、铝-铜、铝-钢等;焊件尺寸精度高,可以实现直接装配焊接;焊接生产率高,是闪光焊的 4～5 倍;容易实现机械化、自动化;操作技术简单,容易掌握。

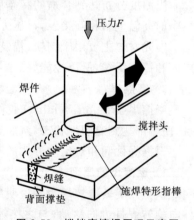

图 3-50　搅拌摩擦焊原理示意图

3.3.3　钎焊

1. 钎焊的基本原理及特点

钎焊是采用比母材熔点低的金属材料作钎料,将钎料放在接头间隙附近或接头间隙中,将焊件与钎料加热到高于钎料熔点、低于母材熔点的温度,钎料熔化并借助毛细作用被吸入和充满固态焊件的间隙,液态钎料与焊件金属相互扩散溶解,冷凝后即形成钎焊接头。

1）钎料

钎料通常按熔点分为两大类:低于 450 ℃的称为软钎料,高于 450 ℃的称为硬钎料。使用软钎料进行的钎焊称为软钎焊,使用硬钎料进行的钎焊称为硬钎焊。

软钎焊接头强度较低,一般不超过 70 MPa,所以只用于钎焊受力不大、工作温度较低的焊件。常用的钎料是锡铅合金,所以通称为锡焊。这类钎料熔点低(一般低于 230 ℃),渗入接头间隙的能力较强,所以具有较好的焊接工艺性和导电性。软钎焊广泛用来焊接受力不大的、常温下工作的仪表、导电元件,以及用钢铁、铜合金等制造的构件。

硬钎焊接头强度较高,在 200 MPa 以上。这类钎料有铜基、银基和镍基钎料等。银基钎料钎焊的接头除强度较高外,导电性和耐蚀性也较好,而且熔点较低、工艺性好。但银基钎料较贵,仅用于要求高的焊件。镍铬合金基钎料可用来钎焊耐热的高强度合金钢与不锈钢,工作温度为 900 ℃,但钎焊的温度要求高于 1000 ℃,工艺要求很严格。硬钎焊主要用于受力较大的钢铁和铜合金构件的焊接,以及工具、刀具的焊接。

2）钎剂

钎焊过程中一般都需要使用钎剂。钎剂的作用是:降低钎料表面张力,改善钎料渗入间隙的性能(即润湿性);溶解氧化物,净化钎焊材料的表面;保护高温金属不被氧化。因此,对钎剂的要求是:熔点比钎料低且在钎焊过程中性质稳定;能溶解氧化膜,不含有害成分;黏度小,流动性好。钎剂对钎焊质量影响很大。

软钎焊常用的钎剂为松香或氯化锌溶液。硬钎焊钎剂种类较多,主要有硼砂、硼酸、氟化物、氯化物等,应根据钎料种类选择。

3）钎焊加热方法

钎焊的加热方法可分为烙铁加热、火焰加热、电阻加热、感应加热、炉内加热、盐浴加热等,可根据钎料种类、焊件形状与尺寸、接头数量、质量要求与生产批量等,综合考虑后进行选择。烙铁加热温度较低,一般只适用于软钎焊。

4）钎焊的特点

(1)钎焊过程中,工件加热温度较低,因此,其组织和力学性能变化很小,变形也小。接头光滑平整,焊件尺寸精确。

(2)可以焊接性能差异很大的异种金属,对焊件厚度差也没有严格限制。

(3)对焊件整体加热钎焊时,可同时钎焊由多条(甚至上千条)接头组成的、形状复杂的构件,生产率很高。

(4)钎焊设备简单,生产投资费用少。

但钎焊的接头强度较低,尤其是动载强度低,允许的工作温度不高,焊前清理要求严格,而且钎料价格较高。因此,钎焊不适用于一般钢结构和重载动载机件的焊接,主要用来焊接精密仪表、电气零部件、异种金属构件,以及某些复杂薄板结构,如夹层构件和汽车水箱散热器等,也常用来焊接各类导线与硬质合金刀具。

2. 钎焊微连接工艺

微连接技术是随着微电子技术发展起来的焊接技术。在微连接技术中,软钎焊主要用于微电子器件外引线的连接。外引线连接是指微电子器件信号引出端(外引线)与印制电路板(PCB)上相应焊盘之间的连接。

按照电子器件在 PCB 上的安装形式不同,微连接工艺有通孔插装(THT)和表面安装(SMT)工艺两大类。通孔插装在单件及小批生产时可以采用手工钎焊,批量生产时采用波峰焊(wave soldering);表面安装技术通常采用再流焊(reflow soldering)。

1)波峰焊

波峰焊是指将熔融的软钎料,经电动泵或电磁泵喷流成设计要求的焊料波峰,将已插装好电气元件的 PCB 板置于传送带上,经过某一特定的角度及一定的浸入深度穿过焊料波峰,使各焊点依次全部焊好(见图 3-51)。

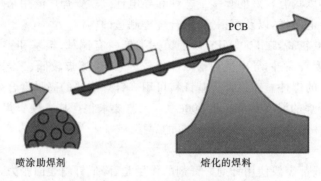

图 3-51　波峰焊示意图

波峰焊的焊接流程为:炉前检验→喷涂助焊剂→预热→波峰焊→冷却→检查。

线路板通过传送带进入波峰焊机以后,先经过助焊剂涂敷装置。由于大多数助焊剂在焊接时必须要达到并保持一个活化温度来保证焊点的完全浸润,因此线路板在进入波峰槽前要先经过一个预热区,同时蒸发掉所有可能吸收的潮气或稀释助焊剂的载体溶剂。在预热之后,线路板进入波峰槽时,焊锡流动的方向和 PCB 板的行进方向相反,可在元件引脚周围产生涡流,将上面所有助焊剂和氧化膜的残余物去除,在焊点到达浸润温度时形成浸润。在 PCB 板离开波峰槽后,形成饱满、圆整的焊点,多余的焊料则回落到焊料池中。

2)再流焊

再流焊使用的连接材料是钎料膏,通过印刷或滴注等方法将钎料膏涂敷在 PCB 焊盘上,再用专用设备(贴片机)在上部放置电子元器件,然后加热使钎料熔化,即再次流动,经冷却凝固后形成焊点(见图 3-52)。

再流焊温度曲线是很关键的,主要包括预热区、保温区、焊接区、冷却区,如图 3-53 所示。预热区主要目的是将元器件和焊料等以一定加热速度均匀加热到保温区温度,防止受热不均和热冲击导致应力与变形。保温区温度一般为 140～170 ℃,使不同部位的钎料和元器件温度均匀化,为焊接作好准备。焊接区应该使焊料快速加热到熔点以上 20～30 ℃,使焊料熔化铺展焊盘,然后快速冷却,让熔化的焊料在焊盘中凝固,实现精准焊接。

3)软钎焊材料

在微连接技术中,所用软钎焊材料多为传统的软钎料 Sn-Pb 合金和有机软钎剂,焊后一

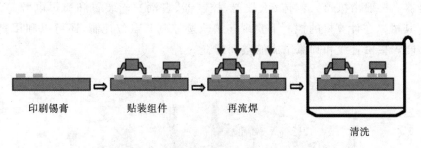

印刷锡膏　　　　　贴装组件　　　　　再流焊　　　　　清洗

图 3-52　单面元器件贴装再流焊工艺

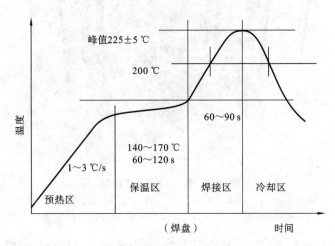

图 3-53　再流焊工艺曲线

般须清洗。近年来,随着国际社会对环保问题的日益重视和市场竞争日益激烈,国际上相继开发出免清洗钎剂和无 Pb 钎料,并已商品化。

3.3.4　焊接机器人简介

焊接机器人是在焊接生产中代替焊工从事焊接任务的工业机器人。焊接机器人能将焊接工具送到预定空间位置,按要求轨迹和速度移动焊接工具进行焊接。按照焊接方法,焊接机器人分点焊机器人、弧焊机器人、激光焊接机器人等。目前用得最多的是弧焊机器人,其次为点焊机器人。

1. 点焊机器人

点焊机器人是用于点焊自动作业的工业机器人。事实上,工业机器人在焊接领域的应用最早正是从汽车装配生产线上的电阻点焊开始的。

点焊机器人由机器人本体、计算机控制系统、示教器和焊接工艺专家系统组成。点焊机器人一般按照示教程序规定的动作、顺序和参数进行点焊作业。

2. 弧焊机器人

弧焊机器人是用于弧焊(主要有熔化极气体保护焊和非熔化极气体保护焊)自动作业的工业机器人。

弧焊机器人本体结构与点焊机器人的基本相同。但弧焊工艺过程比点焊要复杂得多,工具中心点即焊丝端头的运动轨迹、焊枪姿态、焊接参数都要求精确控制。所以弧焊机器人还应具有其他功能,如接触寻位、自动寻找焊缝起点位置、电弧跟踪和自动再引弧功能等。

弧焊机器人一般由机器人本体、示教器、控制器、自动送丝装置和弧焊电源等组成,如图3-54所示。其可以在计算机的控制下实现连续轨迹控制和点位控制,还可以利用直线插补和圆弧插补功能焊接由直线和圆弧组成的空间焊缝。

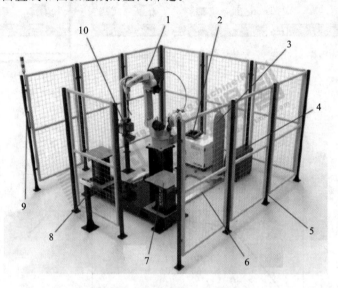

图3-54　弧焊机器人工作站

1—机器人本体;2—机器人控制器;3—保护气源;4—弧焊电源;5—围栏;
6—接地金属板;7—工作台;8—操作台;9—安全门;10—清枪器

在弧焊作业中,焊枪应跟踪工件的焊道运动,并不断填充金属形成焊缝。因此,运动过程中速度稳定性和轨迹精度是两项重要指标。一般情况下,焊接速度应该在 5～50 mm/s,轨迹精度为±(0.2～0.5) mm;其次,焊枪姿态也是重要的功能指标,可调范围应尽可能大,以适应全位置焊接的需要。

弧焊机器人在汽车、通用机械、金属结构等许多行业中得到广泛应用。

3.4　金属的可焊性

3.4.1　金属材料的可焊性

1. 可焊性的概念

金属材料的可焊性(weldability)是指被焊金属在一定的焊接方法、焊接材料、工艺参数及结构形式条件下,获得优质焊接接头的难易程度,即金属材料在一定的焊接工艺条件下,表现出的"好焊"和"不好焊"的差别。

金属材料的可焊性不是一成不变的,同一种金属材料,采用不同的焊接方法、焊接材料与焊接工艺(包括预热和热处理等),其可焊性可能有很大差别。例如化学活泼性极强的钛的焊接是比较困难的,曾一度认为钛的可焊性很不好,但自从氩弧焊应用比较成熟以后,钛及其合金的焊接结构已在航空等工业部门广泛应用。由于新能源的发展,等离子弧焊接、真空电子束焊接、激光焊接等新的焊接方法相继出现,钨、钼、钽、铌、锆等高熔点金属及其合金的焊接都已成为可能。

可焊性包括两个方面:一是工艺可焊性,主要是指焊接接头产生工艺缺陷的倾向,尤其是出现各种裂缝的可能性;二是使用可焊性,主要是指焊接接头在使用中的可靠性,包括焊接接头的力学性能及其他特殊性能(如耐热、耐蚀性能等)。金属材料这两方面的可焊性通过估算和试验方法来确定。

根据目前的焊接技术水平,工业上应用的绝大多数金属材料都是可焊的,只是焊接时的难易程度不同而已。当采用新材料(指本单位以前未应用过的材料)制造焊接结构时,了解及评价新材料的可焊性,是产品设计、施工准备及正确制定焊接工艺的重要依据。

2. 估算钢材可焊性的方法

实际焊接结构所用的金属材料绝大多数是钢材,影响钢材可焊性的主要因素是化学成分。各种化学元素加入钢中以后,它们对焊缝组织性能、夹杂物的分布以及对焊接热影响区的淬硬程度等的影响不同,产生裂缝的倾向也不同。在各种元素中,碳的影响最明显,其他元素的影响可折合成碳的影响,因此可用碳当量方法来估算被焊钢材的可焊性。硫、磷对钢材焊接性能影响也很大,在各种合格钢材中,硫、磷都要受到严格限制。

国际焊接学会推荐的碳钢及低合金结构钢的碳当量经验公式为

$$w(C_E) = w(C) + \frac{w(Mn)}{6} + \frac{w(Cr) + w(Mo) + w(V)}{5} + \frac{w(Ni) + w(Cu)}{15} \tag{3-10}$$

式中:$w(C_E)$——碳当量;

$w(C)$、$w(Mn)$、$w(Cr)$、$w(Mo)$、$w(V)$、$w(Ni)$、$w(Cu)$——钢中对应元素的质量分数,取其成分范围的上限。

根据经验可知:

(1) $w(C_E) < 0.4\%$ 时,钢材塑性良好,淬硬倾向不明显,可焊性良好。在一般的焊接工艺条件下,焊件不会产生裂缝,但对于厚大工件或在低温下焊接时应考虑预热焊件。

(2) $w(C_E) = 0.4\% \sim 0.6\%$ 时,钢材塑性下降,淬硬倾向明显,可焊性较差。焊前工件需要适当预热,焊后应注意缓冷,要采取一定的焊接工艺措施才能防止出现裂缝。

(3) $w(C_E) > 0.6\%$ 时,钢材塑性较差,淬硬倾向很强,可焊性不好。焊前工件必须预热到较高温度,焊接时要采取减少焊接应力和防止开裂的工艺措施,焊后要进行适当的热处理,才能保证焊接接头质量。

利用碳当量法估算钢材可焊性是粗略方法,因为钢材可焊性还受结构刚度、焊后应力条件、环境温度等的影响。例如,当钢板厚度增大时,结构刚度会增大,焊后残余应力也较大,焊缝中心部位将出现三向拉应力,这时实际允许的碳当量值将降低。因此,在实际工作中确定材料可焊性时,除初步估算外,还应根据情况进行抗裂试验及焊接接头使用可焊性试验,为制定合理工艺规程与规范提供依据。

3.4.2 碳钢的焊接

1. 低碳钢的焊接

低碳钢碳含量不大于 0.25%(质量分数),塑性好,一般没有淬硬倾向,对焊接热过程不敏感,可焊性良好。焊这类钢时,不需要采取特殊的工艺措施,通常在焊后也不需要进行热处理(电渣焊除外)。

厚度大于 50 mm 的低碳钢结构需用大电流多层焊,焊后应消除应力退火。低温环境下焊接较大刚度结构时,由于焊件各部分温差较大,变形又受到限制,焊接过程容易产生大的内应力,可能导致构件开裂,因此焊前应预热工件。

低碳钢可以用各种焊接方法进行焊接,用得最广泛的是手弧焊、埋弧焊、电渣焊、气体保护焊和电阻焊。

采用各种熔化焊法焊接低碳钢结构时,焊接材料及工艺的选择主要应保证焊接接头与母材的强度相当。用手弧焊焊接一般低碳钢结构时,可根据情况选用 E4313(J421)、E4303(J422)或 E4320(J424)焊条。焊接承受动载结构、复杂结构或厚板结构时,应选用 E4316(J426)、E4315(J427)或 E5015(J507)焊条。采用埋弧焊时,一般选用 H08A 或 H08MnA 焊丝配焊剂 HJ431 进行焊接。

低碳钢结构也不许用强力进行组装,装配点固焊应使用选定的焊条,点固后应检验焊道是否有裂缝与气孔。焊接时,应注意焊接规范、焊接次序,多层焊的熄弧处和引弧处应相互错开。

2. 中、高碳钢的焊接

中碳钢碳含量在 0.25%～0.6%(质量分数)之间。随碳含量的增加,淬硬倾向愈发明显,可焊性逐渐变差。在实际生产中,主要是焊接各种中碳钢的铸件与锻件。中碳钢的焊接特点如下。

1)热影响区易产生淬硬组织和冷裂缝

中碳钢属于易淬火钢,热影响区被加热到超过淬火温度的区段时,受工件低温部分的迅速冷却作用,将出现马氏体等淬硬组织。当焊件刚度较大或工艺不恰当时,淬火区就会产生冷裂缝,即焊接接头焊后冷却到相变温度以下或冷却到常温后产生裂缝。

2)焊缝金属热裂缝倾向较大

焊接中碳钢时,因母材碳含量与硫、磷杂质远远高于焊条钢芯,母材熔化后进入熔池,使焊缝金属碳含量增加,塑性下降,加上硫、磷低熔点杂质的存在,焊缝及熔合区在相变前就可能因内应力而产生裂缝。因此,焊接中碳钢工件时,焊前必须进行预热,使工件各部分的温差减小,以减小焊接应力,同时减缓热影响区的冷却速度,避免产生淬硬组织。一般情况下,35 钢和 45 钢的预热温度可选为 150～250 ℃,结构刚度较大或钢材碳含量更高时,可将预热温度再提高些。

焊接时,应选用抗裂能力较强的低氢型焊条。要求焊缝与母材等强度时,可根据钢材强度选用 E5016(J506)、E5015(J507),或 E6016(J606)、E6015(J607)焊条,如不要求等强度,可选择 E4315(J427)等强度低些的焊条,以提高焊缝的塑性。不论用哪种焊条,焊接中碳钢时均应选用细焊条、小电流、开坡口进行多层焊,以防止母材过多地进入焊缝,同时减小焊接热影响区的宽度。

焊接中碳钢一般都采用手弧焊,但厚件可考虑应用电渣焊,电渣焊可减轻焊接接头的淬硬倾向,能提高生产效率,但焊后要进行相应的热处理。

高碳钢的焊接特点与中碳钢基本相似,由于碳含量更高,可焊性变得更差,应采用更高的预热温度、更严格的工艺措施(包括焊接材料的选配)。实际上,高碳钢的焊接只限于修补工作。

3.4.3　低合金结构钢的焊接

低合金钢是指在普通碳素钢中加入少量或微量合金元素(如 Mn、Si、Mo、V、Nb、Cu 等),其总质量分数不超过 5%,得到的比普通碳素钢性能更优异的钢种。

焊接结构中,用得最多的是低合金结构钢,主要用于建筑结构和工程结构,如压力容器、锅炉、桥梁、船舶、车辆和起重机械等。在我国,低合金结构钢一般按屈服强度分级,常采用焊条电弧焊和埋弧焊进行焊接,屈服强度较低的钢材可以采用 CO_2 气体保护焊,屈服强度大于500 MPa 的高强钢,宜用富氩混合气体保护焊。

当低合金结构钢的 $w(C_E) < 0.4\%$ 时,可焊性良好。在室温下的可焊性与低碳钢接近。当板厚大于 32~38 mm,或环境温度较低时,应该预热。板厚大于 30 mm 的锅炉、压力容器等重要结构,焊后应进行消除应力热处理。

当低合金结构钢的 $w(C_E) = 0.4\% \sim 0.6\%$ 时,可焊性较差,易产生淬硬组织和冷裂纹;焊前一般需预热,焊接时工艺措施要求严格,选用低氢焊条,焊后进行退火处理,以避免产生裂纹和变形。

常用低合金结构钢的焊接材料及预热温度选用如表 3-4 所示。

表 3-4　常用低合金结构钢的焊接材料、预热温度选用

强度等级 /MPa	钢材牌号	碳当量	电弧焊 焊条型号	埋弧自动焊		预热温度
				焊丝牌号	焊剂	
300	09Mn2	0.36	E4303、E4301、 E4316、E4315	H08A、H08MnA	HJ431	一般情况不预热
350	16Mn	0.39	E5003、E5001、 E5016、E5015	H08A、H08MnA、 H10Mn2	HJ431	一般情况不预热
400	15MnV 15MnTi	0.40 0.38	E5016、E5015、 E5516、E5515	H08MnA、H10MnSi、 H10Mn2	HJ431	厚板预热 100~150 ℃
450	15MnVN	0.43	E5516、E5515、 E6015、E6015	H08MnMoA、 H10Mn2	HJ431 HJ350	预热 150 ℃ 以上
500	14MnMoV 18MnMoNb	0.50 0.55	E7015	H08Mn2MoA、 H08MnMoVA	HJ350 HJ250	预热 200 ℃ 以上

3.4.4　有色金属的焊接

1. 铜及铜合金的焊接

铜及铜合金的焊接比低碳钢的困难得多,其原因如下。

(1) 铜的导热性很好(紫铜的热导率约为低碳钢的 8 倍),焊接时热量极易散失。因此,焊前工件要预热,焊接时要选用较大电流或火焰,否则容易造成焊不透缺陷。

(2) 铜在液态时易氧化,生成的氧化亚铜(Cu_2O)与铜易形成低熔点共晶体,分布在晶界形成薄弱环节;另外,铜的膨胀系数大,凝固时收缩率也大,容易产生较大的焊接应力。因此,焊接过程中极易引起开裂。

(3) 铜在液态时吸气性强,特别容易吸氢。凝固时气体从熔液中析出,若来不及逸出则会生成气孔。

(4) 铜的电阻极小,不适合采用电阻焊接。

(5) 铜合金中的合金元素有的比铜更易氧化,使焊接的难度增大。例如黄铜(铜锌合金)中的锌沸点很低,极易烧蚀、蒸发并生成氧化锌(ZnO)。锌的烧损不但会改变焊接接头化学成分,降低焊接接头性能,而且会形成氧化锌烟雾使焊工中毒。铝青铜中的铝在焊接时易生成难熔的氧化铝,增大熔渣黏度,生成气孔和夹渣。

铜及铜合金可用氩弧焊、气焊、钎焊等方法进行焊接。

采用氩弧焊是保证紫铜和青铜焊接质量的有效方法。氩弧焊时,焊丝应选用特制的紫铜焊丝和磷青铜焊丝,此外还必须使用焊剂来溶解氧化铜与氧化亚铜以保证焊接质量。焊接紫铜和锡青铜所用焊剂主要成分是硼砂和硼酸,焊接铝青铜时应采用由氯化盐和氟化盐组成的焊剂。

2. 铝及铝合金的焊接

工业上用于焊接的主要是纯铝(熔点 658 ℃)、铝锰合金、铝镁合金及铸铝。铝及铝合金的焊接也比较困难,其焊接特点如下。

(1) 铝与氧的亲和力很大,极易氧化生成氧化铝(Al_2O_3)。氧化铝组织致密,熔点高达 2050 ℃,它覆盖在金属表面,能阻碍金属熔合。此外,氧化铝密度大,易使焊缝夹渣。

(2) 铝的热导率较大,要求使用大功率或能量集中的热源,焊件厚度较大时应考虑预热。铝的膨胀系数也较大,易产生焊接应力与变形,并可能导致产生裂缝。

(3) 液态铝能吸收大量的氢,铝在固态时几乎不溶解氢,因此在熔池凝固时易生成气孔。

(4) 铝在高温时强度及塑性很低,焊接时常由于不能支持熔池金属而引起焊缝塌陷,因此常需采用垫板。

目前焊接铝及铝合金的常用方法有氩弧焊、点焊、缝焊、气焊和钎焊。

氩弧焊是焊接铝及铝合金较好的方法,由于氩气的保护作用和氩离子对氧化膜的阴极破碎作用,焊接时可不用焊剂,但氩气纯度要求大于 99.9%。

3.5　焊接结构设计

3.5.1　焊件材料的选择

(1) 在满足使用性能的前提下,尽量选用可焊性好的材料。$w(C)<0.25\%$ 的低碳钢或 $w(C_E)<0.4\%$ 的低合金钢具有良好的可焊性,这类钢淬硬倾向小,塑性高,焊接工艺简单,设计焊接结构时应尽量选用这类材料。$w(C)>0.5\%$ 的碳钢和 $w(C_E)>0.4\%$ 的合金钢,如实际使用需要,应在焊接工艺中采取必要措施,以保证焊接质量。

(2) 尽量选用镇静钢。镇静钢脱氧完全、组织致密,含气量低,特别是含 H_2 和 O_2 量低,可防止气孔和裂纹等缺陷。沸腾钢氧含量较高,冲击韧度较小,焊接时易产生裂纹,不可用于制造承受动载荷或低温下工作的重要焊接结构,不允许用于制造盛装易燃、有毒介质的压力容器。

(3) 异种金属焊接时须特别注意其焊接性能,尽量选择化学成分、物理性能相近的材料。对于由异种钢材拼焊而成的复合构件,一般要求焊缝应与低强度金属等强度,而工艺应按可焊性较差的高强度金属设计(如预热、焊后热处理等)。

(4) 尽量采用工字钢、槽钢、角钢和钢管等型材,以增大结构件的强度和韧度,同时简化焊接工艺过程。图 3-55(a)所示结构由四块钢板焊成,焊缝处应力集中,改为图 3-55(b)选用型材或图 3-55(c)采用钢板弯曲后焊成,则可以显著改善结构强度和刚度。形状比较复杂的部分甚至可以采用铸钢件、锻件或冲压件焊接而成,如图 3-55(d)所示容器上的铸钢法兰。

3.5.2　焊接方法的选择

各种焊接方法都有其各自优缺点和适用范围。选择焊接方法时要根据焊件的材料、结构

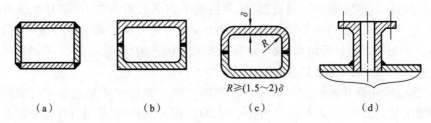

图 3-55　合理选材与减少焊缝示例

(a) 用四块钢板焊成；(b) 用两根槽钢焊成；(c) 用两块钢板弯曲后焊成；(d) 容器上的铸钢法兰

形状、焊接质量要求、生产批量和现有设备条件等，综合分析焊件质量和经济性，选择最合适的焊接方法。

生产中常见的钢结构的焊接，可根据生产批量和结构特征等进行分析。

1. 生产单件、小批钢结构件

(1) 板厚为 3～10 mm，强度较低，且焊缝较短，应选用焊条电弧焊。

(2) 板厚大于 10 mm，焊缝为长直焊缝或环焊缝，应选用埋弧焊。

(3) 板厚小于 3 mm，焊缝较短，应选用 CO_2 气体保护焊。

2. 生产大批量钢结构

(1) 板厚小于 3 mm，无密封要求，应选用电阻点焊，有密封要求应选用缝焊。

(2) 板厚为 3～10 mm，焊缝为长直焊缝或环焊缝，应选用 CO_2 气体保护焊。

(3) 板厚大于 10 mm，焊缝为长直焊缝和环焊缝，应选用埋弧焊或电渣焊。

3.5.3　焊接接头工艺设计

1. 焊缝的布置

(1) 焊缝应尽可能分散。如图 3-56 所示，以便减小焊接热影响区，防止出现粗大组织，防止出现多向焊接应力。一般两条焊缝的间距要大于 3 倍的板厚，且不小于 100 mm。

(2) 焊缝的位置应尽可能对称分布。如图 3-57 所示，焊缝对称于结构中心轴布置，可使焊接中产生的变形相互抵消，使焊件总变形量最小，这一点在梁、柱等结构的设计中尤其重要。

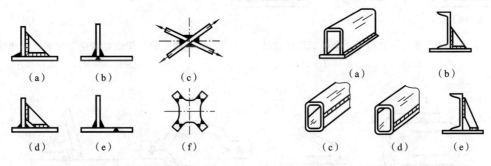

图 3-56　焊缝分散布置的设计
(a)(b)(c) 不合理；(d)(e)(f) 合理

图 3-57　焊缝对称布置的设计
(a)(b) 不合理；(c)(d)(e) 合理

(3) 焊缝应尽可能避开最大应力和应力集中的位置。由于焊接过程中有可能会出现焊接缺陷，使结构承载能力下降，因此，在设计承受一定载荷的焊接结构时，最大应力和应力集中的位置不应布置焊缝。如图 3-58(a) 所示，焊缝布置在钢梁的中间最大应力处就不合理，改为图

3-58(d)所示的设计,尽管增加了焊缝数量,但提高了钢梁的承载能力;压力容器的结构设计中,图 3-58(b)所示的无折边封头设计是不允许的,为使焊缝避开应力集中的转角处,应采用图 3-58(e)所示的有折边封头结构;对于壁厚相差较大的连接处,采用图 3-58(c)所示设计不合理,应采用图 3-58(f)所示的过渡结构设计。

　　(4)焊缝应尽量避开机械加工表面。有些焊件部分部位需要切削加工,如图3-59(a)所示,为切削加工装夹方便,需要先加工内孔进行焊接,图 3-59(a)所示设计焊接变形会造成内孔精度下降,因此,应采用图 3-59(c)所示结构;图 3-59(b)所示的设计焊接接头组织的变化会影响加工表面的质量和刀具的寿命,宜采用图 3-59(d)所示的设计。

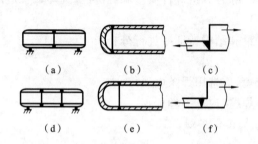

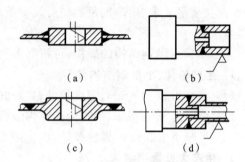

图 3-58　焊缝避开最大应力和应力集中位置的设计　　　　图 3-59　焊缝远离机械加工表面的设计
　(a)(b)(c) 不合理;(d)(e)(f) 合理　　　　　　　　　　　　(a)(b) 不合理;(c)(d) 合理

　　(5)应便于焊接操作。如图 3-60、图 3-61、图 3-62 所示,焊缝位置应使焊条易到位,焊剂易保持,电极易安放。

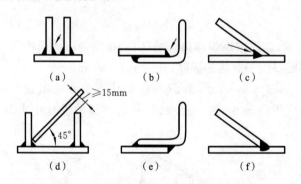

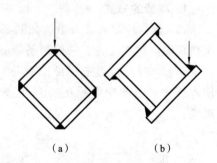

图 3-60　焊缝位置便于焊条电弧焊的设计　　　　图 3-61　焊缝位置便于埋弧自动焊的设计
　(a)(b)(c) 不合理;(d)(e)(f) 合理　　　　　　　　(a) 放焊剂困难;(b) 放焊剂方便

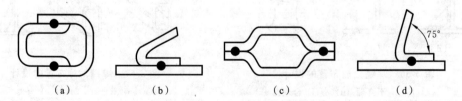

图 3-62　便于点焊及缝焊的设计
(a)(b) 电极难以伸入;(c)(d) 操作方便

2. 接头形式的选择与设计

接头形式应根据结构形状、强度要求、工件厚度、焊后变形大小、焊条消耗量、坡口加工难易程度等各个方面因素综合考虑决定。根据 GB/T 985.1—2008《气焊、焊条电弧焊、气体保护焊和高能束焊的推荐坡口》规定,焊接碳钢和低合金钢的接头形式可分为对接接头、角接接头、T形接头及搭接接头四种,常用接头形式基本尺寸如图 3-63 所示。

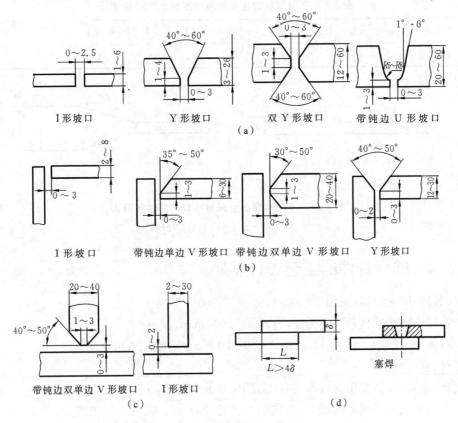

图 3-63　焊条电弧焊焊接接头的基本形式与尺寸
(a) 对接接头;(b) 角接接头;(c) T形接头;(d) 搭接接头

对接接头受力比较均匀,是用得最多的接头形式,重要受力焊缝应尽量选用这种接头。搭接接头因两工件不在同一平面,受力时将产生附加弯矩,而且金属消耗量也大,一般应避免采用。但搭接接头不需开坡口,装配时尺寸要求不高,对某些受力不大的平面连接与空间架构,采用搭接接头可节省工时。角接接头与T形接头受力情况比对接接头的复杂些,但接头成直角或一定角度连接时,必须采用这类接头形式。

采用手弧焊时,板厚在 6 mm 以下对接一般可不开坡口直接焊成。板厚较大时,为了保证焊透,接头处应根据工件厚度预制各种坡口,坡口角度和装配尺寸可按标准选用。厚度相同的工件有几种坡口形式可供选择,Y形和 U 形坡口只需一面焊,可焊到性较好,但焊后角变形较大,焊条消耗量也较大。双 Y 形和双面 U 形坡口两面施焊,受热均匀,变形较小,焊条消耗量较少,但必须两面都可焊到,所以有时受到结构形状的限制。U 形和双面 U 形坡口根部较宽,允许焊条深入,运条不易受阻,容易焊透;但因坡口形状复杂,需用机械加工准备坡口,成本较高,一般只在重要的、受动载的厚板结构中采用。

设计焊接结构最好采用厚度相等的金属材料,以便获得优质的焊接接头。如果采用两块厚度相差较大的金属材料进行焊接,则接头处会产生应力集中现象,而且接头两边受热不匀,易产生焊不透等缺陷。根据生产经验,不同厚度的金属材料对接时,允许的厚度差如表 3-5 所示。如果 $\delta_1 - \delta_2$ 超过表中规定的值,或者双面超过 $2(\delta_1 - \delta_2)$,应在较厚板料上加工出单面或双面斜边的过渡形式,如图 3-64 所示。

表 3-5　不同厚度的金属材料对接时允许的厚度差

较薄的厚度/mm	2～5	6～8	9～11	≥12
允许厚度差 $\delta_1 - \delta_2$/mm	1	2	3	4

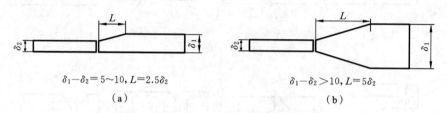

$\delta_1 - \delta_2 = 5 \sim 10, L = 2.5\delta_2$

(a)

$\delta_1 - \delta_2 > 10, L = 5\delta_2$

(b)

图 3-64　不同厚度的金属材料对接的过渡形式

(a)单面斜边过渡;(b)双面斜边过渡

3.5.4　典型焊件的工艺设计案例

产品名称:中压容器(见图 3-65)。

材料:16 MnR(原材料尺寸为 1200 mm×5000 mm)。

件厚:筒身,12 mm;封头,14 mm;人孔圈,20 mm;管接头,7 mm。

生产批量:小批。

工艺设计要点:筒身用钢板冷卷,按实际尺寸分为三节,为避免焊缝密集,筒身纵焊缝可相互错开 180°,封头应采用热压成形,与筒身连接处应有 30～50 mm 的直段,使焊缝躲开转角应力集中位置。若卷板机功率有限,可加热卷制人孔圈。其工艺设计如图 3-66 所示。其中,筒身共分Ⅰ、Ⅱ、Ⅲ、Ⅳ、Ⅴ五个部分,焊接次序为:首先依次焊筒身纵缝 1、2、3,互相错开 180°;然后,焊筒身环缝 4、5、6、7;再焊管接头缝 8,焊人孔圈纵缝 9,最后焊人孔圈环缝 10。

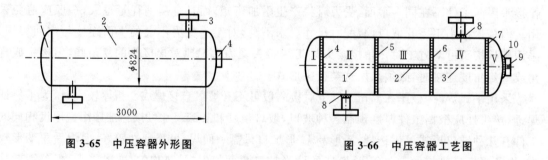

图 3-65　中压容器外形图　　　　　　图 3-66　中压容器工艺图

根据各条焊缝的不同情况,可选用不同的焊接方法、接头形式、焊接材料与工艺,如表 3-6 所示。

表 3-6　中压容器焊接工艺设计

序号	焊 缝 名 称	焊接方法选择与焊接工艺	接 头 形 式	焊 接 样
1	筒身纵缝 1、2、3	因容器质量要求高,又小批生产,故采用埋弧焊,双面焊,先内后外。材料为 16MnR,应在室内焊接(以下同)		焊丝:H08MnA 焊剂:431 焊条:E5015 (J507)
2	筒身环缝 4、5、6、7	采用埋弧焊,依次焊接焊缝 4、5、6,先内后外;装配后再焊接焊缝 7,先在内部用手弧焊封底,再用自动焊焊外环缝		
3	管接头缝 8	管壁为 7 mm,角焊缝插合式装配,采用手弧焊、双面焊,先内后外		
4	人孔圈纵缝 9	板厚 20 mm,焊缝短(100 mm),选用手弧焊,平焊位置,V 形坡口		焊条:E5015 (J507)
5	人孔圈环缝 10	处于立焊位置的圆角焊缝,采用手弧焊,单面坡口双面焊,焊透		

复习思考题

3.1.1　简述焊接工艺的原理、特点和类型。

3.2.1　熔化焊的三要素是指哪三个要素? 对每一要素的要求是什么?

3.2.2　焊接接头由哪几个部分组成? 各部分的组织和性能特点是什么?

3.2.3　焊缝成形系数对宏观偏析和结晶裂纹有何影响? 一般选择多大的焊缝成形系数比较合适?

3.2.4　分析低碳钢和合金钢(退火态)的热影响区的组织的异同。怎样防止合金钢的焊接裂纹?

3.2.5　常见焊接缺陷有哪几种? 其中对焊接接头性能危害最大的为哪几种?

3.2.6　试述热裂纹及冷裂纹的特征、形成原因及防止措施。

3.2.7　试述 H_2、N_2 和 CO 气孔的形成原因及防止措施。

3.2.8　常用无损检测方法有哪几种? 其基本原理是什么? 各自的适用范围如何?

3.2.9　产生焊接应力与变形的原因是什么? 焊接过程中和焊后,焊缝区纵向受力是否一样? 清除和防止焊接应力有哪些措施?

3.2.10　按图 3-67 所示拼接大块钢板是否合理? 为什么? 要否需要改变? 如不合理,则应怎样改变? 为减小焊接应力与变形,其合理的焊接次序是什么?

3.2.11　厚件多层焊时,为什么有时要用圆头小锤敲击红热状态的焊缝?

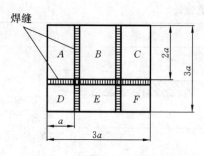

图 3-67　焊缝设计及焊接次序

3.3.1　埋弧焊为什么要安装引弧板和引出板？

3.3.2　电渣焊的焊缝组织有何特点？焊后需要热处理吗？如果需要,则应怎样处理？

3.3.3　电子束焊接和激光焊接的特点及适用范围是什么？

3.3.4　点焊的热源是什么？为什么会有接触电阻？接触电阻对点焊熔核的形成有什么影响？怎样控制接触电阻的大小？

3.3.5　什么是点焊的分流和熔核偏移？怎样减小和防止？

3.3.6　试述电阻对焊和闪光对焊的过程,为什么闪光对焊的接头为固态下的连接接头？

3.3.7　试述摩擦焊的过程、特点及适用范围。

3.4.1　什么叫可焊性？怎样评定或判断材料的可焊性？

3.4.2　综合考虑应采取哪些措施来防止高强度、低合金结构钢焊后产生冷裂缝？

3.4.3　用下列板材制作圆筒形低压容器,试分析其可焊性,并选择焊接方法与焊接材料。

(1) A3 钢板,厚 20 mm,批量生产;

(2) 20 钢板,厚 2 mm,批量生产;

(3) 45 钢板,厚 6 mm,单件生产;

(4) 紫铜板,厚 4 mm,单件生产;

(5) 铝合金板,厚 20 mm,单件生产;

(6) 镍铬不锈钢板,厚 10 mm,小批生产。

3.5.1　如图 3-68 所示三种焊件,其焊缝布置是否合理？若不合理,请加以改正。

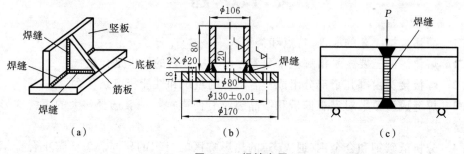

(a)　　　　　　　　(b)　　　　　　　　(c)

图 3-68　焊缝布置

3.5.2　焊接梁尺寸如图 3-69 所示,材料为 15 钢,现有钢板最大长度为 2500 mm。要求:确定腹板与上、下翼板的焊缝位置,选择焊接方法,画出各条焊接接头形式并确定各条焊缝和焊接次序。

3.5.3　图 3-70(a)所示为压力容器,采用 16MnMo 钢制造,由封头和筒身组成,筒身长度为 5000 mm,直径为 1500 mm,图 3-70(b)所示是焊缝与接头形式。

(1) 修改不合理的焊接接头;

(2) 修改布置不合理的焊缝;

(3) 焊缝①、焊缝②、焊缝⑥分别选择何种焊接方法比较适宜;

(4) 焊缝①、焊缝②、焊缝⑥分别选择何种焊接材料比较适宜。

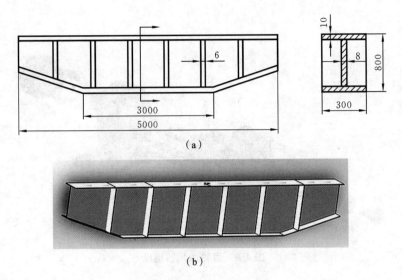

(a)

(b)

图 3-69 焊接工艺设计

(a) 工程图;(b) 三维图

(注:主要焊接方法有埋弧焊、手工电弧焊、CO_2 气体保护焊、电阻焊、扩散焊;焊接材料有 H08MnMoA 焊丝、H08Mn2SiA 焊丝、HJ431 焊剂、结构钢焊条 J507、不锈钢焊条 A307。)

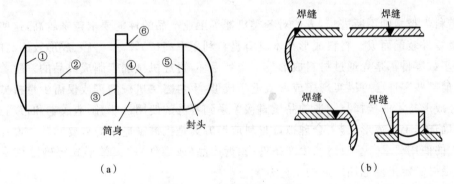

(a)

(b)

图 3-70 压力容器的设计

图 4-0 齿轮油泵的组成

第 4 章 材料成形方法的选择

随着科学技术的不断进步,人们对各类机器等工业产品的性能要求越来越高,这些机器一般由各类零件装配而成。材料成形技术具有材料利用率高(75%~90%)、成形效率高的优点,因此,大多数零件都是先通过材料成形技术得到毛坯,再经机械加工制成成品的。随着科技的进步,目前某些零件已可以实现净成形或近净成形,不再需要机械加工或仅需少量机械加工。

毛坯成形技术的选择与制造的品质直接关系到零件的使用性能、制造成本和市场竞争力。因此,正确选择毛坯成形工艺、合理拟订材料成形方案是机械制造中的首要问题。设计者需要根据零件的使用要求、生产批量、生产条件、相近产品(或零件)的失效形式等确定该零件的成形方法,最终制定出该毛坯成形的工艺方案。

4.1 常用材料成形技术分析

要合理制定零件的成形工艺方案,首先要掌握常用材料成形技术的原理、特点及应用。在机械制造过程中常用的毛坯有铸造件、锻造件、冲压件、焊接件和型材等。

1. 铸造

铸造是液态金属流动成形,其突出优势是可以获得形状复杂,尤其是内腔形状复杂的零件,且尺寸不限,同时,材料利用率高,生产成本低,因此,形状复杂的零件常采用铸造成形。其主要缺点是材料组织比较疏松,力学性能特别是抗冲击性能较差,此外,铸件容易产生缺陷,废品率高。

铸造要求原材料液态金属流动性好、收缩率低,常用材料包括灰口铸铁、球墨铸铁、中碳铸钢和有色金属。灰口铸铁应用最广泛,尽管其抗拉强度低,但抗压强度不低,且减振耐磨性好,广泛用于生产各种箱体、泵体、壳体等形状复杂、力学性能要求不高的零件,以及机床床身、机架、底座等以承受压应力为主且要求减振耐磨的零件。相比灰口铸铁,球墨铸铁抗拉强度较高,且有一定的塑性、韧性,受力要求较高的零件可采用球墨铸铁铸造,如柴油机曲轴、连杆等。铸钢件的力学性能比铸铁件的好,可用于生产承受重载而形状复杂的大、中型零件。有色金属件比强度高,耐磨、耐蚀性好,可用于生产形状复杂且要求质量小或耐磨、耐蚀的零件,如汽车活塞等。

常用铸造工艺的基本特点、生产成本及生产条件如表 4-1 所示。

表 4-1　常用铸造工艺的基本特点、生产成本及生产条件

类型	砂型铸造	金属型铸造	压铸	离心铸造	熔模铸造	消失模铸造
常用材料	所有	铸铁及有色金属	有色金属(铝、镁、锌)	铸铁、铜合金、锡合金	所有金属,尤是其高熔点、难切削金属	低碳钢以外的各种金属
质量/kg	>0.01	0.01~300	<50	0.01~5000	0.01~100	0.01~100
形状复杂性(相对)	高	中	低	低	高	高
最小壁厚/mm	3~6	2~4	0.5	2	1	2
表面粗糙度 $Ra/\mu m$	5~25	6.3~12.5	0.8~3.2	2~10	1.6~6.3	5~25
设备成本	低~中	中	高	较低~中	低~中	中
模具成本	低~中	中	高	低~中	中	中
人力成本	高~中	中	低	低	高	中
生产率/(件/时)	<1~20	5~50	20~200	2~40	1~1000	1~20
最小批量	1(手工)~20(机器)	1000	10000	10	10	500
典型零件	机床床身、缸体、箱体	铝活塞	化油器壳体	缸套、污水管	汽轮机叶片、成形刀具	缸体、缸盖

2. 锻造

锻造是固态金属的压力加工成形。锻件可分为自由锻件和模锻件,此外,还有辊锻件、辗环轧制件等特种锻件。其突出优点是材料组织致密,晶粒细小,并可在零件内形成分布合理的流线组织,零件力学性能优良。但是,锻件的形状受到变形工具、锻件出模条件的限制,难以获得形状复杂,特别是内腔复杂的零件;由于设备和模具成本高,锻件的生产成本相对较高。

锻造要求原材料塑性好,一般采用中碳钢和合金结构钢,常用于制造承受重载、动载和复杂载荷的关键零件,如机床主轴、重要的齿轮、曲轴、连杆、刀杆等。常用锻造工艺的特点、成本及应用如表 4-2 所示。

此外,采用压力加工工艺(如轧制、挤压、拉拔)获得的型材,如圆钢、方钢、钢管、钢板等,具有优良的综合力学性能。一些形状比较简单或生产批量不大的零件,常常直接从型材上下料作为毛坯,如截面变化不大的轴类零件,采用圆钢锯切下料,经切削加工制出成品。

3. 冲压

冲压是通过冲床和模具使金属板材(厚度在 8 mm 以下)产生塑性变形或分离,得到各种

表 4-2 常用锻造、冲压工艺的特点、生产成本及生产条件

类型	自由锻	模锻	平锻	冲裁	弯曲	拉深	旋压
常用材料	中碳钢、合金结构钢			低碳钢、铜合金、铝合金			
质量/kg	<1~300000	0.01~150	ϕ25~230 mm 棒料	—	—	—	—
形状复杂性（相对）	低	中	中	中	低	筒形、锥形、盒形、阶梯形	回转体
表面质量	低	中	中	高	高	高	高
设备成本	低~高	高	高	低~中	低~中	中~高	中
模具成本	低	高	高	中	低~中	高	低
人力成本	高	中	中	低~中	低~中	中	中
生产率/(件/时)	1~50	10~300	400~900	100~10000	10~10000	10~1000	10~100
最小批量/件	1	100~1000	100~10000	100~10000	1~10000	100~10000	1~100

形状的制品,一般在常温下进行。冲压工艺具有机械化程度高、产品互换性好等优点,其产品质量小,刚度大,一般不再需切削加工。由于冲压模具制造成本高,因此冲压仅用于批量生产。

冲压工艺要求原材料具有良好的塑性,常用低碳钢和有色金属材料。常用冲压工艺的特点、成本及应用如表 4-2 所示。

冲压工艺种类多,常与焊接工艺结合,可成形形状复杂的薄壁件。冲压工艺广泛用于生产各种金属薄板制品,如汽车车身、电器仪表元件、日常生活用品等。

4. 焊接

焊接是通过金属间的冶金结合实现连接成形的。其独特优势之一是可实现"以小拼大",将大型或复杂的结构分解为小而简单的结构拼焊,如汽车驾驶室总成,先分别制造出车门、驾驶室、前围和侧围,再将各部件组装拼焊。因此,焊接大量用于制造各种金属结构,如金属管道、压力容器、桁架等,一般采用可焊性好的低碳钢和低合金结构钢。

焊接的另一独特优势是可以实现异种材料的连接成形,可以满足零件不同部位的不同性能要求,降低材料成本。如内燃机气门件,头部采用耐热钢,杆部采用碳素钢,采用摩擦焊连接成形;压力容器用不锈钢-钢复合板,基材用碳钢,覆材用不锈钢,常采用爆炸焊制成,节约了大量贵重金属材料。

但是,焊接是一个不均匀加热和冷却的过程,易产生残余应力,引起应力集中,导致焊件承载能力降低甚至脆断。因此,应特别注意焊接质量。

4.2 材料成形技术的选择原则

毛坯成形方法的选择不能孤立地从某一方面来考虑,要全面考虑产品零件的使用性、生产过程的经济性等要求,同时还要考虑企业生产条件、工作环境和环境友好等方面的因素。应满足以下几方面的要求,以达到优质、高效、低成本、无污染的目的。

1. 零件的使用性要求

零件的使用性要求包括其形状、尺寸、表面粗糙度等外部质量要求和力学性能、物理化学性能等内部质量要求。零件的结构特征及其力学、物理化学性能要求是选择毛坯材料及成形

方法的基本出发点。

零件的结构形状对其成形方法的选择有较大影响。一般形状复杂,尤其是内腔形状复杂的零件,优先采用铸造成形;金属薄板制品一般采用冲压和焊接工艺生产;某些力学性能要求较高而尺寸较大或形状复杂,整体锻造成形困难的零件,则可以采用锻-焊的组合工艺。

零件的力学性能主要指在服役条件下的承载性能、强度与刚度、耐磨及减振性能等。根据零件的服役情况,有些零件要求高强度、抗复杂载荷,有些零件要求高硬度、耐磨损,有些零件要求外形美观,这些零件的材料成形工艺有较大差别。例如,机床床身为非运动零件,它的主要功能是支承和连接机床的各个部件,内外形复杂,以承受压力和弯曲应力为主,为了保证工作稳定性,要求其具有较好的刚度和减振性,导轨部位要具有高硬度和耐磨性,所以采用铸铁材料铸造成形毛坯;又如,机床主轴是机床的关键零件,受力复杂,在工作中不允许发生过量变形,因此要选择具有良好综合力学性能的材料经过锻造成形毛坯。值得注意的是,对于同一类零件,若其使用要求和服役工况不同,则其毛坯成形方法也不尽相同。如内燃机曲轴在工作过程中承受拉伸、弯曲、扭转等复杂交变载荷,故高速大功率内燃机曲轴一般采用强度高、韧性较好的合金结构钢锻造成形,而功率较小时可采用中碳钢锻造成形或采用球墨铸铁铸造成形。

某些结构件,如化学工业、船舶中的泵、阀、管道和容器等,要求具有良好的耐蚀性能;再如燃气轮机涡轮需承受较高的温度和严重的燃气腐蚀,还要有很高的抗热疲劳性能,因而对零件的材料及成形工艺提出了很高的要求。

结合零件的结构特征及其力学、物理化学性能要求,即可选择相应的毛坯。毛坯确定后,进一步选择毛坯材料并初步确定毛坯的成形工艺方法。

2. 产品的经济性要求

选择毛坯材料和成形方法时,在保证其使用性能的前提下,要满足经济、高效的原则。

首先,在满足使用性能和成形工艺性能的条件下,应尽量降低材料成本。据统计,在许多工业部门中材料的成本可占产品价格的 30%~90%。降低材料成本包括两方面:一是选择性能价格比合理的材料作为毛坯材料,二是提高材料利用率,减少材料的用量。如压力容器用不锈钢-钢复合板,基材用碳钢,覆材用不锈钢,只需要几毫米的高价不锈钢,极大降低了成本。

其次,毛坯的制造成本与生产批量密切相关,批量越大,越有利于机械化和自动化程度的提高。单件小批生产时,应选用通用的设备和工艺,如手工砂型铸造、自由锻、手工电弧焊等,节约了生产准备时间和工艺设备的设计制造费用,毛坯成形生产周期短,总成本低。而成批大量生产则应选择机械化和自动化程度高的生产装备和工艺,如机器造型、压力铸造、模锻、埋弧自动焊、气体保护自动焊等,虽然增加了设备、模具、工艺费用,但显著节约了工时,提高了材料利用率,单件产品的成本降低。如某些回转体金属制品,既可以拉深成形,也可以旋压成形,批量不大时采用旋压工艺较合理,而大批量生产时则宜采用拉深工艺。

最后,还需考虑工厂、企业的实际生产条件,包括企业工程技术人员和工人的技术水平与生产经验、设备条件,以及企业管理水平等。有些成形方案虽然从技术上是合理的,但若实际条件不具备,这种方案也难以实施。若现有生产条件不能满足要求,则应考虑改变零件材料和毛坯成形方法。例如生产重型机械产品时,在现场没有大容量的炼钢炉和大吨位的起重运输设备的情况下,常常采用铸造与焊接联合成形,即先将大件分成几小块铸造,再用焊接拼焊成大铸件。

3. 生产的环保性原则

随着环境问题日趋严重,生产的环保性越来越重要。环保性的要求包括几个方面:一是减少化石能源消耗,减少 CO_2 等气体的排出;二是不使用、不产生对环境有害的物质,如铅、镉等重金属;三是在产品的生产及使用中要考虑到易于回收、再生、再循环。

生产的环保性原则对材料及成形方法的选择有根本性的影响。以燃油汽车为例,为节能减排,汽车生产呈现出高效率、轻量化的发展趋势。发动机缸体、缸盖采用铝、镁合金铸造逐渐增多,缸体内部结构也变得越来越复杂,最小壁厚越来越薄,有的已经降到 3 mm 以下;汽车车身制造中开始使用激光拼焊技术,采用激光能源,将若干不同材质、不同厚度、不同涂层的钢材、不锈钢材、铝合金材等进行自动拼合和焊接而形成一块整体板材、型材、夹芯板等,以满足零部件不同部位对材料性能的不同要求,用最小的质量、最优结构和最佳性能实现装备轻量化。

4.3　典型零件的成形方法

常用机器零件按其主要结构特征和用途的不同,可分为轴杆类零件、盘套类零件、机架箱体类零件和薄壁薄板类零件等类别。不同类别的零件,因其形状结构、性能要求的不同,其毛坯成形方法有较大差别。下面分别介绍各类零件的成形方法。

1. 轴杆类零件

轴杆类零件的轴向(纵向)尺寸远大于径向(横向)尺寸,如机床主轴、光轴、曲轴、偏心轴、凸轮轴、连杆等,如图 4-1 所示。这类零件主要用来支承齿轮、带轮等传动件并传递转矩,一般承受弯矩、转矩,受力较大,要求具有较高的强度、疲劳极限,良好的综合力学性能,承受摩擦的表面还应有良好的耐磨性。

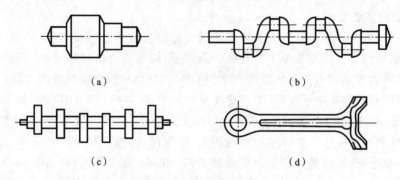

图 4-1　轴杆类零件

(a) 阶梯轴;(b) 曲轴;(c) 凸轮轴;(d) 连杆

轴杆类零件一般都是各种机器中的重要受力和传动零件。光轴和直径差较小的阶梯轴一般采用圆钢切割下料为毛坯,力学性能要求较高时则需锻造制坯。直径差较大的阶梯轴一般采用锻造制坯,单件小批生产时可采用自由锻,成批大量生产时可采用模锻成形。对于结构复杂的凸轮轴、曲轴等,在受力不大的情况(如农用柴油机)下,可以采用球墨铸铁铸造成形,以降低成本;而力学性能要求高的情况(如汽车)下,则采用中碳钢或中碳合金结构钢模锻成形。

2. 盘套类零件

盘套类零件的轴向(纵向)尺寸一般小于径向(横向)尺寸,或者两个方向的尺寸相差不大,如各种齿轮、带轮、飞轮、轴承套圈、法兰盘等,如图 4-2 所示。盘套类零件的用途和工作条件差异很大,其材料成形方法有很大差别。

齿轮是盘套类零件中的典型,作为机械设备的重要传动零件,齿轮工作时齿面承受很大的

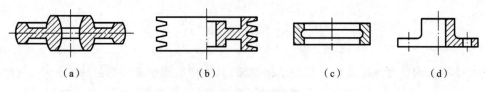

图 4-2　盘套类零件

(a) 齿轮；(b) 皮带轮；(c) 轴承套圈；(d) 法兰盘

接触应力和摩擦，齿根承受交变的弯曲应力和冲击力，故需有较高的强度和韧度，齿面还需有较高的硬度和耐磨性。中小型齿轮一般应锻造制坯；单件或小批生产条件下，直径小于 100 mm 的齿轮也可以圆钢为毛坯；当其尺寸很大（直径大于 500 mm）时，锻造成形比较困难，可选用铸钢或球墨铸铁铸造成形；单件生产大型齿轮毛坯时，还可采用焊接方法制造。

带轮主要传递运动和力矩，飞轮用于积蓄和释放能量，这类结构复杂、受力不大或仅承受压应力的零件，一般可采用灰铸铁或球墨铸铁铸造成形，单件生产时也可采用低碳钢型材焊接成形。

轴承套圈在工作中承受周期性交变载荷，接触应力很高，套圈与滚动体的接触面间不仅有滚动摩擦，还有滑动摩擦，因此，轴承套圈零件必须有足够高的硬度和耐磨性、高的接触疲劳强度和良好的综合力学性能。大中型轴承套圈一般采用辗压扩孔生产，而小型轴承套圈多在多工位热镦锻机上通过闭式模锻工艺生产。

3. 机架箱体类零件

这类零件包括各种机械的机身、底座、工作台等支承件和箱体、缸体、泵体、阀体等包容件，如图 4-3 所示。一般结构复杂，有不规则的外形和内腔。机身、底座等支承件以承压为主，要求有较高的刚度和较好的减振性，承受摩擦的表面要有良好的耐磨性；有些机身，如锻压设备的，则同时承受压、拉和弯曲应力，甚至有冲击载荷；箱体等包容件一般受力不大，要求有较高的刚度和较好的密封性。

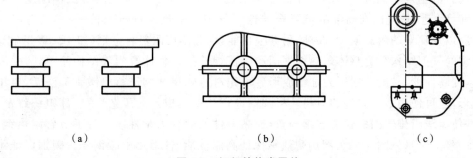

图 4-3　机架箱体类零件

(a) 机床床身；(b) 减速箱箱体；(c) 压力机机身

根据这类零件的结构特点和使用要求，它们一般采用铸造成形，常使用铸铁件生产，减振耐磨，且价格便宜；单件小批生产时，可采用钢材焊接而成；用于模锻的压力机常采用铸钢毛坯生产，以提高机身的刚度和韧性。

4. 薄壁薄板类零件

薄壁薄板类零件广泛用于运输工具、电器仪表、生活用品等，常用低碳钢、不锈钢和有色金属材料生产，一般采用冲压和焊接工艺。典型产品有汽车车身等。

4.4　典型材料成形方法举例

图 4-4 所示为往复活塞式内燃机的结构简图,其主要支承包容件是缸体和缸盖,气缸内有

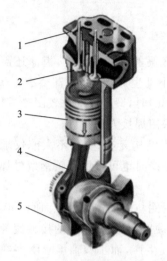

活塞、连杆、曲轴等,缸盖顶部有进气门、排气门等。工作时,由电火花塞将缸内的燃气点燃,使可燃气体燃烧膨胀做功,推动活塞下行,借助连杆将活塞的往复直线运动转变为曲轴的回转运动,输出动力。下面对其主要零件的成形方法进行分析。

1. 缸体和缸盖

内燃机的缸体和缸盖起支承包容的作用,属于机架箱体类零件,形状复杂,尤其是内腔较复杂(内部还有冷却水套)。它们与活塞共同形成燃烧空间,承受气体和紧固气缸螺栓造成的机械负荷,同时还承受高温燃气带来的热负荷,要求有较高的耐磨性、耐热性、稳定性,而且有吸振要求。

图 4-4　往复活塞式内燃机结构简图

1—缸盖;2—气门;3—活塞;

4—连杆;5—曲轴

基于缸体和缸盖的形状特点及性能要求,其一般采用铸造成形。汽车内燃机缸体一般选用灰铸铁材料(如 HT250)经砂型铸造成形,普遍采用高压造型全自动生产线。为了适应汽车轻量化发展趋势,铝合金及镁合金缸体、缸盖的应用逐渐增多。摩托车、快艇的发动机缸体、缸盖,常选用铸造铝合金作为毛坯材料,并根据批量及耐压要求,经压铸或低压铸造成形。

2. 气门

进、排气门属于杆类件,由头部和杆部组成,两者直径差异很大,主要用于进、排气道的开启和关闭。汽车发动机进气门的工作温度一般为 200~450 ℃,排气门的工作温度一般可达 600~800 ℃,进、排气门在高温的氧化腐蚀性气氛中承受反复冲击载荷,要求具有一定的强度、刚度,以及良好的耐高温、耐腐蚀、耐磨损性能,因此多用耐热合金钢(如 4Cr8Si2)制造。

典型的气门结构分为整体耐热钢气门和摩擦焊气门。整体气门件结构简单,为提高材料利用率,提高性能,一般采用压力加工成形。可先对冷轧粗圆钢进行电镦头部法兰,再用模锻终锻成形;也可使用更为先进的对热轧粗圆钢进行热挤压成形的工艺,使内部组织致密,晶粒细小,并使流线沿排气门的轮廓连续分布,提高锻件的综合力学性能。为了节省耐热钢,降低成本,摩擦焊气门(见图 4-5)头部用耐热钢保证高温性能,杆部用中碳钢或渗碳钢保证耐磨性能,通过摩擦焊连接起来,有先镦后焊和先焊后镦两种工艺。

3. 活塞

活塞在气缸筒中作直线往复运动,并通过活塞销和连杆推动曲轴旋转,其零件结构简图如图 4-6 所示。活塞顶部与气缸、气缸壁共同组成燃烧室。工作时,活塞直接承受气体的高温和高压作用,进行不等速的直线往返运动,且处在液体润滑比较恶劣的条件下,所以要求制造活塞的材料密度小,同时具有较好的导热性、耐磨性和耐蚀性。

目前国内外汽车活塞普遍采用铸造铝合金(高导热性、耐腐蚀、质量轻)进行金属型铸造成形,成形后必须通过热处理以提高其强度并保证其尺寸稳定性。大型船用柴油发动机的活塞常采用铝合金低压铸造成形,以达到较高的内部致密度和力学性能。

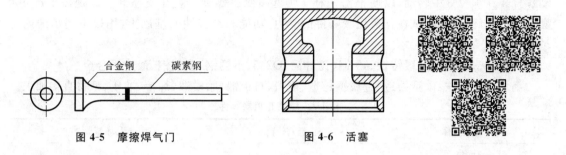

图 4-5 摩擦焊气门   图 4-6 活塞

4. 连杆和曲轴

连杆和曲轴属于轴杆类零件。连杆用来连接活塞和曲轴,将活塞承受的力传给曲轴,把活塞的往复直线运动转变为曲轴的旋转运动。因此,连杆和曲轴是在复杂的受力状态下工作的,既承受交变的拉、压应力和弯曲应力,又承受复杂的冲击载荷,因此要求其不仅具有较高的强度和较好的抗疲劳性能,而且应具有足够的刚度和韧性。

连杆和曲轴常采用锻造或铸造成形。功率较小时,可采用球墨铸铁铸造成形;大功率工况下一般采用强度和韧度较好的中碳钢或中碳合金结构钢模锻成形。

复习思考题

4.1 如图 4-7 所示的工字梁铁轨,在使用过程中,承受重载弯曲疲劳载荷,采用何种热加工成形方法(铸造、锻压、焊接)生产较合理? 请说明理由。

4.2 内燃机排气门零件由头部和杆部组成,主要用于排气道的开启和关闭,且在 600 ℃高温下持续工作。现选用耐热合金钢 4Cr8Si2,分别采用消失模铸造、热挤压锻造、圆钢(型材)切削三种方法成形。根据排气门的形状特点和使用要求,分析这三种排气门的内部组织,说明用哪种方法制成的排气门承载能力最强。

4.3 图 4-8 所示为检修车辆时用的螺旋起重器,承载能力为 4 t。其工作时依靠手柄 2 带

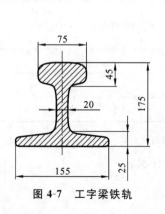

图 4-7 工字梁铁轨

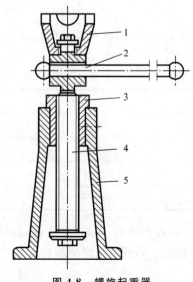

图 4-8 螺旋起重器

1—托杯;2—手柄;3—螺母;4—螺杆;5—支座

动螺杆 4 在螺母 3 中转动,以便推出托杯 1 顶起重物。螺母 3 装在支座 5 上。现需生产 400 套这样的螺旋起重器,试在分析比较零件的受力、功能和经济性的基础上,用以下提示的内容填写表 4-3。

　　　材料:灰口铸铁、可锻铸铁、45 钢、锡青铜、Q235、不锈钢、渗碳钢、锻造铝合金。

　　　毛坯成形方法:砂型铸造、金属型铸造、模锻、自由锻、胎模锻、焊接、冲压、型材直接加工。

表 4-3　螺旋起重器零件

零 件 名 称	宜 选 材 料	宜 选 毛 坯 成 形 方 法
托杯		
手柄		
螺母		
螺杆		
支座		

4.4　图 4-9 所示为减速器局部剖视图。

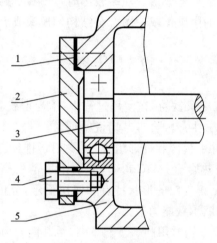

图 4-9　减速器局部

　　(1) 大批量生产时,根据零件的形状特点和使用要求,选择毛坯材料和成形方法,填写表 4-4。选材范围:ZG230-450、25 钢、HT200、08F、45 钢、ZL109、石棉纸。

表 4-4　减速器零件

序　　号	名　　称	毛 坯 材 料	成 形 方 法
1	垫片		
2	端盖		
4	螺钉		
5	减速箱		

　　(2) 3 号零件传动轴,材料为 45 钢,分析其形状特点和使用要求,比较铸造、锻造、焊接三种毛坯成形方法。哪种方法制成的传动轴承载能力最强?为什么?

图 5-0 机械加工的齿轮

第 5 章 材料切削加工基础

5.1 切削加工基本知识

5.1.1 金属切削加工的特点及应用

在现代机械制造工业中,加工机器零件的方法有多种,如铸造、锻造、焊接、切削加工和各种特种加工等。其中金属切削加工是利用切削刀具与工件的相对运动,从工件(毛坯)上切去多余的金属层,从而获得符合要求的零件的加工过程。金属切削加工可分为钳工和机械加工(简称机加)两大类。

钳工一般是通过工人手持工具来进行切削加工的,常用的方法有划线、錾削、锯削、锉削、刮研、钻孔、铰孔、攻螺纹、套螺纹等。虽然钳工工人的劳动强度大、生产效率低,但在机器装配或修理中,对某些配件的锉削、对笨重机件上的小型螺孔的攻螺纹、对复杂型面上某些难加工部位的刮削等工作,使用钳工作业却是非常经济和方便的,有时甚至是唯一的方法。因此,钳工加工有其独特的价值,在现代机械制造中仍占有重要地位。随着技术的进步,一些新型的钳工工具先后出现,这使得钳工本身逐渐地实现了机械化,有效地降低了钳工工人的劳动强度,并提高了生产效率。

机械加工是由工人操纵机床来进行切削加工的,其基本加工方法有车削、铣削、刨削、磨削、钻削等。机械加工具有如下主要特点:

(1)机械加工可以获得其他加工方法难以达到的尺寸精度、几何精度和表面粗糙度要求。目前,机械加工的尺寸公差等级为 IT12~IT3;表面粗糙度为 Ra 25~0.008 μm。在机器的生产制造过程中,对大部分零件都有较高的技术要求。因此,除了少部分零件可以由精密铸造或精密锻造的方法直接获得外,其余的大部分零件都要由最终的机械加工来获得所需的精度和表面质量。

（2）机械加工可加工的零件的材料、形状和尺寸变化范围较大，可加工各种常见型面，如外圆、内孔、螺纹、齿形等，以及复杂空间曲面。

（3）切削加工的生产率较高。常规条件下，切削加工的生产率一般高于其他加工方法。

正因如此，切削加工在机械制造中所担负的工作量占机械制造总工作量的 40%～60%，其技术水平直接影响着机械制造工业的产品品质和生产效率。机械制造工业承担着为国民经济各部门提供现代化技术装备的任务，即为工业、农业、交通运输、科研和国防等部门提供各种机器、仪器和工具。

随着科学技术和现代工业的飞速发展，切削加工正朝着高精度、高效率、柔性化和智能化的方向发展。主要体现在以下方面：

（1）数控加工已成为切削加工的主流，朝着精密和超精密、高速和超高速方向发展。我国虽然在数控技术的应用方面有了很大的进步，但与发达国家相比，仍存在较大的差距。主要表现在：大部分高精度和超精密切削加工机床的性能还不能满足要求，精度保持性也较差，特别是高效自动化和数控化机床的产量、技术水平及产品品质等方面明显落后于世界先进水平。要使我国的切削加工技术赶上或超过发达国家，在先进数控系统及机床的开发和研制方面还需作进一步的努力。

（2）生产规模由小批量和单品种大批量向多品种变批量的方向发展，生产方式由机械化、刚性流水线自动化向柔性自动化和智能自动化方向发展。

5.1.2　零件的加工精度和表面粗糙度

切削加工的目的是得到满足一定质量要求的零件。零件的机械加工质量包括机械加工精度与表面质量两个方面。所谓表面质量是指零件表面粗糙度、加工硬化层、表面残余应力及金相组织结构等，它们对零件的使用性能有很大影响。一般来说，零件切削加工的表面质量的主要指标是零件的表面粗糙度。下面分别介绍零件机械加工质量的这两个主要指标，即加工精度及表面粗糙度。

1. 加工精度

加工精度（machining accuracy）是指工件加工后，尺寸、形状和位置等参数的实际数值与它们绝对准确的理论数值之间相符合的程度。相符合的程度越高，也就是说加工误差越小，加工精度越高。加工精度主要包括尺寸精度、形状精度及位置精度。

1）尺寸精度

尺寸精度是指加工后的零件的尺寸与理想尺寸相符合的程度。尺寸精度包含两个方面：一是表面本身的尺寸精度，如圆柱面的直径等；二是表面间的尺寸精度，如孔间距等。加工零件时，要想使其实际尺寸与理想尺寸完全相符是不可能的，因此，在保证零件使用要求的前提下，应允许尺寸有一定的变动。尺寸允许变动的最大范围即为尺寸公差。公差越小，则精度越高。国家标准 GB/T 1800.2—2020 规定，标准公差分为 20 级，分别用 IT01，IT0，IT1，…，IT18 表示。其中，IT 表示公差，数字表示等级。IT01 的公差值最小，精度最高。其他的等级中，数字越大，则公差等级越低，相应的精度也就越低。一般 IT01～IT13 用于配合尺寸，其余的用于非配合尺寸。

当加工条件一定时，对于不同尺寸的零件，达到某一公差等级的公差值是不同的，即零件的公差值取决于零件的公称尺寸与公差等级。标准公差值、标准公差等级、公称尺寸三者之间的关系如表 5-1 所示。

表 5-1　标准公差值

公称尺寸 /mm		公差等级																		
		IT01	IT0	IT1	IT2	IT3	IT4	IT5	IT6	IT7	IT8	IT9	IT10	IT11	IT12	IT13	IT14	IT15	IT16	IT17	IT18
大于	至	标准公差值																		
		/μm												/mm						
—	3	0.3	0.5	0.8	1.2	2	3	4	6	10	14	25	40	60	0.1	0.14	0.25	0.4	0.6	1	1.4
3	6	0.4	0.6	1	1.5	2.5	4	5	8	12	18	30	48	75	0.12	0.18	0.3	0.48	0.75	1.2	1.8
6	10	0.4	0.6	1	1.5	2.5	4	6	9	15	22	36	58	90	0.15	0.22	0.36	0.58	0.9	1.5	2.2
10	18	0.5	0.8	1.2	2	3	5	8	11	18	27	43	70	110	0.18	0.27	0.43	0.7	1.1	1.8	2.7
18	30	0.6	1	1.5	2.5	4	6	9	13	21	33	52	84	130	0.21	0.33	0.52	0.84	1.3	2.1	3.3
30	50	0.6	1	1.5	2.5	4	7	11	16	25	39	62	100	160	0.25	0.39	0.62	1	1.6	2.5	3.9
50	80	0.8	1.2	2	3	5	8	13	19	30	46	74	120	190	0.3	0.46	0.74	1.2	1.9	3	4.6
80	120	1	1.5	2.5	4	6	10	15	22	35	54	87	140	220	0.35	0.54	0.87	1.4	2.2	3.5	5.4
120	180	1.2	2	3.5	5	8	12	18	25	40	63	100	160	250	0.4	0.63	1	1.6	2.5	4	6.3
180	250	2	3	4.5	7	10	14	20	29	46	72	115	185	290	0.46	0.72	1.15	1.85	2.9	4.6	7.2
250	315	2.5	4	6	8	12	16	23	32	52	81	130	210	320	0.52	0.81	1.3	2.1	3.2	5.2	8.1
315	400	3	5	7	9	13	18	25	36	57	89	140	230	360	0.57	0.89	1.4	2.3	3.6	5.7	8.9
400	500	4	6	8	10	15	20	27	40	63	97	155	250	400	0.63	0.97	1.55	2.5	4	6.3	9.7
500	630	4.5	6	9	11	16	22	32	44	70	110	175	280	440	0.7	1.1	1.75	2.8	4.4	7	11
630	800	5	7	10	13	18	25	36	50	80	125	200	320	500	0.8	1.25	2	3.2	5	8	12.5
800	1000	5.5	8	11	15	21	28	40	56	90	140	230	360	560	0.9	1.4	2.3	3.6	5.6	9	14
1000	1250	6.5	9	13	18	24	33	47	66	105	165	260	420	660	1.05	1.65	2.6	4.2	6.6	10.5	16.5
1250	1600	8	11	15	21	29	39	55	78	125	195	310	500	780	1.25	1.95	3.1	5	7.8	12.5	19.5
1600	2000	9	13	18	25	35	46	65	92	150	230	370	600	920	1.5	2.3	3.7	6	9.2	15	23
2000	2500	11	15	22	30	41	55	78	110	175	280	440	700	1100	1.75	2.8	4.4	7	11	17.5	28
2500	3150	13	18	26	36	50	68	96	135	210	330	540	860	1350	2.1	3.3	5.4	8.6	13.5	21	33

注：公称尺寸小于 1 mm 时，无 IT14～IT18。

　　加工过程中有多种因素影响加工精度，所以，同一加工方法在不同的条件下所能达到的精度是不同的。有时在相同的条件下，采用同样的加工方法，多费一些工时，也能提高加工精度，但这样会降低生产效率，增加生产成本，是不经济的。通常所说的精度，是指采用某加工方法在正常情况下所能达到的精度，称为经济精度。

　　零件的精度越高，加工过程就越复杂，加工成本也就越高。设计零件时，应在满足技术要求的前提下，选用较低级别的公差，以降低生产成本。

2）形状精度

形状精度是指零件上的实际形状要素与理想形状要素的符合程度。当零件的尺寸精度符合要求时,并不意味着其形状也符合要求,如加工一个 $\phi25^{+0.2}_{-0.1}$ mm 的轴,其实际尺寸为 24.95 mm,符合精度要求,但轴的某一截面的实际形状不是理想的圆形,故其形状不一定符合要求。在实际加工中,要使零件形状完全达到理想值是不现实的,应允许有一定的误差。关于形状误差,国家标准 GB/T 1182—2018、GB/T 4249—2018、GB/T 16671—2018 规定了 6 种标准公差,其表达符号、相应的含义和检测方法可参阅相关文献。

3)位置精度

位置精度是指零件上的表面、轴线等的实际位置与理想位置的符合程度。零件应允许有一定的位置误差,国家标准 GB/T 1182—2018、GB/T 4249—2018、GB/T 16671—2018 规定了 3 类共 8 种标准公差,其表达符号、相应的含义和检测方法可参阅相关文献。

2. 表面粗糙度

无论用何种方法加工,在零件表面上总会留下微细的凹凸不平的刀痕,出现交错起伏的现象。粗加工后的表面用肉眼就能看到,精加工后的表面用放大镜或显微镜仍能观察到。表面上微小峰谷间的高低程度称为表面粗糙度(surface roughness),也称为微观不平度。

国家标准 GB/T 1031—2009 规定了表面粗糙度的评定参数和评定参数允许值系列。常用参数是轮廓算术平均偏差 Ra 和轮廓最大高度 Rz,其表达符号、相应的含义和检测方法可参阅相关文献。

表面粗糙度对零件的疲劳强度、耐磨性、耐蚀性及配合性能等方面均有很大影响。表面粗糙度越低,零件的表面质量越好,同时零件的加工难度越大,加工成本也越高。因此在设计零件时,应根据实际情况合理选用,即在满足技术要求的条件下,尽可能选用较大的值。表 5-2 列出了不同加工方法所能达到的表面粗糙度,供选用时参考。

表 5-2　表面粗糙度的选用举例

加 工 方 法	表面粗糙度 $Ra/\mu m$	表面状况	应 用 举 例
粗车、镗、刨、钻	100	明显可见的刀痕	如粗车、粗刨、切断等粗加工后的表面
	25		粗加工后的表面、焊接前的焊缝、粗钻的孔壁等
粗车、铣、刨、钻	12.5	可见刀痕	一般非配合表面,如轴的端面、倒角等
半精车、镗、刨、铣、钻、锉、磨、粗铰、铣齿	6.3	可见加工痕迹	不重要零件的非配合表面,如支柱、支架、外壳等的端面;紧固件的自由表面、紧固件通孔的表面等
半精车、镗、刨、铣、拉、磨、锉、滚压、铣齿、刮(12 点/cm²)	3.2	微见加工刀痕	与其他零件连接,但不形成配合的表面,如箱体、外壳等的端面
精车、镗、刨、铣、拉、磨、铰、滚压、铣齿、刮(12 点/cm²)	1.6	看不清加工刀痕	安装直径超过 80 mm 的 G 级轴承的外壳孔、普通精度齿轮的齿面、定位销孔等重要表面
精车、镗、拉、磨、立铣、滚压、刮(3～10 点/cm²)	0.8	可辨加工痕迹的方向	要求保证定心及配合特性的表面,如锥销与圆柱销的表面、磨削的轮齿表面、中速转动的轴颈表面等
铰、磨、镗、拉、滚压、刮(3～10 点/cm²)	0.4	微辨加工痕迹的方向	要求长期保持配合性质稳定的配合表面,如尺寸精度公差等级为 IT7 的轴、孔配合表面,精度较高的轮齿表面等

续表

加工方法	表面粗糙度 $Ra/\mu m$	表面状况	应用举例
砂带磨、磨、研磨、超级加工	0.2	不可辨加工痕迹的方向	工作时受变应力作用的重要零件的表面,保证零件的疲劳强度、耐蚀性和耐久性,并在工作时不破坏配合性质的表面等
超级加工	0.1	暗光泽面	工作时承受较大变应力作用的重要零件的表面,保证精确定心的锥体表面等
	0.05	亮光泽面	保证高度气密性配合的表面,如活塞、柱塞的外表面和气缸的内表面等
	0.025	镜状光泽面	高压柱塞泵中的柱塞与柱塞套的配合表面等精密表面
	0.012	雾状光泽面	仪器的测量表面和配合表面,尺寸超过 100 mm 的表面
	0.008	镜面	块规的工作表面,高精度测量仪器的测量表面及摩擦机构的支承表面等

5.1.3　切削运动及切削用量

1. 切削运动

机械零件的表面形状虽然多种多样,但通过分析可知,这些表面都由一些基本表面元素组合而成。只要能对这几种基本表面元素进行加工,就能对所有表面进行加工。这些基本表面元素分别是平面、直线成形面、圆柱面、圆锥面、球面、圆环面、螺旋面等,如图 5-1 所示。

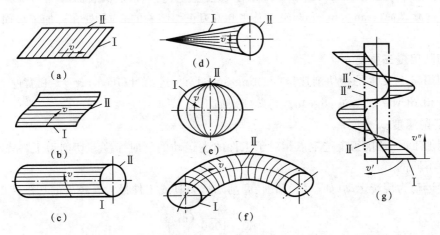

图 5-1　基本表面元素

(a) 平面;(b) 直线成形面;(c) 圆柱面;(d) 圆锥面;(e) 球面;(f) 圆环面;(g) 螺旋面

基本表面元素都可看成一条线(称为母线)沿另一条线(称为导线)运动的轨迹。如图 5-1(a)所示,为得到平面,必须使直线Ⅰ沿直线Ⅱ移动;如图 5-1(b)所示,为得到直线成形面,必须使直线Ⅰ沿曲线Ⅱ移动。母线和导线统称为表面的发生线。切削加工时,工件、刀具之一或两者同时按一定规律运动,形成两条发生线,即可获得所要的加工表面。刀具与工件之间的相对运动即为切削运动。切削运动主要包括主运动(primary motion)与进给运动(feed motion)。

主运动是指切削所需要的最基本的运动,其特点是速度高、消耗功率大。切削加工通常只有一个主运动。进给运动是指使金属层不断进入切削中,从而获得所需几何特性的表面的运动,其特点是速度较低、消耗功率小。切削加工中可能有一种或多种进给运动,也可能一种进给运动也不需要。如,外圆车削时工件的旋转运动为主运动,车刀的纵向直线运动为进给运动(见图 5-2);平面刨削时刀具往复直线运动为主运动,工件的间歇直线运动为进给运动(见图 5-3)。

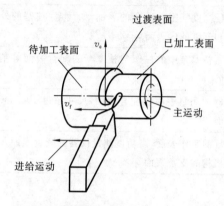

图 5-2　外圆车削的切削运动与加工表面

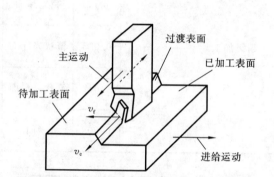

图 5-3　平面刨削的切削运动与加工表面

2. 工件上的加工表面

切削过程中,工件上一般存在三个表面,如图 5-2、图 5-3 所示,分别如下。

(1) 待加工表面(work surface):工件上待切除的表面。

(2) 已加工表面(machined surface):工件上经刀具切削形成的表面。

(3) 过渡表面(transient surface):工件上刀刃正切削着的表面,处在待加工表面与已加工表面之间。

3. 切削用量三要素

切削用量三要素是指切削速度(cutting speed)v_c、进给量(feed rate)f 和背吃刀量(back engagement of the cutting edge)a_p,定义分别如下:

1) 切削速度 v_c

切削加工时,切削刃上选定点相对于工件的主运动的瞬时速度。切削刃上各点的切削速度可能是不同的。

当主运动为旋转运动(如车削、钻削、磨削)时,刀具或工件最大直径处的切削速度为

$$v_c = \frac{\pi d n}{60 \times 1000} \ (\text{m/s}) \tag{5-1}$$

式中:d ——完成主运动的刀具或工件的最大直径(mm);

n ——主运动的转速(r/min)。

2) 进给量 f

在一个主运动工作循环内,刀具与工件在进给运动方向上的相对位移量,可用刀具或工件每转或每行程的位移量来度量。当主运动为旋转运动时,进给量的单位为 mm/r,称为每转进

给量；当主运动为往复直线运动时，进给量的单位为 mm/str，称为每行程进给量；对于铰刀、铣刀等多齿刀具，常采用每齿进给量为单位。

在切削加工中，也有用进给速度 v_f 来表示进给运动的，进给速度 v_f 是切削刃上选定点相对于工件的进给运动的瞬时速度，其单位为 mm/s。

3）背吃刀量 a_p

对外圆车削和平面刨削而言，背吃刀量 a_p 等于工件已加工表面与待加工表面间的垂直距离。背吃刀量又称切削深度。如外圆车削的背吃刀量为

$$a_p = \frac{d_w - d_m}{2} \ (mm) \tag{5-2}$$

式中：d_w——工件待加工表面直径（mm）；

　　 d_m——工件已加工表面直径（mm）。

切削用量三要素 v_c、f 和 a_p 分别反映了机床主运动、进给运动和吃刀辅助运动的大小。

4. 切削层几何参数

在切削过程中，刀具的切削刃在一次走刀中从工件待加工表面切下的金属层，称为切削层。切削层几何参数是指切削层的截面尺寸，它决定了刀具切削部分承受的载荷和切屑的尺寸大小。这里以外圆车削为例说明切削层参数的定义（假定刀具切削刃为直线）。如图 5-4 所示，车削时，工件每转一转，车刀沿工件轴线进给一个进给量 f，工件的过渡表面也由位置Ⅰ移至位置Ⅱ，车刀从工件上切下的一层材料即为切削层。这一切削层的几何参数，通常都是在过切削刃上选定点并与该点主运动方向垂直的截面内观察和度量的。

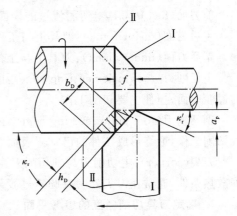

图 5-4　切削层几何参数

（1）切削面积（nominal cross-sectional area of the cut）A_D：在该截面内，切削层的截面面积称为切削面积。

（2）切削宽度（nominal width of the cut）b_D：在该截面内，沿过渡表面度量的切削层尺寸称为切削宽度。

（3）切削厚度（nominal thickness of the cut）h_D：在该截面内，切削面积与切削宽度之比称为切削厚度。

5.1.4　刀具的几何参数

在金属切削过程中，直接完成切削工作的是刀具。无论哪种类型的刀具，一般都是由切削部分与夹持部分组成的。刀具依靠夹持部分固定在机床上，夹持部分的作用是保证刀具正确的工作位置、传递切削所需要的运动与动力。这一部分对切削加工的性能影响不大，对它的基本要求是夹持可靠、牢固，装卸方便。切削部分是刀具上直接参与切削工作的部分，刀具是否具有良好的切削性能，主要取决于刀具切削部分的材料、几何形状、几何角度及其结构。

金属切削刀具的种类虽然很多，具体结构也各不相同，但其切削部分的结构要素和几何形状却有着许多共同的特点。如图 5-5 所示，各种刀具的一个刀齿类似一把车刀，与车刀的切削部分有着共同的特点。因此，这里以外圆车刀切削部分为例，给出刀具上的基本定义。

1. 刀具切削部分的表面与切削刃

外圆车刀的切削部分由"三面两刃一尖"(即前刀面、主后刀面、副后刀面、主切削刃、副切削刃、刀尖)组成,如图 5-6 所示。

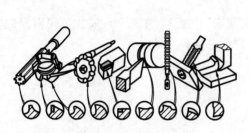

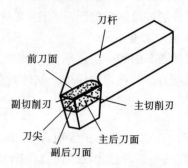

图 5-5　刀具的切削部分　　　　图 5-6　外圆车刀的切削部分

前刀面(face):刀具上切屑流过的表面。

主后刀面(major flank):刀具上与工件过渡表面相对的表面。

副后刀面(minor flank):刀具上与工件已加工表面相对的表面。

主切削刃(tool major cutting edge):前刀面与主后刀面相交而形成的刀刃,用以形成工件的过渡表面,担任主要切削工作。

副切削刃(tool minor cutting edge):前刀面与副后刀面相交形成的刀刃,协同主切削刃完成切削工作,最终形成工件的已加工表面。

刀尖(corner):主切削刃与副切削刃连接处的一小部分切削刃。为增加刀尖处的强度,改善散热条件,通常在刀尖处磨有圆弧过渡刃。

2. 确定刀具切削角度的参考平面

刀具上各表面的空间位置(即刀具角度)不同时,刀具的切削性能会有很大的差别。为了确定刀具切削角度,必须选择一对参考平面作为坐标平面,这对坐标平面是切削平面和基面。

基面(reference plane):通过切削刃选定点,并与由主运动和进给运动合成的合成切削速度方向垂直的平面。

切削平面(cutting edge plane):通过切削刃选定点,与切削刃相切并垂直于基面的平面,也可以说是包含该点合成运动方向而又切于切削刃的平面。

除了由切削平面和基面组成的参考平面外,还需要一个测量刀具角度的测量平面。通常根据刃磨和测量的需要与方便,选用不同的测量平面。参考平面和不同的测量平面组成了不同的刀具角度参考坐标系。

需要指出的是,上述基面和切削平面的定义是在刀具与工件的相对运动状态下给出的,而刀具设计、制造、刃磨和测量时,常采用刀具静止参考系(tool-in-hand system)。

3. 刀具标注角度的参考坐标系(刀具静止参考系)

刀具的标注角度是制造和刃磨刀具所需要的,在刀具设计图上应予以标注的角度。标注角度不考虑进给运动,也不考虑刀具安装位置所引起的角度变化,等等。因而此时基面是通过切削刃选定点,与假定主运动方向垂直的平面,而切削平面是通过切削刃选定点,包含假定主运动方向而又切于切削刃的平面。这里以外圆车刀为例,说明几种不同的参考系。

如图 5-7 所示,不考虑进给运动,假定主切削刃选定点与工件轴线等高,刀杆中心线垂直于进给方向。过主切削刃选定点的基面 P_r 垂直于切削速度方向,与车刀底面平行;过主切削刃选定点的切削平面 P_s 与基面垂直。一般用于标注前、后刀面角度的测量平面有三种:

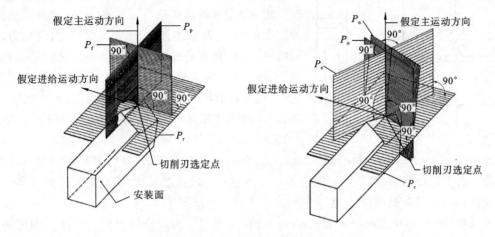

图 5-7　车刀标注角度参考系

正交平面 P_o(orthogonal plane):通过主切削刃选定点,同时垂直于基面和切削平面的平面。

法平面 P_n(cutting edge normal plane):通过主切削刃选定点,垂直于切削刃的平面。

假定工作平面 P_f(assumed working plane)和背平面 P_p(back plane):假定工作平面是通过主切削刃选定点并垂直于基面,与假定进给运动方向平行的平面。背平面是通过主切削刃选定点,并垂直于基面和假定工作平面的平面。

因此,刀具标注角度参考系可以有三种:正交平面参考系(基面、切削平面、正交平面)、法平面参考系(基面、切削平面、法平面)、背平面和假定工作平面参考系(基面、背平面、假定工作平面)。

4. 刀具的标注角度

这里基于常用的正交平面参考系,说明外圆车刀的主要标注角度,包括前角、后角、主偏角、副偏角和刃倾角(见图 5-8)。

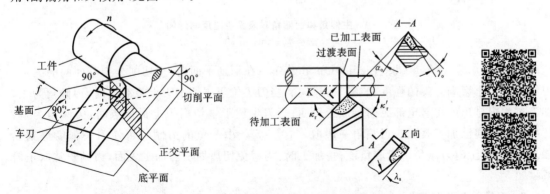

图 5-8　外圆车刀的正交平面参考系和主要标注角度

前角(tool orthogonal rake angle)γ_o:在主切削刃选定点的正交平面内,前刀面与基面之间的夹角。前角主要影响切削变形和切削力的大小。这里以平口刨刀的刨削为例进行说明(见图 5-9)。工件的直线运动为主运动,在切削过程中,工件材料在 O 点分离为两部分,一部

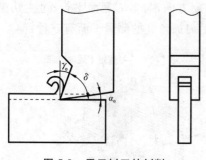

图 5-9　平口刨刀的刨削

分沿前刀面流出成为切屑,一部分留在工件表面。金属分离方向的差别(δ角)越大,则切削消耗的功越大,金属变形也越大。δ角是切削合成运动方向(此处进给运动为间歇运动,此时进给速度 v_{f} 为 0)与切屑流出方向之间的夹角,此处也是前刀面和切削平面之间的夹角,前角 γ_{o} 与 δ 角互为余角,即前角越大,δ 角越小,金属变形越小,切削越省力。但前角过大,切削刃和刀尖强度下降,刀具散热体积减小,影响刀具寿命。常取 γ_{o} 为 $-5°$ $\sim25°$。

后角(tool orthogonal clearance angle)α_{o}:在同一正交平面内,主后刀面与切削平面之间的夹角。由于弹性变形,刀具后刀面与加工表面间有一段接触长度,后角可以缩短这段长度,减小摩擦和刀具的磨损,但后角也不能过大。常取 α_{o} 为 $3°\sim12°$。

主偏角(tool cutting edge angle)κ_{r}:在基面上,主切削刃的投影与假定进给方向的夹角。主偏角主要影响背向力与进给力的比例和刀具寿命。外圆车刀的主偏角通常有 $90°$、$75°$、$60°$ 和 $45°$ 等。

副偏角(tool minor cutting edge angle)κ_{r}':在基面上,副切削刃的投影与假定进给反方向间的夹角。副偏角的作用是减少副切削刃与已加工表面间的摩擦,减少切削振动。主偏角和副偏角一起影响已加工残留面积的大小,进而影响已加工表面粗糙度,如图 5-10 所示。常取 κ_{r}' 为 $5°\sim15°$。

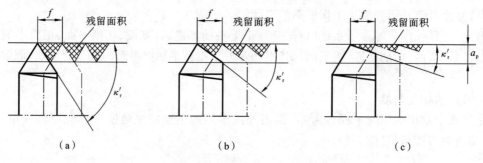

图 5-10　主偏角和副偏角对表面粗糙度的影响
(a) $\kappa_{\mathrm{r}}'=60°$;(b) $\kappa_{\mathrm{r}}'=30°$;(c) $\kappa_{\mathrm{r}}'=15°$

刃倾角(tool cutting edge inclination angle)λ_{s}:在切削平面内,主切削刃与基面间的夹角。刃倾角的大小影响刀尖的强度和切屑的流向。当刀尖位于主切削刃上最高点时,刃倾角为正,加工过程中排出的切屑全部流向待加工表面;当刀尖位于主切削刃上最低点时,刃倾角为负,切屑全部流向已加工表面。刃倾角一般取 $-10°\sim5°$。由于负的刃倾角可使刀头强度得到加强,因此粗加工时刃倾角一般取负值;精加工时,为避免切屑划伤已加工表面,刃倾角常取正值或零。

5. 刀具的工作角度

刀具的标注角度是在不考虑进给运动、刀具按特定条件安装的情况下给出的,但是实际切削过程并不完全是这种理想情况,因此,刀具实际切削时的工作角度会发生某些变化,对切削加工产生一定的影响。

以图 5-11 为例说明进给运动对工作角度的影响。图 5-11(a)所示为不考虑进给运动时的刀具标注前角和后角,基面平行于刀杆底面,切削平面垂直于刀杆底面;图 5-11(b)所示为考虑进给运动的刀具工作前角(working orthogonal rake angle)γ_{oe} 和工作后角(working orthogonal clearance angle)α_{oe},工作切削平面改为包含合成运动方向、切于切削刃的平面,工作基面与合成切削速度方向相垂直。因此,工作基面和切削平面相对于标注参考平面倾斜了一定的角度,此时,工作前角大于标注前角,工作后角小于标注后角。在一般的外圆车削时,由于纵向进给量 f 很小,这种变化常忽略不计,但在车螺纹,尤其是多线螺纹时,必须考虑进给运动对工作后角的影响,必要时需调整刃磨角度。

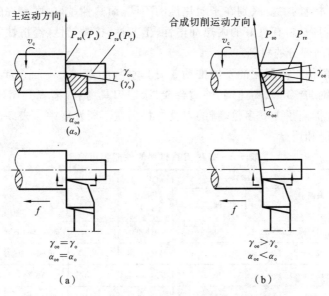

图 5-11 进给运动对工作前角、后角的影响

(a) 未考虑进给运动;(b) 考虑进给运动

图 5-12 说明了刀柄安装偏斜对工作主、副偏角的影响。车刀安装时,刀柄中心线与进给运动方向不垂直,会引起主偏角及副偏角的变化。图 5-12(a)中,刀柄向右偏斜,工作主偏角(working cutting edge angle)增大,工作副偏角(working minor cutting edge angle)减小。图 5-12(c)中,刀柄向左偏斜,工作主偏角减小,工作副偏角增大。

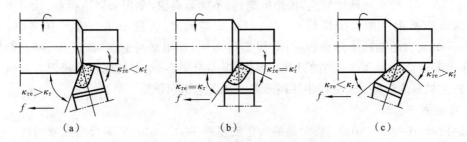

图 5-12 刀柄安装偏斜对主、副偏角的影响

(a) 左偏;(b) 正常;(c) 右偏

5.1.5 刀具材料

1. 对刀具切削部分材料的基本要求

在切削过程中,刀具切削部分要承受很大的切削力、摩擦力、冲击力和很高的温度,因此,

切削部分应具有以下基本性能:

(1) 高的硬度和耐磨性。硬度必须大于工件材料的硬度,以便刀具能切入工件。常温下,金属切削刀具材料的硬度一般要求在 60 HRC 以上。刀具要有足够长的寿命,需要高的耐磨性。耐磨性是材料抵抗磨损的能力。一般来说,材料的硬度越高,耐磨性越好,但是刀具材料的耐磨性不仅取决于它的硬度,也与其成分、显微组织和切削区的温度有关。

(2) 足够大的强度和韧度,以便承受切削力及切削时的冲击和振动。

(3) 高的耐热性,在高温下刀具仍有足够大的强度、硬度和好的耐磨性,以保持切削的连续进行。常用刀具材料的主要区别在于耐热性的不同,耐热性越好,则允许的切削速度越高。

此外,还要求刀具材料有良好的耐热冲击性、工艺性、抗黏结性、经济性等。

2. 常用刀具切削部分的材料

工件材料和切削加工高速化的发展推动着刀具材料的发展。一百多年来,金属切削刀具材料经历了从碳素钢、合金钢、高速钢、硬质合金、涂层刀具材料、陶瓷到超硬刀具材料的发展历程,刀具切削速度提高了 100 多倍,新的刀具材料仍在不断发展中。表 5-3 列出了各类常用刀具材料的主要性能和用途。

表 5-3　各种刀具材料的性能和用途

性　　能	高速钢	硬质合金		TiC(N) 基硬质合金	陶瓷		聚晶立方氮化硼	聚晶金刚石
		(WC-Co)	(WC-TiC-TaC-Co)		Al_2O_3	Si_3N_4		
硬度/HRA	84～85	89～91.5	90～92	91～93	92.5～93.5	1350～1600 HV	4500 HV	>9000 HV
抗弯强度/GPa	2～4	1.5～2	1.3～1.8	1.4～1.8	0.4～0.75	0.6～0.9	0.5～0.8	0.6～1.1
断裂韧度/(MPa·m$^{1/2}$)	18～30	10～15	9～14	7.4～7.7	3.0～3.5	5～7	6.5～8.5	6.89
弹性模量/GPa	210	610～640	480～560	390～440	400～420	280～320	710	1020
热导率/(W/(m·K))	20～30	80～110	25～42	21～71	29	20～35	130	210
热膨胀系数/(×10^{-6}/K)	5～10	4.5～5.5	5.5～6.5	7.5～8.5	7	3.0～3.3	4.7	3.1
耐热性/℃	600～700	800～900	900～1000	1000～1100	1200	1300	1000～1300	700～800
常用切削速度/(m/min)	30～80	100～250			250～400		—	—

常用的刀具材料中,碳素工具钢是碳含量较高($w(C) = 0.7\% \sim 1.3\%$)的优质钢(如 T10A、T12A 等),淬火后硬度较高,价格低廉,但不能耐高温,多用来制造锯条、锉刀等手工工具。在碳素工具钢中加入少量的 Cr、W、Mn、Si 等元素,发展出了合金工具钢(如 9SiCr、CrWMn 等),可以适当减小热处理变形,提高耐热性,常用来制造丝锥、板牙、铰刀等形状复杂、切削速度较低(<0.15 m/s)的刀具。陶瓷、聚晶金刚石、立方氮化硼等超硬刀具材料主要用于难加工材料的精加工。生产中使用最多的是高速钢和硬质合金。

1) 高速钢

高速钢(high-speed steel,HSS)是加入了较多的 W、Cr、Mo、V 等合金元素的高合金工具钢。常用的牌号有 W18Cr4V、W6Mo5Cr4V2 和 W9Mo3Cr4V 等。

高速钢常温硬度与碳素工具钢及合金工具钢相当,但具有较高的热稳定性,能耐 600～700 ℃ 的高温,因此,相比于碳素工具钢和合金工具钢,切削速度显著提高。相比于硬质合金和陶瓷材料,高速钢具有高的抗弯强度和冲击韧度,耐冲击性好。且高速钢具有良好的塑性和磨加工性,制造工艺简单,广泛用于制造各种复杂形状刀具,如钻头、铰刀、拉刀、齿轮刀具等(见图 5-13),可以加工从有色金属到高温合金的工件材料。

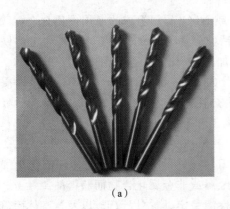

（a）　　　　　　　　　　　　　　　　（b）

图 5-13　高速钢刀具

（a）钻头；（b）插齿刀

2）硬质合金

硬质合金（carbide）是以高硬度、高熔点的金属碳化物（WC、TiC 等）作基体，以金属 Co 等作黏结剂，用粉末冶金的方法制成的一种复合材料。

硬质合金的硬度和耐热性都很高，能耐高达 $800\sim1000$ ℃的高温，切削性能优良，能加工高速钢不能加工的淬硬钢等硬材料，用途广泛。但与高速钢相比，其抗弯强度和冲击韧度低得多，不能承受大的切削振动和冲击载荷，刀口也不能太锋利。其采用粉末冶金工艺成形，且价格高，常制成各种形式的刀片，焊接或夹持在车刀、铣刀等刀具的刀柄上使用（见图 5-14）。

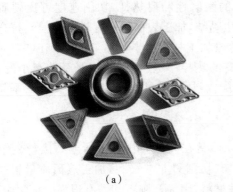
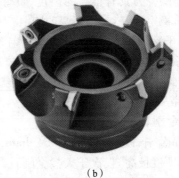

（a）　　　　　　　　　　　　　　　　（b）

图 5-14　硬质合金刀具

（a）硬质合金刀片；（b）可转位端铣刀

常用的硬质合金根据成分可以分为 WC 基硬质合金（tungsten carbide）和 TiC(N)基硬质合金（titanium carbide）。

WC 基硬质合金可以分为以下三类：

（1）由 WC（90%～96.5%）和 Co（10%～3%）组成的钨钴类（YG 类）。韧度较好，耐磨性较差，主要用于加工铸铁、青铜等脆性材料。随 Co 含量增加，韧度增加，耐磨性下降。因此，粗加工时宜选用 Co 含量较高的硬质合金，精加工则宜选用 Co 含量较低的硬质合金。

（2）由 WC（66%～85%）、TiC（30%～5%）和 Co（4%～10%）组成的钨钛钴类（YT 类）。与钨钴类硬质合金相比，钨钛钴类硬质合金的硬度提高了，但抗弯强度、冲击韧度却显著降低了，主要用于加工钢材等塑性材料。TiC 含量越高，Co 含量越低，硬度和耐磨性越高，而强度和韧度则越低，适用于精加工，而粗加工则应选用 TiC 含量低的硬质合金。

（3）在钨钛钴硬质合金中加入少量 TaC 或 NbC(4%)组成的通用硬质合金（YW 类）。这类硬质合金的韧度、与钢黏附的温度比钨钛钴类硬质合金的高，既可用来加工铸铁等脆性材料，也可用来加工钢材等塑性材料，还可用来加工高温合金、不锈钢等难加工钢材。

TiC(N)基硬质合金是以 TiC 为主要成分的 TiC-Ni-Mo 合金。TiC(N)基硬质合金的硬度很高，达到了陶瓷的水平，有高的耐磨性、耐热性，化学稳定性好，可加工钢和铸铁。抗弯强度和韧度不及 WC 基硬质合金，主要用于精加工和半精加工。

3）涂层刀具材料

涂层刀具是在硬质合金或高速钢等基体刀具材料的表面上，利用物理或化学气相沉积方法涂覆一薄层（数微米厚度）耐磨性好的难熔金属或非金属化合物而获得的。

涂层材料需具有硬度高、耐磨性好、化学性能稳定、摩擦因数低，以及与基体附着牢固等要求。单一的涂层材料很难满足上述各项要求，因此，涂层材料已由单一的 TiC、TiN、Al_2O_3 涂层发展到复合和多元涂层。

切削加工时，涂层起到化学屏障和热障层的作用，减少了刀具与工件间的扩散和化学反应，同时涂层材料自身具有高硬度、良好的化学稳定性和低的摩擦因数，因此，涂层刀具具有表面硬度高、耐磨性好、耐热、耐氧化、摩擦因数小和热导率低等特性，相比于未涂层刀具，可使刀具寿命提高 3～5 倍以上，提高切削速度 20%～70%。目前，涂层刀具在生产中已得到广泛使用。

4）陶瓷刀具材料

常用的陶瓷（ceramic）刀具材料有 Al_2O_3 基陶瓷和 Si_3N_4 基陶瓷。

Al_2O_3 基陶瓷刀具有很高的硬度、良好的耐磨性和耐热性，切削速度可比硬质合金提高 2～5 倍；化学稳定性好，切屑不易与刀具产生黏结，加工表面粗糙度较小。但是抗弯强度和韧度差，主要用于冷硬铸铁、高硬钢和高强钢等难加工材料的半精加工和精加工。

Si_3N_4 基陶瓷具有高的强度和韧度、较高的热导率、较低的热膨胀系数和小的弹性模量，热稳定性好，其耐热冲击性能优于 Al_2O_3 基陶瓷，切削时可使用切削液。Si_3N_4 基陶瓷刀具在加工铸铁及镍基合金时效果较好。

5）聚晶金刚石

人造聚晶金刚石（polycrystalline diamond）是在高温高压下由金刚石微粉烧结而成的多晶体材料，其硬度极高，仅次于天然金刚石。其切削刃非常锋利，加工表面质量很高。但热稳定性较低，此外，金刚石刀具不适合加工钢铁材料，因为金刚石和铁有很强的化学亲和力，在高温下铁原子容易与碳原子作用而使其转化为石墨结构，刀具极易损坏。

金刚石主要用于磨具和磨料，也可制成各种车刀、镗刀、铣刀的刀片，主要用于精加工有色金属及非金属。

6）聚晶立方氮化硼

聚晶立方氮化硼（polycrystalline CBN）也是在高温高压下制成的多晶材料。立方氮化硼具有很高的硬度及耐磨性，耐热性比金刚石高得多，化学稳定性很好，在 1200～1300 ℃的高温下也不与铁金属起化学反应，因此，可以加工钢铁，刀具耐用度是硬质合金和陶瓷刀具的几倍，甚至更高。主要用于淬硬钢、耐磨铸铁、高温合金等难加工材料的半精加工和精加工。

5.2　金属切削加工的基础理论

金属切削过程是指刀具从工件上将多余的金属切下的过程。在切削过程中出现的许多物理现象,如切削热、刀具磨损等,都是与切屑形成过程有关的。生产实践中出现的许多问题,如振动、卷屑、断屑等,都同切屑的变形规律有着密切的关系。因此,研究金属切削过程,对保证加工零件质量、降低生产成本、提高生产效率等,都有着十分重要的意义。

5.2.1 切削过程

1. 切屑的形成

塑性金属的切削过程,其本质是一种挤压过程。在挤压的过程中,金属主要通过滑移的变形方式形成切屑。

图 5-15(a)所示为金属的正挤压模型,当金属受到挤压力 F 时,根据材料力学,最大剪应力与主应力成 45°角,沿 AC、BD 剪应力最大,当剪应力达到材料的屈服强度时,金属开始沿 AC、BD 剪切面产生滑移变形。图 5-15(b)所示为金属的偏挤压模型,由于挤压头下方金属滑移阻力大,因此,被挤压的金属只能沿 AC 产生剪切变形。图 5-15(c)所示为金属切削过程,刀具类似于偏挤压头,因此,金属切削过程的实质是一种挤压过程。

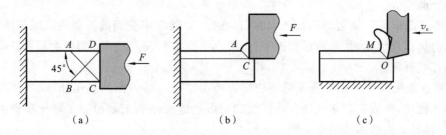

图 5-15 金属挤压与金属切削比较

(a) 正挤压;(b) 偏挤压;(c) 金属切削

这里以图 5-9 所示的塑性金属刨削加工过程为例分析切屑的具体形成过程。由于其主刀刃宽度大于工件宽度,没有其他刀刃参加切削,因此被切金属的变形基本上发生在二维平面内,且主刀刃刃倾角 λ_s 为零,此时,主刀刃与切削速度方向成直角。图5-16为其正交平面上的切削过程。当被切削层中某点 P 向切削刃逼近,达到点 1 的位置时,其切应力达到材料的屈服强度 τ_s,点 1 在向前移动的同时,也沿 OA 滑移,其合成运动结果使点 1 流动到点 2,2′-2 就

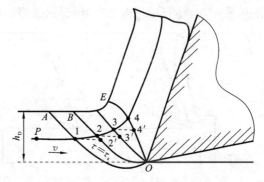

图 5-16 塑性金属切削过程示意图

是其滑移量。同时随着滑移的进行,材料产生加工硬化,切应力将逐渐增大。当点 P 流动到点 4 位置时,其流动方向与前刀面平行,不再沿 OE 线滑移,从前刀面流出,成为切屑。OA 称为始滑移面,OE 称为终滑移面。随着刀具不断向前运动,AOE 区域也不断前移,切屑不断流出。

2. 切削变形区

切削塑性金属时有三个变形区,如图 5-17 所示。图中的细线网格有利于观察金属被切削时的变形规律。

(1) 第一变形区 AOE 区域为第一变形区,又称基本变形区。其变形的主要特征就是金

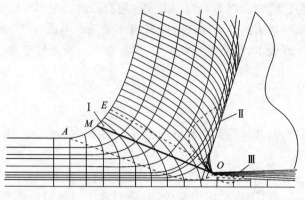

图 5-17　切削变形区

属沿剪切面的滑移变形,同时产生加工硬化。在一般切削速度范围内,第一变形区的宽度很小,常用一剪切面 *OM* 表示。切削过程中的切削力主要来自这个区域,机床提供的大部分能量也消耗于此。

(2) 第二变形区　靠近前刀面处,切屑排出时,切屑底层受到前刀面的挤压和摩擦,使靠近前刀面的金属纤维化,基本与前刀面平行,形成第二变形区。刀具前刀面磨损和积屑瘤主要产生于第二变形区。

(3) 第三变形区　已加工表面受到切削刃钝圆部分与后刀面的挤压和摩擦,产生组织纤维化和加工硬化,形成第三变形区。该区域的变形是造成已加工表面加工硬化和产生残余应力,以及刀具后刀面磨损的主要原因。

3. 切屑的类型

由于工件材料不同,切削加工条件各异,因此切削过程中的变形程度不一样,所产生的切屑也不一样。生产中一般有带状切屑、挤裂切屑、单元切屑、崩碎切屑等四类(见图 5-18)。

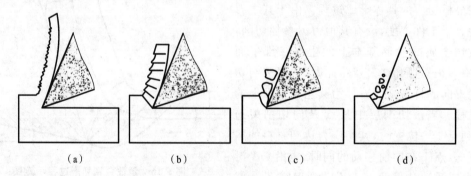

　　　　(a)　　　　　　　　(b)　　　　　　　　(c)　　　　　　　　(d)

图 5-18　切屑类型

(a) 带状切屑;(b) 挤裂切屑;(c) 单元切屑;(d) 崩碎切屑

(1) 带状切屑　带状切屑(continuous chip)是最常见的一种切屑。其内表面光滑,外表面呈微小的锯齿形。这种切屑的形成过程如图 5-16 所示。用较大的前角、较高的切削速度和较小的进给量切削塑性材料时,多形成此类切屑。有带状切屑的切削过程一般较平稳,切削力波动小,已加工表面粗糙度较小。但由于切屑连绵不断,不太安全并可能擦伤已加工表面,需采取断屑措施。

(2) 挤裂切屑　挤裂切屑(segmented chip)的外表面呈较大的锯齿形,内表面有时有裂纹。这是由于滑移变形产生的加工硬化使剪切力增大,金属塑性较小或切削中金属变形过大时,在局部地方达到了材料的断裂强度。用较小的前角、较低的切削速度、较大的切削厚度加工中等硬度的塑性材料时,容易形成此类切屑。

(3) 单元切屑　如果在挤裂切屑的剪切面,裂纹扩展到整个面上,则整个单元被切离,成为粒状的单元切屑(nonhomogeneous chip)。

(4) 崩碎切屑　在切削铸铁、青铜等脆性材料时,切削层金属一般在发生塑性变形前就被挤裂或崩断,从而形成不规则的碎块状切屑,即崩碎切屑(discontinuous chip)。工件材料越脆硬,刀具前角越小,切削厚度越大,就越容易形成此类切屑。产生此类切屑时切削过程很不平稳,易崩刃,表面粗糙度大。

带状、挤裂、单元切屑只有在加工塑性材料时才可能得到。其中,带状切屑的切削过程最平稳,单元切屑的切削力波动最大。在生产中最常见的是带状切屑,有时得到挤裂切屑,单元切屑则很少见。假如改变形成挤裂切屑的条件,如进一步减小刀具前角,降低切削速度,加大切削厚度,就可以得到单元切屑;反之,则可以得到带状切屑。这说明切屑的形态是可以随切削条件而转化的。

控制切屑的折断是自动化生产中的一个关键问题。多数情况下,只靠切削过程中的卷曲变形不足以使切屑折断,必须采用断屑器或断屑槽使切屑得到附加变形,进一步硬化或脆化,撞到工件表面或刀具后刀面而折断(见图 5-19)。目前广泛使用的机夹可转位硬质合金刀片,一般都设计有不同形状及尺寸的断屑槽,便于选用。

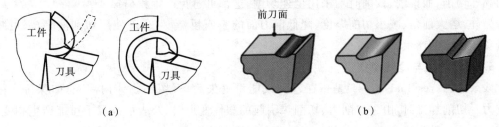

图 5-19　刀具上的断屑器和断屑槽

(a) 断屑器;(b) 断屑槽

4. 积屑瘤

在一定速度下切削塑性材料时,前刀面上经常会黏附着一小块很硬的金属,其硬度通常是工件材料的 2～3 倍,这块金属就是积屑瘤(build-up-edge,BUE),它是由于第二变形区中的切屑与前刀面间的剧烈摩擦而产生的。

如图 5-20(a)所示,当切屑沿前刀面流出时,在一定的温度与压力的作用下,与前刀面接触的切屑底层会受到很大的摩擦阻力。当摩擦阻力足够大时,切屑底层的金属就会滞留在前刀面上,并在温度和压力的作用下,产生黏结现象,即所谓的"冷焊",在切削刃附近形成积屑瘤。随着切削的继续进行,积屑瘤逐渐长大;当长大到一定程度后,就容易破裂而被工件或切屑带走,然后又形成新的积屑瘤。此过程反复进行。

如图 5-20(b)所示,由于积屑瘤的存在,刀具的工作前角增大了。另外,在形成积屑瘤的过程中,金属材料因塑性变形而产生硬化,因此积屑瘤的硬度比被切材料高很多,可代替切削刃进行切削。由于积屑瘤可以保护切削刃、减小切削力,粗加工时希望积屑瘤存在。

积屑瘤时大时小、时有时无,影响切削过程的平稳性,使刀尖的位置偏离准确位置,继而使零件产生尺寸误差,加工精度降低。另外,积屑瘤会在已加工表面产生划痕,并且部分切屑还会黏附在已加工表面上,因此,积屑瘤会影响表面粗糙度,如图 5-20(c)所示。积屑瘤对加工表

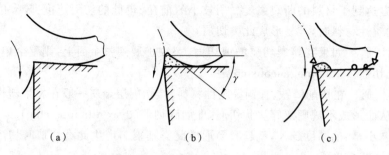

图 5-20　积屑瘤及其对切削过程的影响
(a) 切屑与刀具相对摩擦；(b) 切屑部分焊合在刀具前刀面上；(c) 已加工表面黏附的切屑硬点

面质量及零件加工精度有不利的影响，因此，精加工中应避免产生积屑瘤。

工件材料的塑性会影响积屑瘤的形成。塑性越好，越容易产生积屑瘤。因此，若要避免产生积屑瘤，应对塑性好的材料进行正火或调质处理，提高其硬度和强度，降低塑性，然后再进行加工。

切削速度的大小也会影响积屑瘤的形成。切削速度很小（$v_c < 0.1$ m/s）时，切削温度较低，切屑内部结合力较大，同时前刀面与切屑间的摩擦力较小，积屑瘤不易形成。切削速度很大（$v_c > 1.5$ m/s）时，切削温度很高，摩擦力较小，也不会产生积屑瘤。因此，一般精车、精铣时采用高速切削，而拉削、铰削时均采用低速切削，这都可避免产生积屑瘤。

另外，增大前角、减小切削厚度、降低前刀面的表面粗糙度、合理使用切削液等，都可减少或避免积屑瘤的产生。

5. 残余应力与冷硬现象

残余应力（residual stress）是指在外力或能量消失后，残留在物体内部、总体保持平衡的内应力。切削加工时，由于切削力、切削热引起的塑性变形，以及表层高温下可能产生相变，在已加工表面会产生残余应力，内部与表层残余应力互相平衡。在一般情况下，残余应力的存在是不利的，引起工件变形，影响加工精度的稳定性。这一点在细长零件或扁薄零件加工中表现得尤为明显。因此，在切削加工过程中，应尽量减小残余应力。

切削加工时，前刀面的推挤，后刀面的挤压和摩擦，致使工件已加工表面层的晶粒产生很大变形，硬度显著提高，这种现象称为冷硬现象或加工硬化。切削加工所造成的加工硬化，常伴随着表面裂纹的产生，因而使零件的疲劳强度与耐磨性降低。此外，由于已加工表面产生了冷硬层，在下一步切削时，刀具的磨损将加快。

残余应力与加工硬化都会影响材料的切削性能，降低零件的质量，因此有必要对其进行适当的控制。一般来说，凡是能减少切削变形、摩擦和切削热的措施，如增大刀具前角、使用切削液等，都可降低残余应力和减少加工硬化现象。

5.2.2　切削力与切削功率

切削加工时，切削层金属和工件表面层金属会发生弹性、塑性变形，工件表面与刀具、切屑与刀具会发生摩擦，因此，切削刀具必须克服变形抗力与摩擦力才能完成切削工作。变形抗力和摩擦力就构成了实际的切削力。

为了适应工艺分析、机床设计及使用的需要，常将切削力分解为三个互相垂直的分力。以车削外圆为例，其切削力的三个分力如图 5-21 所示。

1）主切削力 F_c

主切削力（cutting force）是切削力在主运动方向上的正投影。主切削力的大小占总切削力的 $80\%\sim90\%$，消耗的功率占车床总功率的 90% 以上。因此，主切削力是机床主要的受力。计算机床动力、校核主传动系统零件的强度和刚度、分析刀具和夹具受力情况时，均是以主切削力为依据的。主切削力过大，会使刀具发生崩刃或使机床发生"闷车"现象。

2）进给力 F_f

进给力（feed force）是切削力在进给运动方向上的正投影，又称轴向力。进给力主要作用在进给机构上，是设计和校核进给机构的主要参数。

3）背向力 F_p

背向力（back force）是切削力在垂直于工作平面上的分力，又称径向力或吃刀抗力。车削时刀具沿径向运动的速度为零，因此该力不做功。但它作用在由机床、夹具、工件、刀具组成的工艺系统中刚度最小的方向上，容易引起变形和振动。如，磨削轴类零件时，径向力引起轴的弯曲变形，使得轴上各处的实际背吃刀量各不相同。变形越大，实际背吃刀量越小；变形越小，实际背吃刀量越大。因此，在轴的中间，实际切削量最小；在轴的两端，实际切削量最大。这样，磨削后的工件实际形状就变成了两头小、中间大的腰鼓形（见图 5-22）。因此，径向力对工件的加工精度影响很大，应采取措施减小或消除径向力的影响。如车细长轴时，常使用主偏角为 $90°$ 的偏刀，就是为了减小径向力。

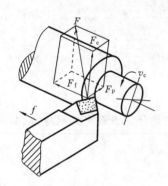

图 5-21　车削外圆面时切削力的分解

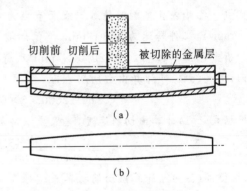

图 5-22　磨削受力变形

(a) 磨削变形过程；(b) 磨削后的工件

切削力的大小是由很多因素决定的，包括工件材料、切削用量、刀具几何参数、切削液等。切削力的大小，可采用测力仪进行测量，也可通过经验公式或理论分析公式进行计算。经验公式是在试验的基础上，综合考虑影响主切削力的各个因素而得到的。例如车外圆时，计算主切削力 F_c 的经验公式为

$$F_c = C_{F_c} a_p^{x_{F_c}} f^{y_{F_c}} v_c^{n_{F_c}} K_{F_c} \ (\text{N}) \tag{5-3}$$

式中：C_{F_c}——与工件材料和切削条件有关的系数；

a_p——背吃刀量；

f——进给量；

v_c——切削速度；

x_{F_c}、y_{F_c}、n_{F_c}——相应的指数；

K_{F_c}——各种因素下主切削力的修正系数的乘积。背吃刀量的指数一般约为 1，而进给量的指数一般小于 1，这表明，背吃刀量对主切削力的影响比进给量对主切削力的影

响大。

切削速度对切削力的影响受积屑瘤的影响。低速范围内,随积屑瘤增大或减小,刀具实际工作前角增大或减小,导致切削力减小或增大。切削速度进入中高速,积屑瘤消失后,随切削速度增大,切削温度升高,切削力减小。加工脆性金属时,塑性变形及刀具-切屑间摩擦均小,切削速度对切削力影响不大。

切削力是切削加工中不可避免的抗力,减小切削力的主要措施有增大前角和减小背吃刀量等。

利用经验公式进行计算往往比较复杂,目前常用单位切削力(cutting force per unit area of the cut)κ_c来估算主切削力。单位切削力κ_c是指单位切削面积所需要的主切削力,与主切削力的关系为

$$F_c = \kappa_c a_p f \tag{5-4}$$

单位切削力κ_c的大小可从有关手册中查得,因此,只要知道了背吃刀量与进给量,便可估算出主切削力的大小。

功率P是三个切削分力所消耗功率的总和。车外圆时,径向速度为零,所耗功率为零;进给方向速度较低,所消耗的功率较小,占总功率的$1\%\sim2\%$,可忽略不计。因此,一般可用主切削力来计算切削功率,即

$$P = F_c v_c \tag{5-5}$$

实例　已知内孔车削时待加工表面直径为$\phi90$ mm,已加工表面直径为$\phi100$ mm,进给量为0.2 mm/r,工件转速为350 r/min,单位切削力为2000 N/mm²,试计算切削功率。

分析　已知单位切削力(2000 N/mm²)、背吃刀量($(100-90)/2=5$ mm)和进给量(0.2 mm/r),由式(5-4)可计算出主切削力为

$$F_c = 2000 \times 5 \times 0.2 \text{ N} = 2000 \text{ N}$$

根据式(5-1)计算出切削速度,这里应以待加工表面直径计算出最大切削速度,得到

$$v_c = \frac{3.14 \times 100 \times 350}{60 \times 1000} \text{ m/s} = 1.83 \text{ m/s}$$

由此,根据式(5-5)可计算出切削功率为

$$P = 2000 \times 1.83 \text{ W} = 3660 \text{ W} = 3.66 \text{ kW}$$

5.2.3　切削热

在切削过程中,绝大部分的切削功都将转化为热,所以有大量的热产生,这些热称为切削热。切削热的来源主要有以下三个方面:

(1) 切削层金属在切削过程中的变形所产生的热,这是切削热的主要来源;

(2) 切屑与刀具前刀面之间的摩擦所产生的热;

(3) 工件与刀具后刀面之间的摩擦所产生的热。

切削热产生以后,由切屑、工件、刀具及周围的介质(如空气等)传出。各部分传出的比例取决于工件材料、切削用量、刀具材料及刀具几何形状等。根据车削试验的结果知道,用高速钢车刀及与之相适应的切削速度切削钢材,不用切削液时,切削热的传出比例是:切屑传出的热为$50\%\sim80\%$,工件传出的热为$10\%\sim40\%$,刀具传出的热为$3\%\sim9\%$,其他为周围介质传出的热。钻削加工时,切屑带走的热为28%,刀具传出14.5%,工件传出52.5%,周围介质传出5%。

传入切屑及介质中的热对加工没有显著影响。传入刀具的热虽不多,但由于刀具切削部分体积小,散热条件又较差,因此切削过程中刀具的温度可能很高(高速切削时可达 1000 ℃以上)。温度升高后,刀具的切削性能会降低,刀具的磨损加速。传入工件的热会使工件发生热变形,从而产生尺寸及几何误差。因此,在切削加工中,应设法减少切削热的产生,改善散热条件,从而减少切削热对刀具和工件的不良影响。

切削温度一般是指前刀面与切屑接触区域的平均温度。切削温度的高低取决于切削热的产生和传出情况,它受切削用量、工件材料、刀具材料及几何形状等因素的影响。图 5-23 所示说明了典型的切削温度分布。

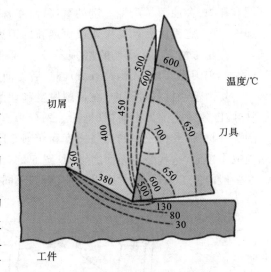

图 5-23　典型的切削温度分布

理论和试验研究表明,在切削用量三要素中,切削速度对切削温度的影响最大,进给量的影响次之,背吃刀量的影响最小。因此,为了控制切削温度以提高刀具耐用度,在机床允许的条件下,选用较大的背吃刀量和进给量,比选用大的切削速度更有利。

工件材料的强度及硬度越大,切削消耗的功越多,产生的切削热也越多,切削温度升高。选用导热性好的工件材料和刀具材料,可以降低切削温度。主偏角减小时,切削刃参与切削的长度增加,传热条件较好,可降低切削温度。前角较大时,切削过程中的变形和摩擦力都较小,产生的热较少,切削温度较低;但前角过大,会使刀具的传热条件变差,反而不利于切削温度的降低。

生产中降低切削温度的主要措施是合理选择切削用量(尤其是切削速度)、刀具角度,合理施加切削液等。

5.2.4　切削液

在切削过程中连续大量地使用切削液(cutting fluid)是降低切削温度的有效方法。一方面,切削液充当润滑剂,可以减轻切屑与刀具、工件与刀具之间的摩擦,有效地降低由于摩擦而产生的切削热;另一方面,切削液吸收并带走切削区大量的热,使刀具与工件在加工中能得到及时的冷却,从而降低切削区的温度。合理地选用切削液,可以有效地降低切削力和切削温度,提高刀具耐用度和零件质量。

生产中常用的切削液主要有以下两类:

(1) 水基类,如水溶液、乳化液等,这类切削液的热容量大,流动性好,可以吸收大量的热,冷却效果极佳,但润滑作用不是很明显,对提高零件的质量作用不大,故多用于粗加工,以提高刀具的寿命或切削速度。

(2) 油基类,如植物油、矿物油等,这类切削液的热容量小,流动性比水基类的稍差,但润滑效果非常好,因此常用于精加工或某些成形表面的加工中,以提高加工表面的质量。

5.2.5　刀具的磨损及耐用度

在切削加工过程中,工件与刀具、切屑与刀具之间的剧烈摩擦,以及接触区内相当高的温度和压力,会使刀具产生一定的磨损(tool wear)。随着刀具切削时间的延长,这种磨损不断地加大,到一定程度后就要换刀或更换新的刀刃。

在正常情况下,刀具的磨损按发生部位的不同,可分为三种形式:后刀面磨损(flank wear),前刀面磨损(crater wear),前、后刀面同时磨损。

切削塑性材料过程中,在切削厚度和切削速度较大时,刀具前刀面会被逐渐磨出一个小的月牙洼,这就是前刀面磨损(见图5-24(a))。前刀面的磨损量用月牙洼的深度 KT 表示。当切削脆性材料,或用较小的切削速度和切削厚度切削塑性材料时,后刀面毗邻切削刃的部分会磨损成小棱面,这就是后刀面磨损(见图5-24(b))。后刀面的磨损量用平均磨损宽度 VB 表示。在一般的加工条件下,常会出现前、后刀面同时磨损的情况(见图5-24(c))。

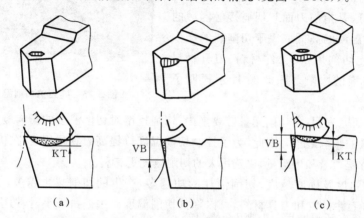

图 5-24　刀具磨损的形式

(a) 前刀面磨损;(b) 后刀面磨损;(c) 前、后刀面同时磨损

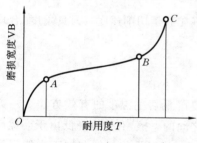

图 5-25　刀具磨损过程

刀具的磨损一般会经历三个阶段,如图5-25所示。第一阶段为初期磨损阶段(OA段),新刃磨的刀具后刀面粗糙不平,且切削刃较锋利,后刀面与加工表面接触面积小,压应力较大,所以磨损较快;第二阶段为正常磨损阶段(AB段),这个阶段的磨损比较缓慢均匀,后刀面磨损量随切削时间延长近似成比例地增加,正常切削时,这个阶段时间较长;最后是急剧磨损阶段(BC段),当磨损带增加到一定限度后,加工表面粗糙度变大,切削力与切削温度均迅速升高,磨损速度增加很快,刀具很快失去切削能力。正常磨损阶段的刀具尺寸变化较小,使用刀具时,应在正常磨损阶段的后期、急剧磨损阶段之前更换刀具或重磨刀具,这样既可以保证加工质量,又能避免刀具软化或崩刃,从而充分利用刀具材料。

刀具磨损到一定程度,就应重磨刀刃,以保持刀刃锋利。由于各类刀具都有后刀面磨损,而且容易测量,故通常将后刀面磨损宽度 VB 达到一定值作为磨钝标准。例如:若用硬质合金车刀切削碳钢,粗车时 VB=0.6～0.8 mm,精车时 VB=0.4～0.6 mm;若切削铸铁,粗车时 VB=0.8～1.2 mm,精车时 VB=0.6～0.8 mm。实际操作中,刀具是否磨钝,常观察切屑的形状、颜色、工件表面粗糙度的变化及加工过程中的声音是否正常来判断。

刃磨后的刀具由开始切削到磨损量达到磨钝标准,所经历的所有切削时间之和称为刀具的耐用度(tool life),用 T 表示。刀具耐用度与切削用量密切相关。根据刀具耐用度试验可建

立刀具耐用度与切削用量间的试验关系式,即

$$T=\frac{C_T}{v^x f^y a_p^z}\tag{5-6}$$

式中:C_T——耐用度系数,与工件、刀具材料和切削条件有关;

　　x、y、z——指数,表示各切削用量对刀具耐用度的影响程度。例如,用 YT5 硬质合金车刀切削 $\sigma_b=637$ MPa 的碳钢时,刀具耐用度与切削用量($f>0.7$ mm/r)的关系为

$$T=\frac{C_T}{v^5 f^{2.25} a_p^{0.75}}\tag{5-7}$$

由此看出,切削速度对刀具耐用度的影响最大,其次是进给量,背吃刀量的影响最小。这是由于切削用量各要素对切削温度的影响不同所导致的,反映出切削温度对刀具磨损有着最重要的影响。

由于切削用量与刀具耐用度密切相关,因此生产中制定切削用量时,应首先选择合理的刀具耐用度。刀具耐用度如果定得过高,则要选取较小的切削用量,从而降低生产率;反之如果定得过低,虽然可用较大的切削用量以提高生产率,但增加了换刀、磨刀等辅助生产时间和刀具成本。刀具耐用度一般分为最高生产率耐用度和最低成本耐用度两种,生产中常用的是最低成本耐用度,即经济耐用度。

粗加工时,多以切削时间表示刀具耐用度。如目前硬质合金焊接车刀的耐用度为 60 min,高速钢钻头的耐用度为 80～120 min,齿轮刀具的耐用度为 200～300 min 等。精加工时,常以走刀次数或加工零件个数来表示刀具耐用度。

可重磨刀具经重新刃磨后,切削刃会恢复锋利从而可继续使用,一段时间后又会被磨损而无法使用。不论是可重磨刀具还是不可重磨刀具,最终都会完全报废。刀具从开始切削到最终完全报废,实际用于切削的所有时间之和称为刀具的使用寿命。

实例　刹车盘的切削加工刀具。

刹车盘是汽车盘式制动器的核心零件,安装在汽车的车轮上。刹车盘分为实心盘和通风盘等。通风盘(见图 5-26)圆周上有许多通向圆心的孔洞(风道),比实心盘散热效果好很多。刹车盘毛坯为铸件,材料为 HT250,能满足减振、耐磨的性能要求。毛坯铸造成形后,需要进行端面车削、外圆车削、内孔车削、钻孔等机械加工工序,且对刹车盘端面的精度和表面粗糙度要求较高。

铸铁材料切削加工中会形成崩碎切屑,切削过程不平稳,对刀具冲击很大,且切削力和切削热都集中在刀尖

图 5-26　某刹车盘结构

附近。因此,对刀具材料的韧度、导热性能、耐热性等要求高。

为了采用大的切削速度以提高生产率,分别采用 Si_3N_4 基陶瓷刀具和 CBN 刀具。实践表明,相比于 Si_3N_4 基陶瓷刀具,采用 CBN 刀具后,切削速度从约 700 m/min 提高到约 1000 m/min,且刀具耐用度从约 40 工件/刀刃提高到约 4000 工件/刀刃,同时大大减少了换刀等辅助时间。因此,尽管 CBN 刀具成本高,但刀具耐用度的显著提升使总的加工成本得到平衡,而生产率得到有效提升。

CBN 刀具能实现高温状态下稳定切削,能够保证刹车盘获得很好的加工表面质量和亮度,并提高加工效率。目前,CBN 刀具在加工刹车盘行业中已经得到广泛应用。

5.2.6　材料切削加工性

材料切削加工性(machinability)是指材料被切削加工的难易程度。某种材料切削加工性的好坏往往是相对另一种材料而言的,具有一定的相对性。另外,具体的加工条件和要求不同,加工的难易程度也有很大的差别。例如:纯铁切除余量很容易,而要使表面粗糙度很低则很困难;不锈钢在普通机床上加工较容易,但在自动化机床上,由于断屑问题不好解决而较难加工。因此,切削加工性在不同的情况下要用不同的指标来衡量,常用的指标如下:

(1) 一定刀具耐用度下的切削速度 v_T。刀具耐用度为 T 时,切削某种材料所允许的切削速度为 v_T。该值越大,则材料的切削加工性越好。通常取 $T=60$ min,则 v_T 可记作 v_{60}。

(2) 相对加工性 K_r。以正火处理后的 45 钢的 v_{60} 值作为基准,将其他材料的 v_{60} 值与其比较,所得比值即为该材料的 K_r。常用材料的相对加工性可分为 8 级(见表 5-4)。凡 $K_r > 1$ 的材料,其切削加工性比 45 钢好;反之较差。

表 5-4　材料切削加工性

加工性等级	名称和种类		K_r	代表性材料
1	很容易切削	一般有色合金	>3	铝镁合金,铝铜合金
2	容易切削材料	易切削的钢	2.5~3.0	15Cr 退火 $R_e=380\sim450$ MPa 20 钢正火 $R_e=400\sim500$ MPa
3		较易切削的钢	1.6~2.5	30 钢正火 $R_e=450\sim560$ MPa
4	普通材料	一般的钢及铸铁	1.0~1.6	45 钢,灰铸铁
5		稍难切削的材料	0.65~1	2Cr13 调质 $R_e=850$ MPa 85 钢 $R_e=900$ MPa
6	难切削的材料	较难切削的材料	0.5~0.65	45Cr 调质 $R_e=1050$ MPa 65Mn 调质 $R_e=950\sim1000$ MPa
7		难切削的材料	0.15~0.5	50CrV 调质,某些钛合金
8		很难切削的材料	<0.15	某些钛合金,铸造镍基高温合金

(3) 已加工表面质量。凡较容易获得较好表面质量的材料,其切削加工性较好;反之较差。精加工时常以此作为指标。

(4) 切屑控制或断屑的难易。凡切屑较容易控制或易于断裂的材料,其切削加工性较好;反之较差。在自动化机床上加工时,常以此为主要指标。

(5) 切削力。在相同的条件下,凡需要较小切削力的材料,其切削加工性较好;反之较差。在粗加工中,当机床的动力或刚度不足时,常以此为主要指标。

在以上指标中,前两项是最常用的指标,对于不同的加工条件都适用。

材料的使用要求经常与其切削加工性相矛盾,因此,生产中应在保证零件使用性能的前提下,通过各种途径来提高材料的切削加工性。

直接影响材料切削加工性的主要因素是其物理、力学性能。若材料的强度、硬度高,则切削力大,切削温度高,刀具磨损快,切削加工性较差。若材料的塑性好,则断屑困难,自动化加工时切削加工性也就较差。若材料的导热性差,切削热不易散失,则会导致切削温度高,其切削加工性也就不好。

通过适当的热处理,可以改善材料的力学性能,从而达到改善其切削加工性的目的。如对高碳钢进行球化退火处理以降低其硬度,对低碳钢进行正火处理以降低其塑性,都可达到改善切削加工性的目的。

除热处理外,还可通过适当调整材料的化学成分来改善其切削加工性。如在钢中添加硫、铅等元素,可使其切削加工性得到显著改善,这样的钢称为易切削钢。

复习思考题

5.1.1　对刀具材料的性能有哪些基本要求?

5.1.2　简述车刀前角、后角、主偏角、副偏角、刃倾角的作用。

5.1.3　用高速钢制造锯刀,用碳素工具钢制造拉刀,是否合理? 为什么?

5.1.4　试说明下列加工方法的切削运动:车端面、钻孔、刨平面、磨内孔。

5.1.5　车刀安装时,若刀尖与工件轴线不在同一高度上,会产生什么后果?

5.1.6　现有一把车刀,其标注几何角度是 $\gamma_{\circ}=15°$,$\alpha_{\circ}=8°$,$\kappa_r=30°$,$\kappa_r'=10°$,$\lambda_s=-6°$。

(1) 请画出车刀各几何角度的示意图并标注;

(2) 用此车刀精加工材料为 45 钢的细长轴时,主偏角宜选用 30°还是宜选用 75°? 为什么? 刃倾角宜选用−6°还是宜选用 6°? 为什么?

(3) 加工灰铸铁和 45 钢应该分别选用什么类型的硬质合金刀具?

5.1.7　标出图 5-27 中刀具的标注角度 $\gamma_{\circ}$,$\alpha_{\circ}$,κ_r,κ_r'。

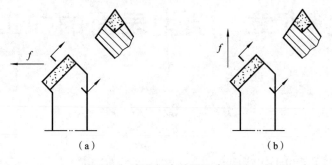

f　　　　　　　　　　f

(a)　　　　　　　　　　(b)

图 5-27　弯头刀车外圆和车端面

(a) 45°弯头刀车外圆;(b) 45°弯头刀车端面

5.2.1　切屑是怎样形成的? 常见的切屑类型有哪几种?

5.2.2　积屑瘤是如何形成的? 它对切削加工有何影响?

5.2.3　试说明切削热的主要来源。

5.2.4　切削液的主要作用是什么? 如何选择切削液?

5.2.5　材料的切削加工性的含义是什么? 如何衡量一种材料的切削加工性?

5.2.6　如何改善材料的切削加工性?

5.2.7　刀具磨损的形式有哪几种? 刀具磨损对加工有何影响?

5.2.8　什么是刀具的耐用度? 如何提高刀具的耐用度?

5.2.9　已知外圆车削时待加工表面直径为 $\phi100$ mm,已加工表面直径为 $\phi96$ mm,进给量为 0.2 mm/r,工件转速为 300 r/min,单位切削力为 2000 N/mm²,试计算切削功率。

5.2.10　根据式(5-7),如果切削速度分别降低至原值的 75%、50%,进给量、背吃刀量保持不变,试计算刀具耐用度的增加比例。

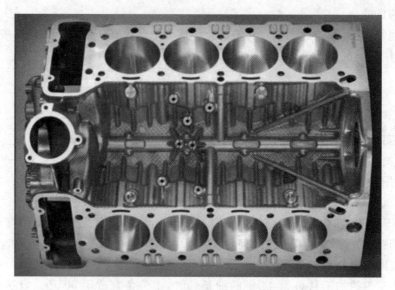

图 6-0　通过多种加工方法获得的 V 形发动机的缸体成品

第 6 章　典型表面的加工

6.1　概　　述

6.1.1　零件表面的形成

零件表面通常都可看成一条母线沿另一条导线运动的轨迹。切削加工时,切削运动不同,切削刃形状不同,形成表面发生线的方式不同,则形成零件表面的方法也不同。形成零件表面的方法可归纳为以下四种:

(1) 轨迹法。工件表面的发生线(母线和导线)均由轨迹运动生成。如图 6-1(a)所示,刀刃切削点 3 按照一定的规律生成运动轨迹 5,得到母线 2,工件绕自身的轴线作回转运动,形成导线,最终获得回转表面。

(2) 成形法。工件的一条发生线是通过刀刃的形状直接获得的。如图 6-1(b)所示,刀刃 8 的形状与工件的母线 7 的相同,工件绕自身的轴线作回转运动,形成导线,最终获得回转表面。

(3) 相切法。工件的一条发生线是刀刃运动轨迹的包络线。如图 6-1(c)所示,刀刃切削点 11 作回转运动,其回转轴线按照一定的规律生成运动轨迹 10,刀刃切削点运动轨迹的包络线形成发生线 13。

(4) 展成法。工件的一条发生线也是刀刃运动轨迹的包络线,且包络线需要通过刀具与工件之间的展成运动来生成。图 6-1(d)所示为用滚齿刀加工圆柱齿轮的情形,当刀具与齿坯

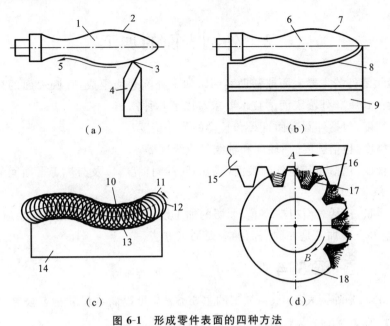

图 6-1　形成零件表面的四种方法

(a) 轨迹法；(b) 成形法；(c) 相切法；(d) 展成法

1、6、14、18—工件；2、7—母线；3、8、11、16—切削刃；4、9—车刀；

5、10—运动轨迹；12—铣刀；13—发生线；15—滚齿刀；17—包络线

之间按一定的规律作相对运动（刀具与工件犹如一对齿轮或齿轮与齿条作啮合运动）时，切削刃一系列运动轨迹的包络线 17 就是工件的渐开线形母线。各种形式的齿轮、链轮大多采用展成法加工。

6.1.2　切削加工的阶段

　　一个零件往往有多个表面需要加工，每个表面的加工要求有可能不同；即使同一个表面，工件的加工余量往往也不是一次切除的，而是逐步减小背吃刀量分阶段切除的。为了提高生产效率，同时保证加工质量，切削加工一般采用粗精加工分开原则。

　　粗加工的目的是尽快地从工件上切去大部分加工余量，使工件接近最后的形状和尺寸，并给精加工留有合适的加工余量。粗加工时应优先选用较大的背吃刀量，尽可能将粗加工余量在 1~2 次走刀中切除，其次适当加大进给量，最后确定切削速度。切削速度一般采用中等或中等偏低的数值。粗加工后尺寸精度公差等级一般为 IT12~IT11，表面粗糙度值一般为 Ra 12.5~6.3 μm。粗加工时，切削力大，产生的切削热多，由于工件受力变形、受热变形及内应力的重新分布等，已加工表面的精度将被破坏，因此，只有在粗加工后再进行精加工，才能保证达到零件表面的质量要求。

　　精加工的目的是切去少量的金属层，以获得较高的尺寸精度和较小的表面粗糙度等。精加工时一般选用较高的切削速度，进给量要适当减小，以确保工件的表面质量。一般精加工的尺寸精度公差等级为 IT8~IT7，表面粗糙度值为 Ra 3.2~1.6(0.8) μm。要求更高的零件，还需要进行精密加工、超精密加工。

　　机械零件尽管多种多样，但都是由外圆面、内圆面、平面、螺纹、齿形等常见表面组成的。加工零件的过程，就是加工这些表面的过程。因此，掌握这些典型表面的加工方法，是正确制定零件加工工艺的基础。

6.2　外圆表面的加工

轴、套、盘类零件的主要表面或辅助表面常常由外圆表面组成,外圆表面的加工在表面加工中占有很大的比重。外圆表面的技术要求有以下几种:

(1) 尺寸精度,包括外圆表面直径和长度的尺寸精度;

(2) 形状精度,包括圆度、圆柱度和轴线的直线度等;

(3) 位置精度,包括与其他外圆表面(或孔)间的同轴度,以及与规定平面间的垂直度和径向圆跳动等;

(4) 表面质量,包括表面粗糙度、表面层的加工硬化、金相组织变化和残余应力等。

车削、磨削及光整加工是外圆表面的主要加工方法。

6.2.1　外圆表面的车削

车削(turning)是外圆表面粗、精加工的主要方法,可以满足尺寸精度公差等级 IT7 及以下、表面粗糙度 $Ra\,0.8\,\mu m$ 以上的外圆表面的加工要求。

1. 车床的种类

车床的种类很多,主要有卧式车床、立式车床、转塔车床等,随着数控车床的普及,普通车床的应用在逐渐减少。

数控车床根据结构和使用范围,一般可分为三大类:普通型数控车床、全功能型数控车床和车削加工中心。它们在功能上差别较大。

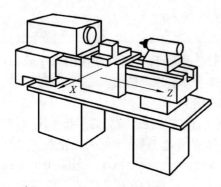

图 6-2　普通数控车床

(1) 普通型数控车床　驱动器采用伺服交流电动机,并采用半闭环检测系统对数控系统的位置和速度进行检测。这类数控车床可同时控制两个坐标轴,即 X 轴和 Z 轴(见图 6-2)。机床一般具有刀尖半径自动补偿、恒线速切削、倒角、固定循环、螺纹循环等功能。

(2) 全功能型数控车床　全功能型数控车床增加了自动排屑器,配备有转塔式刀架,刀位也由 4 工位增加到 8 工位、12 工位以上,主轴的转速进一步提高。全功能型数控车床大都采用机、电、液、气一体化设计和布局,采用全封闭或半封闭防护。

(3) 车削加工中心　车削加工中心是在全功能型数控车床的基础上发展起来的一种复合加工机床。其增加了动力刀架、刀库、铣削动力头等部件,加工功能大大增强,除可以进行一般车削外还可以进行径向和轴向铣削、中心线不在零件回转中心的孔和径向孔的钻削等加工。

2. 外圆车削的工艺特点

车削主要用来加工工件的回转表面,其基本工作内容包括车外圆、车端面、车槽或切断、钻中心孔、车孔、铰孔、攻螺纹、车锥面、车成形面,以及滚压花纹等。

根据所选用切削用量的不同,车削可分为粗车、半精车和精车。粗车的尺寸精度公差等级为 IT10～IT13,表面粗糙度 Ra 值为 $6.3～12.5\,\mu m$;半精车的尺寸精度公差等级为 IT9～

IT10,表面粗糙度 Ra 值可达 3.2～6.3 μm;精车的尺寸精度公差等级可达 IT7～IT8,表面粗糙度 Ra 值可达 0.8～3.2 μm。

车削的主要工艺特点如下:

(1) 易于保证工件各加工面的位置精度　车削时,工件绕一固定轴线回转,各表面具有同一回转轴线,易于保证各加工面间同轴度的要求。在卡盘上安装工件时,回转轴线是车床主轴的回转轴线,利用前后顶尖安装轴类工件,或利用心轴安装盘、套类工件时,回转轴线是两顶尖中心的连线;工件端面、轴肩面与轴线的垂直度要求,则主要由车床本身的精度(车床横拖板导轨与工件回转轴线的垂直度)来保证。

(2) 切削过程比较平稳　除了车削断续表面外,一般情况下车削过程是连续的,同时,车削的主运动为回转运动,避免了惯性力和冲击的影响,故可采用较大的切削用量,进行高速切削或强力切削。

(3) 适用于有色金属零件的精加工　部分有色金属零件,因材料硬度低,塑性好,用砂轮磨削时,软的磨屑易堵塞砂轮,难以得到很光洁的表面,因此,当要求有色金属零件加工精度很高和表面粗糙度很低时,可在精车之后进行精细车,以代替磨削。用金刚石刀具,采用很小的背吃刀量(<0.15 mm)和进给量(<0.1 mm/r)以及很高的切削速度(约 300 m/min)进行精细车,加工精度可达 IT5～IT6,表面粗糙度 Ra 值可达 0.4～0.1 μm。

3. 细长轴外圆的车削加工

机械产品中,有些轴类零件的长径比较大,造成工件的刚度较低,车削时容易产生弯曲和振动,产生腰鼓形或竹节形误差而不能满足加工要求。通常将长径比(L/d)≥20～25 的轴称为细长轴,如连杆大端螺栓、机床的光杠、船舶轴系的中间轴等都属于细长轴类型。必须采取有效措施来解决细长轴车削时易产生的形状与尺寸误差,以及振动带来的表面质量不能满足要求等问题。

(1) 改进工件中的装夹　改变装夹方法能有效提高工艺系统的刚度。车削细长轴时,工件的装夹采用一端在卡盘中夹紧,另一端支承在顶尖中的方法。为了避免工件因切削热而膨胀伸长,从而引起弯曲变形,尾顶尖可采用能自动伸缩的弹性尾架顶尖,如图 6-3 所示。为达到细长轴的加工技术要求,还需采取进一步的措施以增加工件的刚度。图 6-4 所示为采用中心架作为辅助支承。

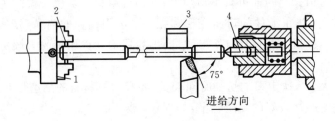

图 6-3　改进工件中的装夹

1—卡盘;2—钢丝;3—中心架支承块;4—弹簧顶尖

为了进一步提高细长轴的刚度,可采用图 6-5 所示的跟刀架。它有三个支承块,其圆弧面 R 与工件配研贴合紧密,宽度 B 常取工件直径的 1.2～1.5 倍。切削过程中跟刀架的支承块与刀具贴近并始终跟随车刀移动,从而能有效地提高工件的刚度,减小切削振动。通常,粗车时跟刀架的支承块装在刀尖后面1～2 mm处(见图6-6(a));精车时支承块则装在刀尖前面(见图 6-6(b)),以防止划伤已精车的工件表面。

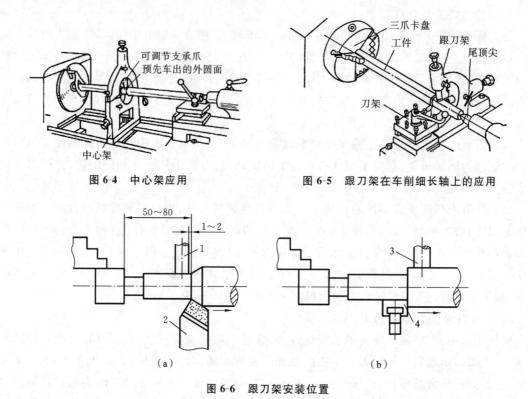

图6-4　中心架应用　　　　　　　　图6-5　跟刀架在车削细长轴上的应用

图6-6　跟刀架安装位置

(a) 粗车;(b) 精车

1、3—跟刀架;2—粗车刀;4—宽刃精车刀

(2) 选择合理的切削方法　车削细长轴时,宜采用由车头向尾座走刀的反向切削法(见图6-3)。这时在轴向切削力 F_f 的作用下,从卡盘到车刀区段内,工件受到的是拉力;利用可伸缩的回转顶尖,工件不会被顶弯。同时选择较大的进给量和主偏角,增大轴向切削力,工件在大的轴向拉力作用下,能有效地消除径向颤动,使切削过程平稳。

(3) 合理地选择刀具　合理的刀具角度能减小切削时的径向力,有利于减少细长轴外圆面车削时的变形。刀刃锋利同样可减小切削力。因此,粗车刀常用较大的主偏角(75°)以增大轴向力而减小径向力,防止工件的弯曲变形和振动。选用较大的前角(15°～20°)和较小的后角,既可减小切削力又可加大刃口强度。通过磨出卷屑槽并选用正的刃倾角,控制切屑的顺利排出。

由于轴向尺寸大,一次走刀的切削时间较长,要求刀具材料的耐磨性与热硬性好,故刀片材料宜采用强度和耐磨性较好的硬质合金,如 YW1 或 YG6A。

精车刀(见图6-7)常用宽刃的高速钢刀片,装在弹性可调节的刀排内。刀片装入刀排内形成25°的前角和10°的后角,并旋转形成 1.5°～2°的刃倾角,刀刃宽度 $B = (1.3～1.55)f$(mm)。采用大进给量,低速切削($f = 10～20$ mm/r,$v_c = 1～2$ m/min)。

这种大前角、无倒棱宽刀的刀刃易于切入工件,可切下很薄的切屑。小刃倾角(1.5°～2°)和弹性刀柄使得切入平稳,并可防止振动和啃刀,低速切削时可以避免振动和产生积屑瘤,且宽平刀刃可以修光工件表面,因此可以获得良好的质量。

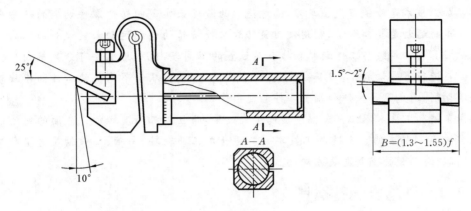

图 6-7　精车刀

实例　非圆截面车削工艺的发展——凸轮轴加工工艺的发展。

由于功能和性能的要求,许多回转体零件形状复杂,横截面设计成非圆形,如凸轮轴(见图 6-8)、印刷机送料机构中的盘形凸轮等。这些零件非圆截面轮廓尺寸精度对其性能影响非常大,因此往往有较高的精度要求。

现有的凸轮轴加工方案主要有三种:靠模车床加工、专用凸轮轴数控车床加工和车铣中心加工。

用车床加工凸轮时,其原理是在凸轮轴随主轴旋转的同时,车刀沿径向作适应凸轮轮廓的高频往复运动。图 6-9 所示为车削凸轮时刀具沿径向往复运动的情景,其中车刀可视为凸轮机构的推杆。此外,随着凸轮转角位置的不同,刀具的工作前后角也会发生变化。当工件非圆度较大时,这种刀具角度的变化会严重影响刀具的受力状况及工件的表面质量和精度。因此,车削过程中,刀具还需作适应凸轮轮廓的实时摆动,这样才能保证刀具的工作前后角度基本恒定。

图 6-8　某凸轮轴结构

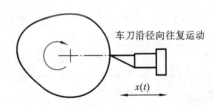

图 6-9　凸轮车削加工示意图

(1) 靠模车床加工　传统的凸轮轴加工方法多以靠模仿形加工为主,由靠模机构来实现对加工过程的控制。靠模车床加工中存在生产周期长、精度难控制、工装靠模多等技术难题,远远不能适应当前多品种、小批量生产的发展方向。

(2) 专用凸轮轴数控车床加工　非圆数控车削是一种柔性化、高精度的加工方法。车削时,主轴带动工件以固定的转速旋转,刀具在快速直线运动机构的驱动及控制下,以与主轴转速相关联的频率作径向往复精密跟踪运动,从而加工出零件的非圆截面形状。同样,当工件非圆度较大时,刀具必须具有沿工件径向往复运动和沿刀尖摆动的复合运动,才能维持刀具最佳的切削状态,保证工件加工质量和刀具寿命。

(3) 车铣中心加工　凸轮轴的车铣加工技术,就是在车铣复合加工中心上开展凸轮轴的数控车铣加工,是一种国际上先进的凸轮轴加工方法。

车铣加工技术是以铣刀代替车刀,通过铣刀的旋转来实现回转体零件切削的一种先进加工技术。车铣运动是复合运动,利用铣刀旋转和工件旋转的合成运动来实现对工件的切削加工。按照刀具旋转轴线与工件旋转轴线相对位置的不同,车铣加工主要可分为轴向车铣和正交车铣。在进行车铣切削时,刀具高速旋转,工件低速旋转,从而不需要使工件高速旋转就能实现高速切削,避免了薄壁件和细长零件的变形。

采用车铣加工技术不但可大幅度提高生产效率,而且加工精度和加工表面的完整性都大大优于传统车削加工的。车铣加工技术尤其适合加工凸轮轴、曲轴、细长轴及薄壁套等零部件,是机械制造领域的重要发展方向。

6.2.2　外圆表面的磨削

外圆磨削(grinding)加工是外圆精加工的主要方法。它用砂轮或涂覆磨具作切削工具,既能加工淬火的黑色金属零件,也能加工不淬火的黑色金属零件和非金属高硬度材料零件,如玻璃、陶瓷等。外圆磨削分为粗磨、精磨、光整加工。

1. 砂轮

砂轮(grinding wheel)是磨削加工刀具,它是由许多细小而坚硬的磨粒用结合剂黏结,经压制、烧结、修整制成的多孔物体。磨料、结合剂及空隙的比例、磨料的粒度大小决定了砂轮的切削特性。

1)磨料粒度

粒度是指磨料颗粒的大小,通常分为磨粒(颗粒尺寸大于 40 μm)和微粉(颗粒尺寸不大于 40 μm)两类。磨粒用筛选法确定粒度号,如粒度 $60^{\#}$ 的磨料,表示其大小正好能通过 1 in(1 in ＝2.54 cm)长度上孔眼数为 60 的筛网。粒度号越大,表示磨料颗粒越小。微粉按其颗粒的实际尺寸分组,如 W20 是指用显微镜测得的实际尺寸为 20 μm 的微粉。

粒度对磨削加工形成的表面粗糙度和磨削生产效率影响较大。如表 6-1 所示,一般来说,粒度越大,磨削得到的表面粗糙度也越大。粗磨所用磨料粒度为 $30^{\#}$～$60^{\#}$,精磨所用磨料粒度为 $100^{\#}$ 以上。当工件材料硬度低、塑性大,磨削面积较大时,为了避免砂轮空隙被堵塞,也可采用粗粒度的砂轮。

表 6-1　砂轮磨料的粒度及适用范围

类别	粒　度　号	适　用　范　围
磨粒	$8^{\#}$ $10^{\#}$ $12^{\#}$ $14^{\#}$ $16^{\#}$ $20^{\#}$ $22^{\#}$ $24^{\#}$	荒磨
	$30^{\#}$ $36^{\#}$ $40^{\#}$ $46^{\#}$	一般磨削,加工表面粗糙度 Ra 可达 0.8 μm
	$54^{\#}$ $60^{\#}$ $70^{\#}$ $80^{\#}$ $90^{\#}$ $100^{\#}$	半精磨、粗磨,加工表面粗糙度 Ra 可达 0.8～1.6 μm
	$120^{\#}$ $150^{\#}$ $180^{\#}$ $220^{\#}$ $240^{\#}$	精磨、精密磨、超精磨、成形磨、刀具刃磨、珩磨
微粉	W63 W50 W40 W28	精磨、精密磨、超精磨、珩磨、螺纹磨
	W20 W14 W10 W7 W5 W3.5 W2.5 W1.5 W1.0 W0.5	超精密磨、镜面磨、精研,加工表面粗糙度 Ra 可达 0.012～0.05 μm

2)硬度

砂轮的硬度是指砂轮工作表面的磨粒在磨削力的作用下脱落的难易程度。它反映磨粒与结合剂的黏结强度。如磨粒不易脱落则称砂轮硬度高,反之则称砂轮硬度低。砂轮的硬度从低到高分为超软、软、中软、中、中硬、硬、超硬 7 个等级(见表 6-2)。

表 6-2　砂轮硬度及适用范围

等级	超　软		软			中　软		中		中　硬		硬		超　硬
代号	D	E	F	G	H	J	K	L	M	N	O	P	R	S	T	Y
选择	磨未淬硬钢选用 L~N,磨淬火合金钢选用 H~K,高表面品质磨削时选用 K~L,刃磨硬质合金刀具时选用 H~J														

工件材料较硬时,为使砂轮有较好的自锐性,应选用较软的砂轮;工件与砂轮的接触面积大、工件的导热性差时,为减少磨削热,避免烧伤工件表面,应选用较软的砂轮;对于精磨或成形磨削,为了保持砂轮的廓形精度,应选用较硬的砂轮;粗磨时应选用较软的砂轮,以提高磨削效率。

3)结合剂

结合剂是将磨料黏结在一起,使砂轮具有必要的形状和强度的材料。结合剂的性能对砂轮的强度、抗冲击性、耐热性、耐蚀性,以及对磨削温度和磨削表面质量都有较大的影响。

常用结合剂的种类有陶瓷、树脂、橡胶及金属等。陶瓷结合剂的性能稳定,耐热,耐酸、碱,价格低廉,应用最为广泛;树脂结合剂强度、韧度高,多用于高速磨削和薄片砂轮;橡胶结合剂适用于无心磨的导轮、抛光轮、薄片砂轮等;金属结合剂主要用于金刚石砂轮(见表 6-3)。

表 6-3　砂轮结合剂种类

名称	代号	特　性	适　用　范　围
陶瓷	V	耐热,耐油和耐酸、碱,强度较高,但较脆	除薄片砂轮外的各种砂轮
树脂	B	强度高,富有弹性,具有一定抛光作用,耐热性较差,不耐酸、碱	荒磨砂轮,磨窄槽、切断用砂轮,高速砂轮,镜面磨砂轮
橡胶	R	强度高,弹性好,抛光作用好,耐热性差,不耐油和酸,易堵塞	磨削轴承沟道砂轮,无心磨导轮,切割薄片砂轮,抛光砂轮

4)组织

砂轮的组织是指砂轮中磨料、结合剂和空隙三者间的体积比例关系。

按磨料在砂轮中所占体积的不同,砂轮的组织分为紧密、中等和疏松三大类。

砂轮的组织号、磨料体积分数和用途如表 6-4 所示。组织号越大,磨料的体积分数越小,表明砂轮越疏松。这样,空隙就越多,砂轮越不易被切屑堵塞,同时可把切削液或空气带入磨削区,改善散热条件。但过分疏松的砂轮,磨料含量少,容易磨钝,砂轮廓形也不容易长久保持。生产中最常用的是中等组织(组织号 4~7)的砂轮。

表 6-4　砂轮的组织号、磨料体积分数和用途

组　织　号	0	1	2	3	4	5	6	7	8	9	10	11	12	13	14
磨料体积分数/(%)	62	60	58	56	54	52	50	48	46	44	42	40	38	36	34
用途		成形磨削,精密磨削			磨削淬火钢,刀具刃磨				磨削韧度高而硬度不高的材料					磨削热敏感性大的材料	

2. 磨削过程

从本质上来看,磨削也是一种切削,砂轮表面上的每一个磨粒可以近似地看成一个微小刀齿。砂轮上比较锋利而凸出的磨粒可以切下工件材料,不太凸出或磨钝的磨粒只在工件表面上刻划出细小的沟痕,比较凹下的磨粒只从工件表面上滑擦而过。磨粒切削过程大致可分为三个阶段(见图 6-10)。

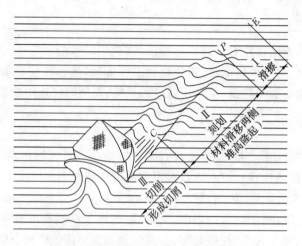

图 6-10　磨粒切削过程的三个阶段

(1) 滑擦阶段。磨粒从工件表面上滑擦而过,表面金属只有弹性变形而无切屑。

(2) 刻划阶段。随着挤入深度逐步增大,表面金属由弹性变形逐步过渡到塑性变形,磨削过程进入刻划阶段。此时磨粒切入金属表面,磨粒的前方及两侧出现表面隆起现象,在工件表面刻划出沟纹。

(3) 切削阶段。随着切削厚度逐步增加,在达到临界值时,被磨粒推挤的金属明显地滑移而形成切屑。

3. 磨削工艺特点

(1) 精度高、表面粗糙度低。砂轮表面有极多的切削刃,并且刃口圆弧半径小。磨粒上锋利的切削刃能够切下一层很薄的金属,切削厚度可以小到数微米。

磨床有较高的精度和刚度,并有实现微量进给的机构,可以实现微量切削。磨削的切削速度高,磨削时有很多切削刃同时参加切削,每个磨刃只切下极细薄的金属,残留表面的高度很小,有利于形成光洁的表面。

(2) 砂轮有自锐作用。在磨削过程中,磨粒破碎产生新的、较锋利的棱角,以及磨粒脱落而露出一层新的锋利磨粒,这能够部分地恢复砂轮的切削能力,这种现象称为砂轮的自锐作用,也是其他切削刀具所没有的。在实际生产中,可利用这一原理进行强力连续切削,提高生产效率。

(3) 磨削的径向磨削力 F_p 大。F_p 作用在工艺系统刚度较小的方向上,因此,加工刚度较小的工件时,应采取相应的措施,增大工艺系统的刚度。

(4) 磨削温度高。磨削时切削速度高,再加上磨粒多为负前角,挤压和摩擦严重,产生的切削热多,而且砂轮的导热性很差,大量的磨削热在磨削区形成瞬时高温,容易造成工件表面烧伤和微裂纹。因此,磨削时应采用大量的切削液以降低磨削温度。

4. 外圆表面的磨削方法

粗磨后工件的尺寸精度公差等级可达 IT8~IT9,表面粗糙度可达 $Ra\ 0.8\sim1.6\ \mu m$,精磨后工件的尺寸精度公差等级可达 IT6～IT7,表面粗糙度可达 Ra 0.2～0.8 μm。外圆磨削分为中心磨削法和无心磨削法。

1) 中心磨削法

中心磨削法常采用顶尖安装、卡盘安装和心轴安装三种方式。

在外圆磨床上加工工件外圆,常采用贯穿磨削法(纵磨法)和切入磨削法(横磨法)相结合的方法。纵磨法如图 6-11 所示,在工件的每一次纵向往复行程中,砂轮横向进给一次,每次背吃刀量很小,一般在 0.005～0.05 mm 之间。磨削时的径向力大,这会造成机床-砂轮-工件系统的弹性退让,使实际背吃刀量小于名义背吃刀量。因此当工件接近最终尺寸时,采用几次无横向进给的光磨行程,直至火花消失,以消除该项误差。这种方法在单件、小批生产,以及精磨中应用广泛。

横磨法如图 6-12 所示,磨削时,工件无纵向运动,砂轮宽度大于要加工外圆的宽度,砂轮以很小的速度作横向进给运动。横磨法生产率高,适合于磨削长度较短、刚度较大的工件。

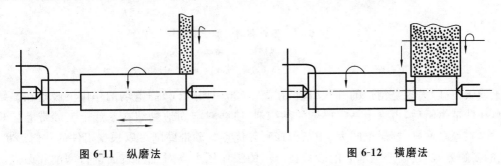

图 6-11　纵磨法　　　　　　　　　　图 6-12　横磨法

综合法则是先分段横磨,每段有一定的重叠,再将留下的余量采用纵磨法去除。综合法结合了二者的优点,既能提高生产率,又能提高磨削质量。

2) 无心磨削法

图 6-13 所示为无心磨削的加工原理。无心磨削外圆时,工件不是用顶尖或卡盘定心,而是直接由托板和导轮支承,用被加工表面本身定位。磨削砂轮高速旋转,为切削主运动,导轮是用树脂或橡胶为结合剂的砂轮,它与工件之间的摩擦因数较大,当导轮以较低的速度带动工件旋转时,工件的线速度与导轮表面的线速度相近。工件由托板与导轮共同支承,工件的中心一般应高于砂轮与导轮的连心线,以免工件加工后出现棱圆形。

无心外圆磨削有两种方法:纵磨法和横磨法。用纵磨法时,将工件从机床前面放到托板上并推至磨削区。导轮轴线在竖直平面内倾斜一个角度,导轮表面经修整后为一回转双曲面,其直母线与托板表面平行。工件被导轮带动回转时产生一个水平方向的分速度(见图 6-13(b)),从导轮与磨削砂轮之间穿过。用纵磨法时,工件可以一个接一个地连续进入磨削区,生产效率高且易于实现自动化。用纵磨法可以磨削圆柱形、圆锥形、球形工件,但不能磨削带台阶的圆柱形工件。

用横磨法时,导轮轴线的倾斜角度很小,仅用于使工件产生小的轴向推力,顶住挡块而得到可靠的轴向定位(见图 6-13(c)),工件与导轮向磨削轮作横向切入进给,或由磨削轮向工件进给。

5. 砂带磨削

随着科学技术的发展,磨削工艺逐步向高效率和高精度的方向发展。砂带(sand belt)磨削是近年来发展起来的一种新型高效工艺方法。

砂带磨削是用粘满细微、尖锐砂粒的砂带作为磨削工具的一种加工方法。砂带所用磨料

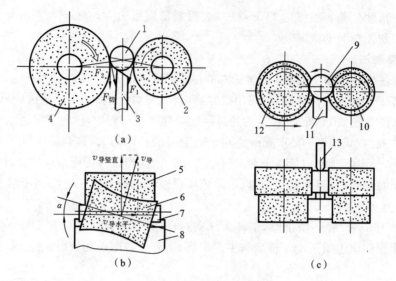

图 6-13 无心磨削的加工原理

(a)(b) 纵磨法；(c) 横磨法

1、7、9—工件；2、6、10—导轮；3、8、11—托板；4、5、12—砂轮；13—挡块

（刚玉或碳化硅）大多是精选的针状磨粒，在高压(20～100 kV)静电场的作用下吸附在黏结涂层上，在砂带烘干后，再涂上一定厚度的黏结剂，使磨料牢固地黏结在基底上。砂带磨粒具有尺寸均匀、等高性好、容屑空间大、切削刃锋利等优点。砂带磨削可以根据工件的几何形状，用相应的接触方式，使高速运动着的砂带在一定的工作压力下对工件表面进行磨削和抛光。图6-14 给出了几种常见的砂带磨削方式。

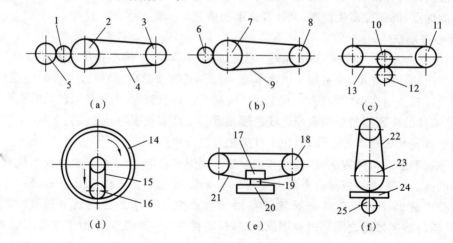

图 6-14 砂带磨削

(a) 砂带无心外圆磨削(导轮式)；(b) 砂带定心外圆磨削(接触轮式)；(c) 砂带定心外圆磨削(接触轮式)；
(d) 砂带内圆磨削(回轮式)；(e) 砂带平面磨削(支承板式)；(f) 砂带平面磨削(支承轮式)；
1、6、12、14、19、24—工件；2、7、10、16、23—接触轮；3、8、11、18—主动轮；
4、9、13、15、21、22—砂带；5、20—导轮；17—支承板；25—支承轮

这种多刀多刃连续切削的高效加工工艺，近年来获得极大的发展。它具有以下特点：

(1) 磨削效率高。砂带磨削的效率是铣削或砂轮磨削的 4～10 倍，是目前金属切削机床中效率最高的一种，功率利用率达 95%。

（2）磨削表面质量好。砂带与工件柔性接触，磨粒所受的载荷小且均匀，能减振，属于弹性磨削。加上工件受力小，砂带散热好，因而可获得好的加工质量，表面粗糙度值可达 $Ra\ 0.02\ \mu m$，特别适合加工细长轴和薄壁套筒等刚度较小的零件。

（3）磨削性能好。由静电植砂制作的砂轮，磨粒有方向性，尖端向上，摩擦生热少，砂轮不易堵塞，切削时不断有新磨粒进入磨削区，磨削条件稳定。

（4）适用范围广。可用于内、外圆及成形表面的磨削。

6.2.3　外圆表面的光整加工

外圆表面的光整加工有研磨、抛光、滚压、珩磨等。

1. 研磨

研磨（lapping）是使用研磨工具和研磨剂，从工件上研去一层极薄表面的精密加工方法。

图 6-15 所示为外圆表面的手工研磨。将工件安装在车床顶尖之间或卡盘上，在加工表面涂上研磨剂，再把研具套上，工件低速旋转，手握研具作轴向往复移动。为了存留研磨剂，工件和研具之间应有 $0.02\sim0.05\ mm$ 的间隙。研磨速度一般为 $0.3\sim1\ m/s$。研具通常由铸铁或硬木制成，研具磨损后可通过调整研具夹的开口间隙来补偿。

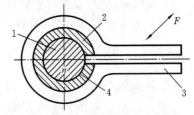

图 6-15　外圆表面的手工研磨
1—工件；2—研具；3—研具夹；4—研磨剂

研磨剂通常由磨料（如氧化铝、碳化硅等）、研磨液（煤油或煤油加机油）及辅助材料（硬脂酸、油酸或工业甘油等）组成。磨料一般只用微粉。研磨液起冷却、润滑及使磨料均匀分布的作用。在研磨液中加入硬脂酸或油酸，它们与工件表面的氧化物薄膜发生化学作用，使被研磨表面软化，易于被磨粒切除，可提高研磨效率。

研磨是在精加工基础上进行的 $0.01\sim0.1\ \mu m$ 的切削。研磨过程中大量磨粒在一定的压力下滚动、滑动、刮擦、挤压工件，使高点相互修整，误差逐步减小。研磨尺寸精度公差等级可达 IT5～IT3，表面粗糙度值可达 $Ra\ 0.1\sim0.008\ \mu m$。

研磨设备结构简单，研磨在高精度零件和要求精密配合的偶件加工中，是一种有效的方法，如用于油泵柱塞、精密量规和量块等零件的最终光整加工。

2. 抛光

抛光（polishing）是利用机械、化学或电化学的作用，使工件获得光亮、美观表面的光整加工方法。

机械抛光是使用涂有抛光膏的高速旋转的软轮对工件表面进行加工的一种方法。抛光膏由较软的磨料（如氧化铬、氧化铁等）和油脂（油酸、硬脂酸、石蜡、煤油等）混合制成。软轮由毛毡、橡胶、帆布或皮革等叠制而成，工作时能按工件表面形状变形，增大抛光面积或加工曲面。抛光时，金属表层与油脂发生化学作用而形成软的氧化膜，故可以用软磨料来加工工件，而不会划伤工件表面。抛光的工作速度很高（$25\sim50\ m/s$），高温使工件表面出现很薄的熔流层，产生塑性流动而填平工件表面原有的微观不平度。

抛光一般在精加工基础上进行，不留加工余量。抛光对尺寸误差和几何误差没有修正能力。抛光后工件表面粗糙度值可达 $Ra\ 1.25\sim0.008\ \mu m$。抛光主要用于表面装饰加工和电镀前的准备。

6.3 孔 加 工

孔是组成零件的基本表面之一,零件上有多种多样的孔,常见的有以下几种:紧固孔(如螺钉孔等)和其他非配合的油孔等;箱体类零件上的孔,如车床主轴箱箱体上的主轴和传动轴的轴承孔等,这类孔往往构成"孔系";深孔,即深径比 $L/D>5$ 的孔,如车床主轴上的轴向通孔等;圆锥孔,如车床主轴前端的锥孔以及装配用的定位销孔;等等。

孔的技术要求如下:

(1) 尺寸精度,包括孔的直径和深度的尺寸精度;

(2) 形状精度,包括孔的圆度、圆柱度及轴线的直线度;

(3) 位置精度,包括孔与孔或孔与外圆的同轴度、孔与端面的垂直度等;

(4) 表面质量,包括表面粗糙度、金相组织变化、残余应力等。

孔加工的方法较多,常用的有钻、扩、铰、镗、拉、磨、珩磨等。

6.3.1 钻孔

从工件实体上切去切屑、加工出孔的工序称为钻孔(drilling),钻孔是孔加工的一种基本方法。钻孔经常在钻床和车床上进行,也可以在镗床或铣床上进行。常用的钻床有台式钻床、立式钻床和摇臂钻床。

1. 麻花钻

钻孔常用的刀具是麻花钻(twist drill),如图 6-16 所示。麻花钻的前端称为切削部分。切

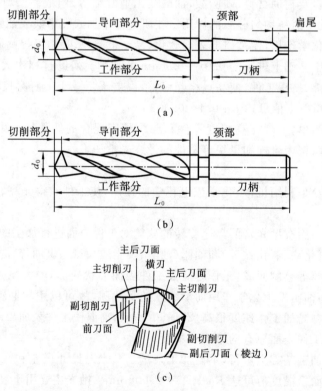

图 6-16 麻花钻

(a) 圆柱锥柄;(b) 圆柱直柄;(c) 切削部分

削部分有两条对称的主切削刃(前刀面(即螺旋槽面)和主后刀面相交形成的两条直线),担负主要的切削工作。导向部分边缘有两条副切削刃。在钻头的顶部,两主后刀面的交线形成横刃,横刃主要担负孔中心部分的切削工作。切屑从钻头的螺旋槽中排出。麻花钻切削部分的几何参数如图 6-17 和表 6-5 所示。

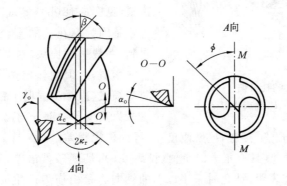

图 6-17　麻花钻的几何参数

γ_o—前角;α_o—后角;β—螺旋角;$2\kappa_r$—顶角;ϕ—横刃斜角;d_c—钻心直径

表 6-5　麻花钻的主要几何参数

几何参数	定　义	特　点	标　准　值
螺旋角 β	棱边切线与钻头轴线的夹角	β 越大,切削越方便,但钻头强度越低	$\beta = 18° \sim 30°$
顶角 $2\kappa_r$	两个主切削刃的夹角	$2\kappa_r$ 越小,主切削刃越长,则轴向力越小	$2\kappa_r = 118°$
前角 γ_o	正交平面内前刀面与基面的夹角	从外缘至中心 γ_o 逐渐减小,切削条件变差	横刃处 $\gamma_o = -54°$
后角 α_o	轴向剖面 O-O 内主后刀面与切削平面的夹角	与 γ_o 变化相适应,从外缘至中心,α_o 增大,切削刃的强度增高	外缘处 $\alpha_o = 8° \sim 10°$
横刃斜角 ϕ	横刃和主切削刃在垂直于钻头轴线的平面内所夹的角度	—	$50° \sim 55°$

2. 钻削时的切削用量

(1)切削速度　切削速度是钻头主切削刃外缘处相对于工件的线速度,即

$$v_c = \frac{\pi d n}{1000} \tag{6-1}$$

式中:v_c——切削速度(m/s);

$\quad\quad d$——钻头直径(mm);

$\quad\quad n$——钻头或工件转速(r/s)。

(2)进给量　当钻头或工件旋转一周时,钻头相对于工件沿轴线的移动距离 f。

(3)背吃刀量　钻孔时的背吃刀量等于钻头直径 d 的一半,即 $a_p = d/2$。由此可知,钻削时的切削宽度较大。

3. 钻削的特点

钻孔与车削外圆相比,工作条件要差得多。钻削时,钻头工作部分处在已加工表面的包围中,因而会出现一些特殊问题,如钻头的刚度和强度、容屑和排屑、导向和冷却润滑等方面的问题。

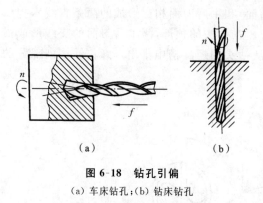

图 6-18　钻孔引偏

(a) 车床钻孔；(b) 钻床钻孔

1) 容易产生引偏

所谓引偏，是指加工时由于钻头弯曲而出现的孔径扩大、孔不圆(见图 6-18(a))或孔的轴线歪斜(见图 6-18(b))等现象。钻孔时产生引偏，主要是因为麻花钻的直径和长度受所加工孔的限制，一般呈细长状，刚度较小；为形成切削刃和容纳切屑，必须制作出两条较深的螺旋槽，使钻芯变细，这进一步削弱了钻头的刚度。

为减少导向部分与已加工孔壁的摩擦，钻头仅有两条很窄的棱边与孔壁接触，接触刚度小，导向作用很差。

钻头横刃处的前角 γ。具有很大的负值(见表 6-5)，切削条件极差，实际上不是在切削，而是在挤刮金属。有研究表明，钻孔时一半以上的轴向力是由横刃产生的，钻头稍有偏斜，就容易产生较大的附加力矩，使钻头弯曲。此外，钻头的两个主切削刃也很难磨得完全对称，加上工件材料的不均匀性，钻孔时的径向力不可能完全抵消。

因此，在钻削力的作用下，刚度很小且导向性不好的钻头很容易弯曲，致使钻出的孔产生引偏，降低孔的加工精度，甚至造成废品。在实际加工中，常采用如下措施来减少引偏：

(1) 预钻锥形定心坑(见图 6-19(a))。先用小顶角($2\kappa_r=90°\sim100°$)、大直径短麻花钻预先钻一个锥形坑，然后再用所需的钻头钻孔。预钻时钻头刚度大，锥形坑不易引偏，以后再用所需的钻头钻孔时，这个坑就可以起定心作用。

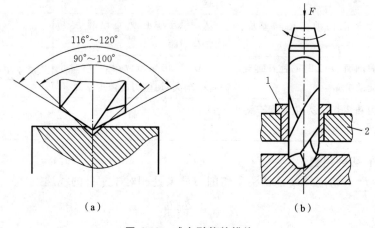

图 6-19　减少引偏的措施

(a) 预钻锥形定心坑；(b) 用钻套导向

1—钻套；2—钻模板

(2) 用钻套为钻头导向(见图 6-19(b))。使用钻套可防止钻孔开始时出现引偏，特别是在斜面或曲面上钻孔时，更为必要。

(3) 将钻头的两个切削刃刃磨得对称。尽量把钻头的两个主切削刃磨得对称一致，使两主切削刃的径向切削力互相抵消，从而避免钻孔时产生引偏。

2) 排屑困难

钻孔时，由于切屑宽度大，在排屑过程中，切屑往往与孔壁发生较大的摩擦，挤压、拉毛和刮伤已加工表面,降低表面质量。有时切屑可能阻塞在钻头的容屑槽里,卡死钻头,甚至将钻头扭断。排屑困难是造成钻孔加工表面精度与质量较差的重要原因之一。

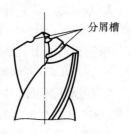

图 6-20　分屑槽

因此,排屑问题成为钻孔时需要解决的重要问题之一,尤其是用标准麻花钻加工较深的孔时,要反复多次把钻头退出排屑,操作费时。为了改善排屑条件,可在钻头上修磨出分屑槽(见图 6-20),将宽的切屑分成窄条,以利于排屑。当钻深孔($L/D>5$)时,应采用合适的深孔钻进行加工。

3）切削热不易传散

钻削是一种半封闭式的切削,与车削相比,钻削所产生的热量虽然也由切屑、工件、刀具和周围介质传出,但它们之间的比例却大不相同。如在不加切削液的情况下,用标准麻花钻钻钢件时,热量传出的比例是:工件约 52.5%,钻头约 14.5%,切屑约 28%,而介质仅占 5%左右。

钻削时,大量的高温切屑不能及时排出,切削液难以进入切削区,切屑、刀具与工件之间的摩擦很严重。因此,切削温度较高,刀具磨损加剧,零件加工精度与表面质量进一步下降。故钻削加工一般用作孔加工的粗加工方法。

4．钻削的加工精度和表面粗糙度

钻削的应用很广泛,但是,受钻削工艺特点的限制,钻孔的直径一般不大于 80 mm。钻削的精度较低,可达到的尺寸精度公差等级为 IT11～IT13,表面粗糙度为 Ra 12.5～25 μm,生产效率也比较低。因此,钻削主要用于粗加工,例如加工精度和表面粗糙度要求不高的螺栓孔、油孔等。一些内螺纹在攻螺纹之前,需要先进行钻孔;加工精度和表面粗糙度要求较高的孔,也要以钻孔作为预加工工序。

6.3.2　扩孔和铰孔

1．扩孔

扩孔(counterboring)是利用扩孔钻对已有的孔进行加工以扩大孔径,并提高孔的精度和降低孔的表面粗糙度的一种方法。常用扩孔钻的直径规格是 15～50 mm,直径小于 15 mm 的一般不扩孔。扩孔的加工余量(d_m-d_w)一般为孔径的 1/8。

扩孔时的背吃刀量比钻孔时的小很多,因而刀具的结构和切削条件比钻孔时的好很多。扩孔钻的形状与钻头相似(见图 6-21),不同的是扩孔钻有 3～4 个切削刃,且没有横刃,螺旋槽较浅。故钻芯粗实,刚度、导向性得到提高,切削时轴向力小,切削过程较平稳。扩孔可在一定程度上修正原孔轴线的偏斜,使加工精度得到提高。

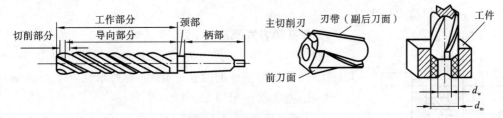

图 6-21　扩孔钻及扩孔

扩孔常作为孔的半精加工工序,一般加工尺寸精度公差等级可达 IT10～IT9,表面粗糙度值可达 Ra 6.3～3.2 μm。当孔的精度和表面粗糙度要求更高时,则要采用铰孔工序。

2. 铰孔

铰孔(reaming)是用铰刀对孔进行精加工的切削方法。一般铰孔加工精度可达 IT8～IT6,粗铰孔的加工余量为 0.10～0.35 mm,表面粗糙度达 Ra 3.2～1.6 μm;精铰孔的加工余量只有 0.04～0.06 mm,表面粗糙度达 Ra 0.8～0.4 μm。

铰刀分为手用铰刀和机用铰刀(见图6-22)。铰刀一般有 6～12 个切削刃,没有横刃,它的刚度、导向性更高。其工作部分由切削部分和修光部分组成,切削部分呈锥形,担负着切削工作,修光部分除起修光作用外,还起导向作用。

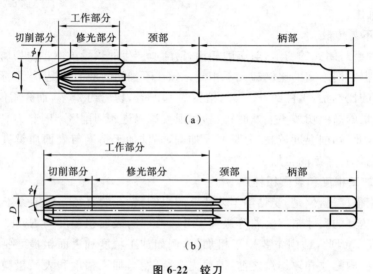

图 6-22　铰刀

(a) 机用铰刀;(b) 手用铰刀

铰孔的加工余量小,切削速度低,切削力、切削热都小,并可避免产生积屑瘤,因此,铰孔的加工质量好。机铰时采用浮动夹头安装铰刀,可使铰刀轴线与被加工孔轴线一致,以避免产生孔不圆或孔径扩大问题。

钻、扩、铰只能保证孔本身的精度,而不易保证孔与孔之间的尺寸精度及位置精度。为了解决这一问题,可以利用夹具(如钻模)进行加工,或者镗孔。

6.3.3　镗孔

用镗刀对已有的孔进行再加工的方法称为镗孔(boring)。对于直径较大的孔(一般 D>80 mm)、内成形面或孔内环槽等,镗削是唯一合适的加工方法。一般镗孔尺寸精度公差等级可达 IT8～IT7,表面粗糙度可达 Ra 0.8～1.6 μm;精细镗孔时,尺寸精度公差等级可达IT7～IT6,表面粗糙度可达 Ra 0.2～0.8 μm。

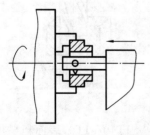

图 6-23　在车床上镗孔

1. 镗孔的方式及应用

镗孔可以在多种机床上进行,回转体类零件上的孔多在车床上加工;而箱体类零件上的孔或孔系(即要求相互平行或垂直的若干个孔)则常用镗床加工。

在车床上镗孔的加工方式如图 6-23 所示,用于盘类零件的孔加工。工件旋转作主运动,刀具作纵向进给运动。其特点是加工后孔的轴线和工件的回转轴线一致,孔轴线的直线度好,能保证在一次安装中加工的内孔与外圆有较高的同轴度,并与端面垂直。

在镗床上镗孔的方式如图 6-24 所示。图 6-24(a) 为用主轴装夹镗杆镗削小直径孔。刀具旋转作主运动,主轴作轴向进给运动或工作台带动工件作纵向进给运动。这种加工方式能基本保证镗孔的轴线和机床主轴轴线一致。但随着镗杆伸出长度的增加,镗杆变形加大,孔径会逐步减小。此外,镗杆及主轴自重引起的下垂变形,也会导致孔轴线弯曲。故这种方式适合加工孔深不大的孔。

图 6-24(b) 所示为用平旋盘上的镗刀镗削大直径孔。平旋盘带动刀具旋转作主运动,工作台带动工件作进给运动。这种方式适合镗削箱体类零件上的大孔。

图 6-24(c) 所示为用长镗杆进行镗削。这种加工方式适合镗削箱体两壁相距较远的同轴孔系,易于保证孔与孔、孔与平面间的位置精度。镗杆与机床主轴间多采用浮动连接,以减小主轴误差对加工精度的影响。

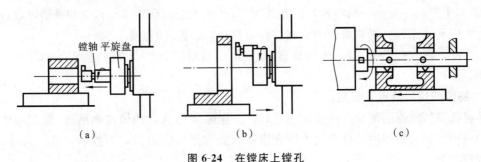

（a）　　　　　　　　　（b）　　　　　　　　　（c）

图 6-24　在镗床上镗孔

（a）用主轴装夹镗杆镗小孔；（b）用平旋盘上的镗刀镗大孔；（c）用长镗杆镗同轴孔系

镗孔常采用单刃镗刀。单刃镗刀是指把镗刀头安装在镗刀杆上,其孔径大小由调整刀头的伸出长度来获得,多用于单件小批生产中。

精镗可以采用浮动镗刀片。浮动镗刀片通过调整两刀刃的径向位置来保证所需的尺寸（见图 6-25(a)）。镗孔时,镗刀片不是固定在镗杆上的,而是插在镗杆的长方孔中的,并能在垂直于镗杆轴线的方向上自由滑动,由两个对称的切削刃产生的切削力自动平衡其位置（见图 6-25(b)）。镗刀片在加工过程中的浮动,可抵消刀具安装误差或镗杆偏摆引起的不良影响,提高孔的加工精度。较宽的修光刃,可修光孔壁,降低表面粗糙度。但是它不能校正原有孔的轴线歪斜或位置偏差,需由上一道工序来保证孔的位置精度。生产效率比单刃镗刀镗孔高。浮动镗刀片镗孔主要用于批量生产、精加工箱体类零件上直径较大的孔。

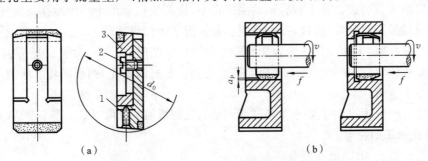

（a）　　　　　　　　　　　　　（b）

图 6-25　浮动镗刀片及其工作情况

（a）可调浮动镗刀片；（b）浮动镗刀片工作情况

1—螺钉；2—螺栓；3—刀齿

需要指出的是,镗床上镗孔主要用于箱体、支架等大型零件上孔和孔系的加工。此外,镗床上还可以加工外圆和平面。这样可以在一次安装中完成零件上的孔、端面、外圆等的加工,以获得高的位置精度。

2. 镗削的工艺特点

单刃镗刀镗孔的工艺特点如下:

(1) 适应性广。镗削可达到的尺寸精度公差等级和表面粗糙度的范围较宽,除直径很小且较深的孔以外,各种直径及各种结构类型的孔均可镗削。

(2) 可有效地修正前工序所造成的孔轴线弯曲、偏斜等形状误差和位置误差。但由于镗刀杆直径受孔径的限制,一般刚度较小,易弯曲变形和振动,故对工件质量(特别是细长孔)的控制不如铰削方便。

(3) 生产效率低。镗刀杆的长径比大,悬伸距离长,切削稳定性较差,易产生振动,故切削用量很小,生产效率低。为减小镗杆的弯曲变形,必须采用较小的背吃刀量和进给量进行多次走刀。镗床和铣床镗孔需调整镗刀头在刀杆上的径向位置,操作复杂、费时。

(4) 镗刀在内孔里面工作,难以观察,故只能凭切屑的颜色、出现的振动等情况来判断切削过程是否正常。

3. 高速精镗的特点及应用

精密孔的精细镗削常在金刚镗床上进行。金刚镗床具有高的精度和刚度,加工时的变形和振动极小。镗刀采用硬质合金或人造金刚石和立方氮化硼刀具。为控制镗孔的尺寸,常采用微调镗刀头。

其工艺特点如下:

(1) 切削速度大而背吃刀量和进给量很小,因此可以加工出精度很高(IT7~IT6)、表面粗糙度值很小($Ra\ 0.8\sim0.1\ \mu m$)的孔。

(2) 生产效率比内圆磨削的高得多,而且容易适应不同结构零件上的各种精密孔的加工,如发动机的汽缸孔、连杆孔、活塞销孔及车床主轴箱上的主轴孔等。

6.3.4　磨孔

1. 磨孔方式

孔的磨削可以在内圆磨床上进行,也可以在万能外圆磨床上进行。目前应用的内圆磨床多是卡盘式的,它可以加工圆柱孔、圆锥孔和成形内圆面等。与外圆磨削类似,内圆磨削也可以分为纵磨法和横磨法。鉴于砂轮轴的刚度很小,横磨法仅适用于磨削短孔及内成形面,且一般情况下很难采用深磨法,所以,孔的磨削多数情况下采用纵磨法。

纵磨圆柱孔时,工件安装在卡盘上(见图 6-26),磨削时,工件与砂轮旋转方向相反,砂轮作纵向往复进给运动,并周期性地作横向进给运动。若磨圆锥孔,则只需将磨床的头架在水平方向偏转半个锥角。

在大量生产中,短工件上要求与外圆面同轴的孔的精加工也可以采用无心磨法(见图 6-27)。

2. 磨孔加工的特点

与铰孔或拉孔相比,磨孔有如下特点:

(1) 可以加工淬硬工件的孔;

(2) 不仅能保证孔本身的尺寸精度和表面质量,还可以提高孔的位置精度和轴线的直线度;

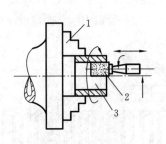

图 6-26　纵磨圆柱孔

1—自定心卡盘；2—砂轮；3—工件

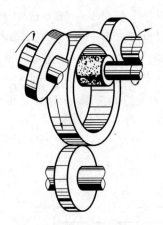

图 6-27　无心磨轴承环内孔

（3）用同一个砂轮，可以磨削不同直径的孔，灵活性较大；

（4）生产效率比铰孔的低，比拉孔的更低。

3. 磨孔加工存在的主要问题

（1）表面粗糙度较大。受工件孔径的限制，磨孔的砂轮直径一般较小（一般为孔径的 0.5~0.9 倍），即使磨头转速比外圆磨削的要高（最高可达 20000 r/min），圆周速度仍很难达到外圆磨削时的 30~50 m/s；加上砂轮与工件的接触面积大，切削液不易进入磨削区，所以与磨外圆相比，磨孔得到的表面粗糙度较大。

（2）生产效率较低。磨孔时，砂轮的轴细、悬伸长，刚度很小，不宜采用较大的磨削深度和进给量，故生产效率较低。另外，砂轮直径小，为维持一定的磨削速度，转速要大，增加了单位时间内磨粒的切削次数，故磨损快；磨削力小，降低了砂轮的自锐性，且易堵塞。因此，需要经常修整砂轮和更换砂轮，增加了辅助时间，使磨孔的生产效率进一步降低。

基于以上的原因，磨孔一般仅适用于淬硬工件孔的精加工，如滑移齿轮、轴承环及刀具上孔的加工等。但是，磨孔的适应性较好，不仅可以磨削通孔，还可以磨削阶梯孔和盲孔等，因而在单件、小批生产中应用较多，特别是对于非标准尺寸的孔，其精加工用磨削更为合适。

6.3.5　拉削

拉削（broaching）利用特制的拉刀逐齿依次从工件上切下很薄的金属层，使表面达到较高的尺寸精度和较小的表面粗糙度，是一种高效率的精加工方法。

图 6-28 所示为圆孔拉刀的结构，拉刀是多齿刀具。拉削所用的机床称为拉床。拉削的主运动是拉刀的直线运动，拉削无进给运动，其进给是靠拉刀的后一个刀齿高出前一个刀齿来实现的（见图 6-29），刀齿的高出量称为齿升量 a_f。所以拉床的结构简单，操作也较方便。

图 6-28　圆孔拉刀的结构

拉孔的直径一般为 $10\sim75$ mm,孔径太大则拉削力过大,孔径太小则拉刀刚度小,精度不易保证。拉削也不宜用于加工深孔,同时工作的刀齿数过多会使拉力过大,拉孔的深度一般不超过孔径的 $3\sim4$ 倍。此外,拉孔是以预加工的孔本身作为定位面的,如图 6-30 所示,工件以已加工过的一个端面为支撑面,当工件端面与预加工孔的轴线不垂直时,球面垫圈会自动调节,以防止拉刀崩刃和折断。因此,拉孔难以保证孔与其他表面间的位置精度。

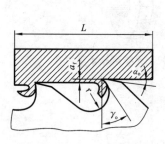

图 6-29　拉刀刀齿切削过程

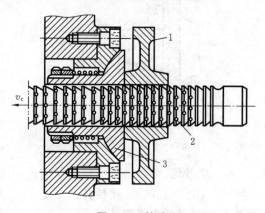

图 6-30　拉孔
1—工件;2—切削齿;3—球面垫圈

1. 拉削的工艺特点

拉削加工的主要特点如下:

(1) 生产效率较高。拉刀同时参加工作的刀齿数较多,并且拉刀的一次行程中能够完成粗加工、半精加工和精加工工序,使基本工艺时间和辅助时间大大缩短,所以拉削的生产效率较高。

(2) 加工精度较高,表面粗糙度较小。拉刀具有校准部,其作用是校准尺寸,修光表面,并可作为精切齿的后备刀齿。校准齿的切削量很小,只切去工件材料的弹性恢复量。另外,拉削的切削速度一般较低($v_c<18$ m/min),每个切削齿的切削厚度较小,因而切削过程比较平稳,并可避免积屑瘤的不利影响。所以,拉削加工可以达到较高的精度和较小的表面粗糙度。一般拉孔的尺寸精度公差等级为 IT7~IT8,表面粗糙度值为 Ra $0.4\sim0.8$ μm。

(3) 拉刀的使用寿命长。拉削时切削速度较低,刀具磨损慢,刃磨一次,可以加工数以千计的工件,一把拉刀又可以重磨多次,所以拉刀的使用寿命长。

(4) 适用于批量生产。拉刀是定尺寸刀具,结构复杂,制造困难,成本高,所以仅适用于成批、大量生产。在单件、小批生产中,对于某些精度要求高、形状特殊的成形表面,用其他方法加工困难时,也有采用拉削加工的。

2. 拉削的应用

拉削可以加工各种形状的通孔(如花键孔、内齿轮),还可以加工没有障碍的外表面,所以拉削的加工范围较广(见图 6-31)。但是,盲孔、深孔、阶梯孔、薄壁零件的孔和有障碍的外表面,则不能用拉削加工。

6.3.6　孔的珩磨

1. 珩磨原理

珩磨是孔光整加工的方法之一,特别适用于有较高耐磨性要求的表面。珩磨一般在精镗的基础上进行,珩磨余量一般为 $0.02\sim0.15$ mm,多用于加工圆柱孔。

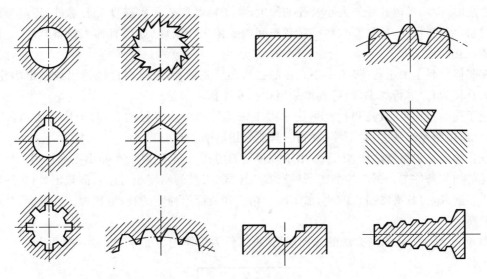

图 6-31　拉削表面

珩磨常在专用的珩磨机上进行。工件固定在机床工作台上,珩磨孔用的工具称为珩磨头(见图 6-32(a)),珩磨头采用特定结构推出磨条作径向扩张,以一定压力与工件孔壁接触,在成批大量生产中,广泛采用气动、液压珩磨头,自动调节工作压力。主轴带动珩磨头旋转并作轴向往复运动,从工件表面切除一层极薄的金属,其切削轨迹是交叉而不重复的网纹(见图 6-32(b))。

2. 珩磨的特点

(1) 加工质量好。珩磨头与机床主轴浮动连接,其沿孔壁自动导向,余量均匀;珩磨头径向刚度大,加工过程平稳。细粒度的磨条和不重复的网纹轨迹,有利于减小表面粗糙度。此外,珩磨的

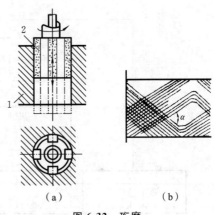

图 6-32　珩磨

(a) 珩磨加工；(b) 珩磨网纹

1—工件；2—珩磨头

切削速度较低,发热量少。因此,尺寸精度可达IT6～IT4,表面粗糙度值可达 Ra 0.4～0.04 μm,圆度和圆柱度也可得到提高,但不能提高位置精度。

(2) 生产率较高。珩磨时磨条与孔壁接触面积较大,同时参加切削的磨粒多;珩磨头的转速虽然较低,但往复速度较高。

(3) 加工表面耐磨损。珩磨加工的表面有独特的网纹沟槽结构,有利于储存润滑油,耐摩擦、磨损,特别适用于相对运动精度高的精密零件的加工。

珩磨加工的孔径范围为5～500 mm,孔的深径比可达 10 以上。珩磨不仅在大量生产中应用极为普遍,而且在单件小批生产中应用也较广泛。对于某些零件的孔,如飞机、汽车、拖拉机的发动机的汽缸体、汽缸套、连杆及液压油缸、炮筒等的孔,珩磨已成为典型的光整加工方法。珩磨与磨削一样,不宜加工易堵塞磨条的铜、铝等韧性金属。

6.3.7　孔的加工方案

孔加工可以在车床、钻床、镗床或磨床上进行,大孔和孔系则常在镗床上加工。选择孔的

加工方法时,除应考虑孔径的大小及孔的深度、加工精度和表面粗糙度等要求外,还应考虑工件的材料、形状、尺寸、质量要求和批量及车间的具体生产条件(如现有加工设备)等。这里仅讨论圆柱孔的加工方案。

在实体材料上加工孔(多为中小直径的孔),必须先钻孔;若是对已经铸出或锻出的孔(多为中大直径的孔)进行加工,则可直接采用扩孔或镗孔。

至于孔的精加工,铰孔和拉孔适用于加工未淬硬的中小直径的孔;对于中等直径以上的孔,可以采用精镗或精磨;对于淬硬的孔,只能采用磨削。

在孔的光整加工方法中,珩磨多用于直径稍大的孔,研磨则对大孔和小孔都适用。

孔的加工条件与外圆面的加工条件有很大不同,刀具的刚度小,排屑、散热困难,切削液不易进入切削区,刀具易磨损。因此,加工同样精度和表面粗糙度的孔,要比加工外圆面困难,成本也较高。

图 6-33 所示为孔加工方法的选择框图,可以作为选择孔加工方法的参考依据。

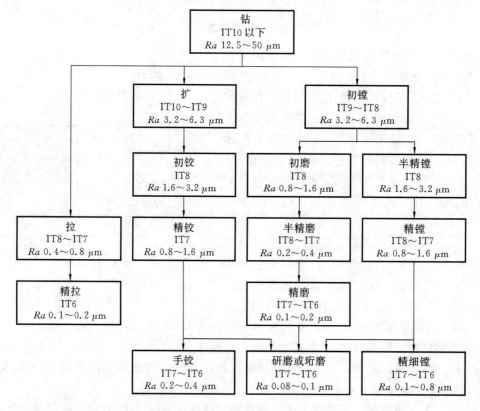

图 6-33 孔加工方法的选择框图

1) 在实体材料上加工孔的方法

(1) 钻,用来加工尺寸精度公差等级为 IT10 以下低精度的孔。

(2) 钻→扩(或镗),用来加工尺寸精度公差等级为 IT9 的孔,当孔径小于 30 mm 时,钻孔后扩孔,若孔径大于 30 mm,则采用钻孔后镗孔。

(3) 钻→铰,用来加工直径小于 20 mm、尺寸精度公差等级为 IT8 的孔。

(4) 钻→扩(或镗)→铰(或钻→粗镗→精镗,或钻)→拉,用来加工直径大于 20 mm、尺寸精度公差等级为 IT8 的孔。

　　(5) 钻→粗铰→精铰,用来加工直径小于 12 mm、尺寸精度公差等级为 IT8 的孔。

　　(6) 钻→扩(或镗)→粗铰→精铰(或钻→拉→精拉),用来加工直径大于 12 mm、尺寸精度公差等级为 IT7 的孔。

　　尺寸精度公差等级为 IT6 的孔的加工方法与尺寸精度公差等级为 IT7 的孔的加工方法基本相同,其最后工序要根据具体情况,分别采用精细镗、手铰、精拉、精磨、研磨或珩磨等精细加工方法。

　　2) 已铸出或锻出孔的加工方法

　　对于铸(或锻)件上已铸(或锻)出的孔,可直接进行扩孔或镗孔;对于直径大于 100 mm 的孔,用镗孔比较方便。对于半精加工、精加工和精细加工,可参照在实体材料上加工孔的方法,例如,粗镗→半精镗→精镗→精细镗,扩→粗磨→精磨→研磨(或珩磨)等。

6.4　平 面 加 工

　　平面是零件上的常见表面。根据在零件上的功能,平面可以分为:固定连接平面,如箱体与箱盖的连接面、支架与机座的连接面等;导向平面,如各类机床上的导轨面,一般要求有较高的精度和小的表面粗糙度值;端平面,如轴、套类零件上与其旋转中心相垂直的平面,多起定位作用,往往对与旋转中心的垂直度、表面粗糙度有较高的要求;板形零件平面,如模具模块等;某些精密零件,如精密平板等,其精度及表面粗糙度要求极高。

　　平面的技术要求如下:

　　(1) 形状精度,如直线度、平面度等;

　　(2) 位置精度,如平面与其他平面或孔之间的位置尺寸精度、平行度、垂直度等;

　　(3) 表面质量,包括表面粗糙度、金相组织变化等。

　　平面的主要加工方法有刨削、铣削、车削、拉削、磨削、研磨和抛光等。

6.4.1　平面刨削

　　刨削(planing)是以刨刀相对工件的往复直线运动与工作台(或刀架)的间歇进给运动来实现切削加工的(见图 6-34),它是平面加工的主要方法之一。常见的刨削机床有牛头刨床、龙门刨床和插床等。

　　1. 刨削的工艺特点

　　(1) 通用性好。根据切削运动和具体的加工要求,刨床的结构比车床、铣床等简单,成本低,调整和操作也较简便。所用的单刃刨刀与车刀基本相同,形状简单,制造、刃磨和安装皆较方便,因此刨削的通用性好。

　　(2) 生产效率较低。刨削的主运动为往复直线运动,反向时受惯性力的影响,加之刀具切入和切出时有冲击,其切削速度的提高受到限制。单刃刨刀实际参加切削的切削刃长度有限,一个表面往往要经过多个行程才能加工出来,基本工艺时间较长。刨刀在返回行程中,一般不进行切削,增加了辅助时间。基于以上原因,刨削一般比铣削的生产效率低。但是对于狭长表面(如导轨、长槽等)的加工,以及在龙门刨床上进行多件或多刀加工时,刨削的生产效率可能高于铣削。

　　(3) 可达一定的加工精度。一般刨削的尺寸精度公差等级可达 IT7～IT8,表面粗糙度值可达 Ra 1.6～6.3 μm。当采用宽刃精刨(即在龙门刨床上,用宽刃刨刀以很低的切削速度,切去工

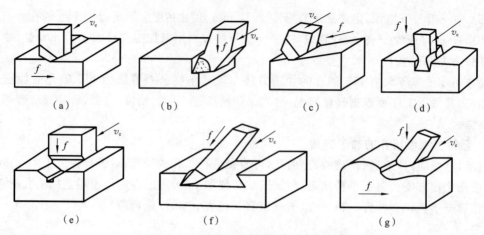

图 6-34 刨削的切削运动与加工范围

(a) 刨水平面;(b) 刨垂直面;(c) 刨斜面;

(d) 刨直槽;(e) 刨 V 形槽;(f) 刨燕尾槽;(g) 刨直母线成形面

件表面上一层极薄的金属)时,平面度小于 $0.02\ \mathrm{mm/m^2}$,表面粗糙度值可达 $Ra\ 0.4\sim0.8\ \mu\mathrm{m}$。

2. 插削

插削在插床(见图 6-35)上进行,插床可以看作"立式刨床"。切削时,工件安装在工作台上,插刀对工件作垂直方向的相对直线往复运动。插削主要用于加工零件的某些内表面,如孔内键槽、多边形孔等,也可用于加工某些外表面。

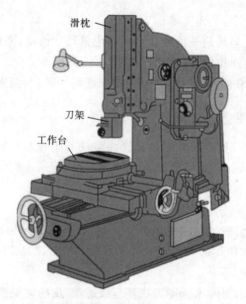

滑枕

刀架

工作台

图 6-35 插床

插削由于生产效率较低,主要用于单件、小批生产。

6.4.2 平面铣削

铣削(milling)是平面加工最常用的方法。

1. 铣床

普通铣床的种类很多,主要有立式铣床、卧式铣床和龙门铣床等,以适应不同的加工需要。

立式铣床是指主轴与工作台面垂直；卧式铣床是指主轴与工作台面平行。随着数控铣床和加工中心的普及，普通铣床的应用逐渐减少。

加工中心是从数控铣床发展而来的，它是一种备有刀库并能自动更换刀具对工件进行多工序加工的数控机床。通过自动换刀功能，加工中心可以实现铣削、镗削、钻削、攻螺纹等多种加工工艺，因此，能在一台机床上完成由多台普通机床才能完成的工作。

按加工工序分类，加工中心可分为镗铣加工中心和车削中心。镗铣加工中心主要以镗铣为主，还可以进行钻、扩、铰、锪、攻螺纹等加工，主要用于箱体、模具、复杂空间曲面等的加工。通常所称的加工中心一般就是指镗铣加工中心。

2. 铣刀

铣刀是刀齿分布在刀轴圆周表面或端面上的多刃回转刀具。通过对一个刀齿进行分析，就可以了解整个铣刀的几何角度。铣刀的种类很多，但其基本形式为圆柱铣刀和端铣刀。

1）圆柱铣刀

图6-36所示为圆柱铣刀的标注角度。圆柱铣刀的正交平面是垂直于铣刀轴线的端剖面，切削平面是通过切削刃选定点的圆柱切平面，因此，刀齿的前角 γ_o 和后角 α_o 都标注在端剖面上。一般铣削钢件时，取 $\gamma_o = 10° \sim 20°$，铣削铸铁件时，取 $\gamma_o = 5° \sim 15°$。铣削时，由于铣削厚度较小，磨损主要发生在后刀面上，故一般后角较大，通常粗加工时 $\alpha_o = 12°$，精加工时 $\alpha_o = 16°$。由于加工铣刀齿槽和刃磨刀齿时都需要铣刀齿槽的法向剖面参数，因此，还要标注刀齿法向剖面上的前角 γ_n 和后角 α_n。

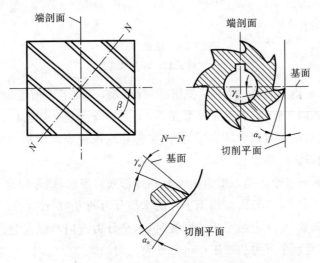

图6-36　圆柱铣刀的标注角度

螺旋角 β 相当于刃倾角 λ_s，它能使刀齿逐渐切入和切离工件，使铣刀同时工作的齿数增加，铣削过程的平稳性提高。

2）端铣刀

如图6-37所示，端铣刀的每一个刀齿相当于一把车刀，都有主、副切削刃和过渡刃。因此，端铣刀每个刀齿都有前角 γ_o、后角 α_o、主偏角 κ_r、副偏角 κ'_r 和刃倾角 λ_s，此外，还有过渡刃长、过渡刃主偏角 κ_o 等。

3. 铣削方式

不同铣削方式对刀具的耐用度、工件加工表面粗糙度及加工生产率等有很大的影响。

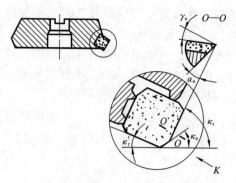

图 6-37　端铣刀的标注角度

对工件夹紧不利,易引起振动。

1) 圆周铣削法(周铣法)

周铣法是指用铣刀圆周上的刀刃来铣削工件表面的方法。它有逆铣和顺铣两种方式(见图 6-38)。铣刀旋转切入工件的方向与工件的进给方向相反时称为逆铣,相同时则为顺铣。

逆铣时,刀齿切削厚度由零增至最大,切入瞬间刀刃钝圆半径大于瞬时切削厚度,刀齿要在工件表面上挤压和滑行一段距离后才能切入工件,使工件表面产生冷硬层,降低了表面加工质量,并加剧了刀具磨损。此外,逆铣时刀齿作用于工件的垂直分力朝上,

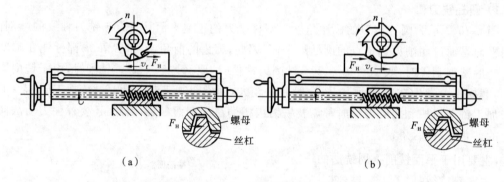

图 6-38　逆铣和顺铣

(a) 逆铣;(b) 顺铣

顺铣时,切削厚度由大到小,避免了挤压、滑行现象,已加工表面的加工硬化程度大为减轻。垂直分力朝下压向工作台,有利于夹紧工件,加工过程平稳,可提高铣刀的耐用度和加工表面质量。但是,当铣削带有黑皮的表面时,例如铸件或锻件表面的粗加工,因顺铣时刀齿首先接触黑皮,将加剧刀齿的磨损。

铣床工作台的纵向进给运动一般是由丝杠和螺母来实现的,螺母固定不动,丝杠转动并带动工作台纵向移动。逆铣时,刀齿作用于工件的水平分力的方向与纵向进给方向相反,丝杠与螺母的传动面始终贴紧,切削进给平稳。顺铣时,水平分力方向与纵向进给方向相同,当丝杠螺母存在轴向间隙,且水平分力超过工作台与导轨之间的摩擦阻力时,工作台会带动丝杠往前窜动,进给不稳定,甚至还会打刀。因此,使用顺铣法加工时,要求铣床有消除丝杠螺母轴向间隙的装置。

加工中心一般采用顺铣方式,普通铣床一般采用逆铣方式,精加工时,在加工量极小的情况下也可使用顺铣方式。

2) 端面铣削法(端铣法)

端铣法是利用铣刀端面的刀齿来铣削工件的加工表面的,根据铣刀与工件相对位置的不同,端铣可分为三种不同的铣削方式,如图 6-39 所示。

(1) 对称端铣。工件安装在端铣刀的对称位置上,具有最大的平均切削厚度,刀齿可超越冷硬层而切入工件。一般端铣时常用这种铣削方式。

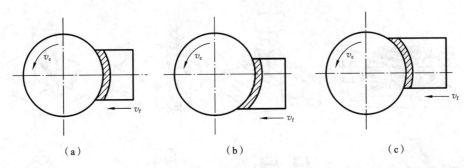

图 6-39　端铣方式

（a）对称端铣；（b）不对称逆铣；（c）不对称顺铣

（2）不对称逆铣。如图 6-39（b）所示，逆铣部分大于顺铣部分的铣削方式。刀齿切入处切削厚度最小，可以减小切入时的冲击，提高刀具耐用度。适用于加工普通碳钢、低合金钢和铸铁及较窄的工件。

（3）不对称顺铣。如图 6-39（c）所示，顺铣部分大于逆铣部分的铣削方式。这种铣削方式一般很少采用。但铣削不锈钢、耐热合金等材料时，刀齿从切削厚度较大处切入，从切削厚度较小处切出，使切削层对刀齿的压力逐渐减小，可减少刀具的黏结磨损。

周铣法和端铣法相比较，端铣法具有铣削较平稳、加工质量及刀具耐用度均较高的特点，且端铣刀易镶硬质合金刀齿，可采用大的切削用量，实现高速切削，生产率高。但端铣法适应性差，主要用于平面铣削。周铣法的铣削性能虽然不如端铣法的，但周铣法能用多种铣刀，铣平面、沟槽、齿形和成形表面等，适应范围广，因此生产中应用较多。

4. 铣削的工艺特点

（1）生产效率较高。铣刀是一种多刃刀具，铣削时有多个刀齿同时参加工作，总的切削宽度较大。铣削的主运动是铣刀的旋转，有利于采用高速铣削，所以一般铣削比刨削的生产率高。

（2）容易产生冲击和振动。铣削过程是一个断续切削过程，铣刀的刀齿切入和切出时，由于同时工作的刀齿数有增有减而产生冲击和振动。当振动频率与机床固有频率一致时会发生共振，造成刀齿崩刃，甚至毁坏机床零部件。另外，每个刀齿的切削厚度是变化的（见图 6-38），这就引起切削面积和切削力的变化，因此，铣削过程不平稳，容易产生振动。冲击和振动现象的存在，限制了铣削加工质量和生产率的进一步提高。

（3）刀齿散热条件较好。铣刀刀齿在切离工件的一段时间内，可以得到一定的冷却，散热条件较好。但是，切入和切出时热量和力的冲击，将加速刀具的磨损，甚至可能引起硬质合金刀片的碎裂。

（4）切削方式多样化。铣削时，可根据不同材料的可加工性和具体加工要求，选用不同的刀具和铣削方式，加工平面、台阶面、沟槽、成形表面、型腔表面、螺旋表面等。图 6-40 所示为铣削加工的应用。

5. 高速精铣

高速精铣通常指铣削速度比常规铣削速度高 5～10 倍的铣削，是目前高效率和高精度的新型铣削方法。与一般切削工艺相比，高速精铣具有以下特点：

（1）表面粗糙度值更低。切削速度的提高，使切削力下降，并减少了塑性变形，积屑瘤与

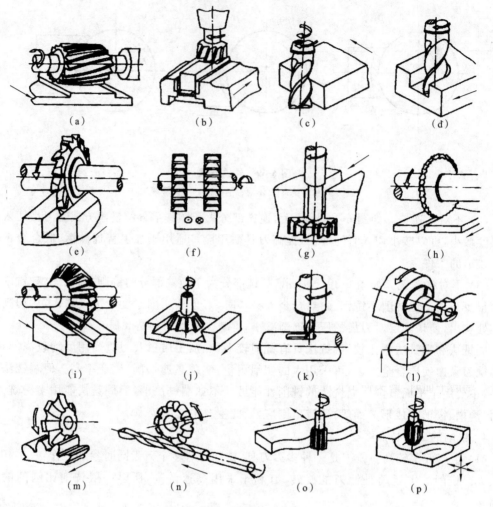

图 6-40　铣削加工应用

(a)(b)(c) 铣平面;(d)(e)铣沟槽;(f) 铣台阶;(g) 铣 T 形槽;(h) 铣狭缝;

(i)(j) 铣角;(k)(l) 铣键槽;(m) 铣齿形;(n) 铣螺旋槽;(o) 铣曲面;(p) 铣立体曲面

鳞刺减少甚至消失,从而提高了表面质量。但对机床精度、工艺系统刚度及刀具耐用度有更高要求。

　　(2) 生产率比一般铣削更高。高速精铣由于其刀具材料得到保证,切削速度高,切削余量大,因此适合进行批量加工。

　　(3) 对刀具材料要求更高。刀具应具有较好的抗热冲击性、耐磨性及抗崩齿的性能,才能对断续铣削时的温度变化有较好的适应性,铣削时不易产生裂纹。

　　(4) 可进行特种零件加工。由于高速铣削切削力小,对于薄壁零件(如飞机机翼上的结构肋)的加工具有极大的优势,采用合理的切削用量,提高工件刚度,提高刀具的锋利程度,都有利于得到无变形的加工面。

6.4.3　平面磨削

　　用砂轮或其他磨具加工零件的方法称为磨削。这里主要讨论平面磨削。

1. 平面磨削方式及其比较

1）平面磨削方式

平面磨削主要有两种方式：用回转砂轮周边磨削，称为周磨（见图 6-41(a)）；用回转砂轮端面磨削，称为端磨（见图 6-41(b)）。工件随工作台作直线往复运动，或随圆形工作台作圆周运动，磨头作间歇进给运动。

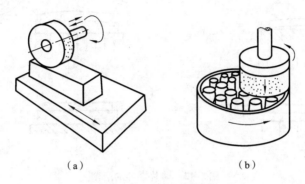

(a)　　　　　　　　　　(b)

图 6-41　平面磨削方式

(a) 周磨；(b) 端磨

2）周磨与端磨的比较

周磨平面时，砂轮与工件的接触面积小，散热、冷却和排屑情况较好，因此加工的零件质量较好。端磨平面时，磨头伸出长度较短，刚度较大，允许采用较大的磨削用量，故生产率较高；但是，砂轮与工件的接触面积较大，发热量大，冷却较困难，故加工的零件质量较差。所以，周磨多用来加工质量要求较高的工件；端磨用于加工质量要求不是很高的工件，用它代替粗铣。

周磨平面用卧式平面磨床，端磨平面用立式平面磨床。它们都有矩形工作台（简称矩台）和圆形工作台（简称圆台）两种形式。卧式矩台平面磨床适用性好，应用最广；立式矩台平面磨床多用于粗磨大型工件或同时加工多个中小型工件。圆台平面磨床则多用于成批、大量生产中小型零件，如活塞环、轴承环等的加工。

磨削铁磁性工件（如钢件、铸铁件等）时，多利用电磁吸盘将工件吸住，装卸很方便。对于某些不允许带有磁性的零件，磨完平面后应进行退磁处理，为此，平面磨床附有退磁器，可以方便地将工件的磁性退掉。

2. 薄片零件的磨削特点

垫圈、摩擦片及镶钢导轨等较薄或狭长零件，因磨削前，其表面的平面度较差，磨削时也易受热变形和受力变形，因此磨削此类平面应掌握以下特点：

（1）改善磨削条件。选用软的砂轮、采用较小的磨削深度和较高的工作台纵向进给速度，以及供应充分的切削液等。

（2）合理的装夹。磨削平面常采用电磁工作台来装夹工件，而磨削薄片工件时，由于工件刚度较小，很容易产生夹紧变形，如图 6-42 所示。合理的装夹常常是保证薄片平面磨削质量的关键。生产中有多种行之有效的措施，其中之一是在工件与电磁工作台之间垫上一层薄橡胶垫，厚度约为 0.5 mm，以减小工件被吸紧时的弹性变形。

（3）适当的加工工艺。对于薄片，总是先将工件的翘曲部分磨去（见图 6-42(d)），磨完一面再翻过来磨另一面（见图 6-42(e)）。如此反复几次就可以消除工件上的翘曲变形，得到合格的平面。

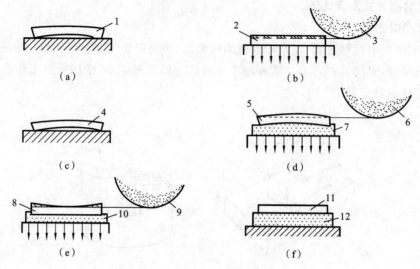

图 6-42　薄片零件的磨削

(a) 毛坯翘曲;(b) 吸平后磨削;(c) 磨后松开;(d) 磨削凸面;(e) 磨削凹面;(f) 磨后松开

1、2、4、5、8、11—工件;3、6、9—砂轮;7、10、12—橡胶垫

6.5　齿形加工

6.5.1　概述

1. 齿轮的技术要求

齿轮传动机构可以用来传递空间任意两轴间的运动,且传动准确可靠、结构紧凑、寿命长、效率高,是应用最广泛的传动机构之一。在各种机械、仪表、运输、农业机械等设备中大都使用齿轮来传递运动和动力。常见的齿轮传动类型如图 6-43 所示。在国家标准 GB/T 10095 中,对齿轮精度规定了 0～12 共 13 个等级,根据目前加工方法所能达到的精度水平来划分,0 级为最高精度等级,12 级为最低精度等级。

齿轮及齿轮副的使用要求主要包括:

(1) 齿轮的运动精度。要求齿轮在一转范围内,最大转角误差限制在一定的范围内,以保证所传递运动的准确性。齿形加工中的分齿精度影响该项性能。

(2) 齿轮的工作平稳性。要求齿轮传动瞬时传动比的变化不能过大,以免引起冲击,产生振动和噪声。齿形加工中的齿形误差影响该项性能。

(3) 齿面接触精度。要求齿轮啮合时齿面接触良好,以免引起应力集中,造成齿面局部磨损。齿形加工中的齿向误差影响该项性能。

(4) 齿侧间隙。要求齿轮啮合时,非工作齿面间具有一定的间隙,便于储存润滑油,补偿因温度变化和弹性变形引起的尺寸变化及加工和安装误差的影响。在齿形加工中适当减小轮齿的理论厚度可保证该项性能。

对于分度传动用的齿轮,主要要求它的运动精度,使传递的运动准确可靠;对于高速动力传动用的齿轮,要求它必须工作平稳,没有冲击和噪声;对于重载、低速传动用的齿轮,则要求它的接触精度高,使啮合齿的接触面积最大,以提高齿面的承载能力和减少齿面的磨损;对于

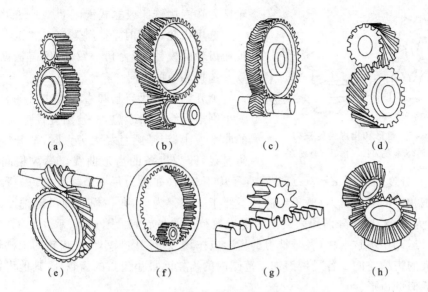

图 6-43　常见的齿轮传动类型

(a) 直齿圆柱齿轮传动；(b) 斜齿圆柱齿轮传动；(c) 人字齿圆柱齿轮传动；(d) 螺旋齿轮传动；

(e) 蜗杆传动；(f) 内啮合齿轮传动；(g) 齿轮齿条传动；(h) 直齿锥齿轮传动

换向传动和读数机构，齿侧间隙就十分重要了，必要时必须消除间隙。

2. 齿形的加工方法

按齿形形成的原理不同，齿形加工方法可以分为两类：一类是成形法，采用与被切齿轮齿槽形状相符的成形刀具切出齿形，如铣齿（用盘形或指形铣刀）、拉齿和成形磨齿等；另一类是展成法（包络法），齿轮刀具与工件按齿轮副的啮合关系作展成运动，工件的齿形由刀具的切削刃包络而成，如滚齿、插齿、剃齿、展成法磨齿和珩齿等。

6.5.2　铣齿

1. 铣削直齿圆柱齿轮

图 6-44 所示为铣削直齿圆柱齿轮（简称直齿轮）的一种情况。铣削时齿轮坯紧固在芯轴上，芯轴安装在分度头和尾架顶尖之间，铣刀旋转，工件随工作台作纵向进给运动。每铣完一个齿槽，纵向退刀进行分度，再铣下一个齿槽。

模数 $m \leqslant 20$ 的齿轮一般用盘形齿轮铣刀在卧式铣床上加工，模数 $m > 20$ 的齿轮用指形齿

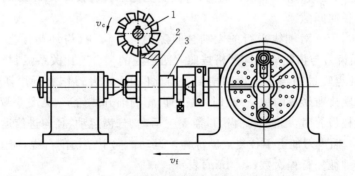

图 6-44　铣削直齿圆柱齿轮

1—齿轮铣刀；2—齿轮坯；3—圆柱芯轴

 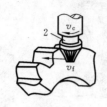

图 6-45　盘形和指形齿轮铣刀

1—盘形齿轮铣刀;2—指形齿轮铣刀

轮铣刀在专用铣床或立式铣床上加工(见图 6-45)。

选用齿轮铣刀时,除了模数 m 和压力角 α 应与被切齿轮的模数、压力角一致外,还需根据齿轮的齿数 z 选择相应的刀号。

渐开线的形状与基圆直径大小有关。基圆直径愈小则渐开线的曲率愈大,基圆直径愈大,则渐开线的曲率愈小;当基圆直径无穷大时,渐开线便成为一条直线,即为齿条的齿形曲线。模数相同而齿数不同的齿轮,其分度圆直径($d=mz$)、基圆直径均不相同,如果为每一个模数的每一种齿数的齿轮制备一把相应的齿轮铣刀,既不经济也不便于管理。为此,同一模数的齿轮铣刀,一般只制作 8 把,分为 8 个刀号,分别用来铣削一定齿数范围的齿轮,如表 6-6 所示。为了保证铣削的齿轮在啮合运动中不致卡住,各号铣刀的齿形应按该号范围内最小齿数齿轮的齿槽轮廓制作,以获得最大的齿槽空间。各号铣刀加工范围内的齿轮除最小齿数的齿轮外,其他齿数的齿轮,只能获得近似的齿形。

表 6-6　盘形齿轮铣刀的刀号及加工的齿数范围

刀　　号	1	2	3	4	5	6	7	8
加工的齿数范围	12~13	14~16	17~20	21~25	26~34	35~54	55~134	135 以上

2. 铣齿的工艺特点

(1) 生产成本低。齿轮铣刀的结构简单,在普通铣床上即可完成铣齿工作。

(2) 加工精度低。齿形的准确性完全取决于齿轮铣刀,而一个刀号的铣刀要加工一定齿数范围的齿轮,因此齿形误差较大。此外,在铣床上采用分度头分齿,分齿误差也较大。

(3) 生产率低。每铣一齿都要重复耗费切入、切出、吃刀和分度的时间。

6.5.3　插齿和滚齿

插齿和滚齿是展成法中最常用的两种方法。

1. 插齿

插齿(gear shaping)是用插齿刀在插齿机上加工齿形的一种方法,它是按一对圆柱齿轮相啮合的原理进行加工的。插齿刀很像一个圆柱齿轮(见图 6-46),只是齿顶呈圆锥形,以形成顶刃后角;端面呈凹锥面,以形成顶刃前角;齿顶高比标准圆柱齿轮大 $0.25m$,以保证插削后的齿轮在啮合时有径向间隙。

插齿加工相当于一对轴线平行的无啮合间隙的圆柱齿轮(齿坯与插齿刀)的啮合(见图 5-46)。插齿时,插齿刀与齿轮坯之间严格按照一对齿轮的啮合速比关系强制传动,即插齿刀转过一个齿,齿轮坯也转过相当一个齿的角度。与此同时,插齿刀作上下往复运动,进行切削。其刀齿侧面运动轨迹所形成的包络线,即为被切齿轮的渐开线齿形(见图 6-47)。

插削直齿圆柱齿轮时,用直齿插齿刀,需要主运动、分齿运动、径向进给运动和让刀运动。

(1) 主运动。插齿刀的上下往复运动称为主运动。向下是切削行程,向上是返回空行程。插齿速度用每分钟往复行程次数(str/min)表示。

(2) 分齿运动。强制插齿刀与被加工齿轮之间保持一对齿轮的啮合关系的运动称为分齿运动。其转速的关系如下:

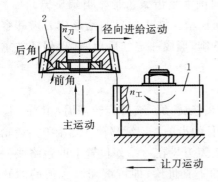

图 6-46　插齿刀与插齿加工
1—齿轮坯；2—插齿刀

图 6-47　插齿时渐开线齿形的形成
1—插齿刀；2—刀齿侧面运动轨迹；3—包络线；4—被切齿轮

$$\frac{n_刀}{n_工}=\frac{z_工}{z_刀} \tag{6-2}$$

式中：$n_刀$、$n_工$——插齿刀和被加工齿轮的转速；

$z_刀$、$z_工$——插齿刀和被加工齿轮的齿数。

在分齿运动中，插齿刀每往复行程一次，在其分度圆周上所转过的弧长称为圆周进给量（mm/str），它决定了每次行程中金属的切除量和形成齿形包络线的切线数目，直接影响着齿面的表面粗糙度。

（3）径向进给运动。在插齿开始阶段，插齿刀沿齿轮坯半径方向的移动称为径向进给运动。其目的是使插齿刀逐渐切至全齿深，以免开始时金属切除量过大而损坏刀具。径向进给量是指插齿刀每上下往复一次径向移动的距离（mm/str）。径向进给运动是由进给凸轮控制的，当切至全齿深后即自动停止。

（4）让刀运动。为了避免插齿刀在返回空行程中擦伤已加工表面和加剧刀具的磨损，应使工作台或刀具沿径向让开一段距离；在切削行程开始前，工作台或刀具恢复原位。这种运动即为让刀运动。

当插削斜齿圆柱齿轮时，要使用斜齿插齿刀。插削斜齿时，插齿刀在作往复直线运动的同时，还要有一个附加的转动，以使刀齿切削运动的方向与工件的齿向一致。

2. 滚齿

1）滚刀

滚齿（gear hobbing）是在专用的滚齿机上进行的。滚切齿轮所用的齿轮滚刀如图 6-48 所

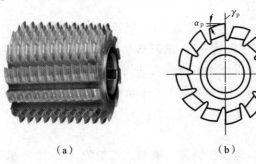

（a）　　　　　　　　　（b）

图 6-48　齿轮滚刀
（a）滚刀结构；（b）滚刀角度

示。其刀齿分布在螺旋线上,且多为单线右旋,其法向剖面呈齿条齿形。当螺旋升角 $\psi > 5°$ 时,沿螺旋线法向铣出若干沟槽;当 $\psi \leqslant 5°$ 时,则沿轴向铣槽。铣槽的目的是形成刀齿和容纳切屑。刀齿顶刃前角 γ_p 一般为 $0°$。滚刀的刀齿需要铣削,形成一定的后角 α_p,以保证在重磨前刀面后,齿形不变。通常 $\alpha_p = 10° \sim 12°$。

2) 滚齿原理和滚齿运动

如图 6-49 所示,滚齿可看成无啮合间隙的齿轮与齿条传动。滚刀旋转一周,相当于齿条在法向移动一个刀齿,滚刀的连续转动,犹如一根无限长的齿条在连续移动。当滚刀与齿轮坯之间严格按照齿轮与齿条的传动比强制啮合传动时,滚刀刀齿在一系列位置上的包络线就形成了工件的渐开线齿形,如图 6-50 所示。随着滚刀的垂直进给,即可滚切出所需的渐开线齿廓。

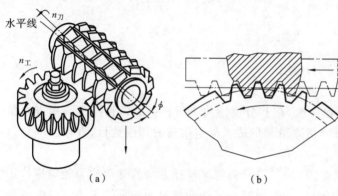

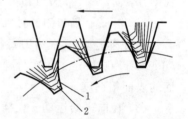

图 6-49　滚切齿轮

(a) 滚齿;(b)滚刀的法向剖面为齿条齿形

图 6-50　滚齿过程中渐开线

1—包络线;2—刀齿侧面运动轨迹

滚切直齿齿轮有主运动、分齿运动、轴向进给运动等三种运动。

(1) 主运动。滚刀的旋转运动称为主运动,用转速 $n_刀$(r/min)表示。

(2) 分齿运动。强制齿轮坯与滚刀保持齿轮与齿条的啮合运动关系的运动称为分齿运动。其转速的关系如下:

$$\frac{n_刀}{n_工} = \frac{z_工}{k} \tag{6-3}$$

式中:$n_刀$、$n_工$——滚刀和被切齿轮的转速(r/min);

　　　$z_工$——被加工齿轮的齿数;

　　　k——滚刀螺旋线的线数。

(3) 轴向进给运动。为了在整个齿宽上切出齿形,滚刀需沿被加工齿轮的轴向向下移动,此即为轴向进给运动。工作台每转一周,滚刀移动的距离称为轴向进给量(mm/r)。

滚切直齿圆柱齿轮时,为保证滚刀螺旋齿的切线方向与轮齿方向一致,即使滚刀螺旋线法向齿距($P_法 = \pi m$)与齿轮分度圆上的齿距($P = \pi m$)相等,滚刀的刀轴应扳转相应的角度(即滚刀螺旋线升角),如图 6-51 所示。

3) 滚切螺旋齿圆柱齿轮

滚切螺旋齿圆柱齿轮时,应根据滚刀与被加工齿轮的旋向、滚刀螺旋线升角 ψ 和被加工齿轮的螺旋角 β 确定刀轴扳转的角度。图 6-52 所示为右旋滚刀滚切右旋齿轮,刀轴扳转 $\beta - \psi$ 角;图 6-53 所示为右旋滚刀滚切左旋齿轮,刀轴扳转 $\beta + \psi$ 角。

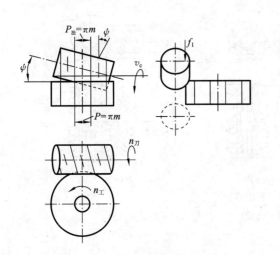

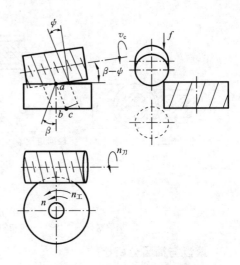

图 6-51　右旋滚刀滚切直齿圆柱齿轮　　　　　　图 6-52　右旋滚刀滚切右旋齿轮

滚切过程中滚刀垂直向下进给，由点 a 切入，点 b 切出。但轮齿为 ac 方向，为使滚刀由点 a 到达点 b 时，工件上点 c 也同时到达点 b，被加工齿轮还需有一个附加转动，转速为 n。根据螺旋线的形成原理可知，若被加工齿轮的导程为 L，在滚刀垂直进给 L 距离的同时，被加工齿轮应多转或少转一周。附加转速 n 就是根据这一关系确定的。

4）滚切蜗轮

滚切蜗轮需用蜗轮滚刀。滚切时，相当于无啮合间隙的蜗轮蜗杆传动。滚刀相当于蜗杆，如图 6-54 所示，但是沿轴向或法向铣出沟槽，以形成刀刃。在强制啮合运动的过程中，包络出蜗轮轮齿的相应齿形。

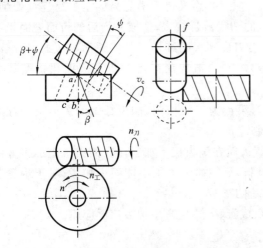

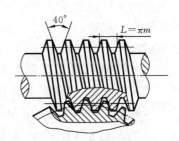

图 6-53　右旋滚刀滚切左旋齿轮　　　　　　图 6-54　蜗杆齿形

蜗轮滚刀的模数为 m、压力角为 α、螺旋升角为 ψ 且螺旋齿的旋向与和被切蜗轮相啮合的蜗杆一致，只是外径较蜗杆顶圆直径 d_a 大 $0.4m$，可保证被加工出的蜗轮与蜗杆啮合时有 $0.2m$ 的径向间隙。

滚切蜗轮的方法如图 6-55 所示，蜗轮滚刀应水平放置，其轴线应处于蜗轮的中心平面内。蜗轮滚刀由蜗轮齿顶开始切削，被切蜗轮作径向运动，逐渐切至全齿深。

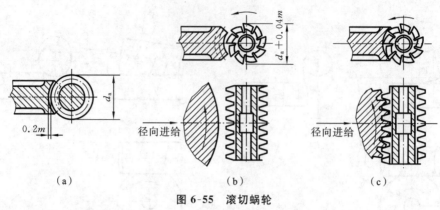

图 6-55　滚切蜗轮

(a) 蜗轮蜗杆剖面图；(b) 滚切蜗轮的起始位置；(c) 滚切蜗轮的终止位置

3. 滚齿与插齿分析比较

(1) 滚齿的加工原理与插齿的相同，均属于展成法切削的方法。因此，选择刀具时，只要求刀具的模数和压力角与被加工齿轮的一致，与齿数无关(最小齿数 $z \geqslant 17$)。

(2) 滚齿的加工精度与插齿的基本相同。一般精度为 7～8 级，若采用精密滚齿或插齿，可以达到 6 级精度。

(3) 滚齿的分齿精度比插齿的高，而滚齿加工的齿形精度则略低于插齿加工的。对于前者，滚齿加工时分齿运动是连续的，而插齿加工的分齿运动实际上是由插刀的圆周进给运动组合而成的，容易导致误差累积，最终形成分齿误差。而造成后者的原因有两个：一是由于滚刀形状复杂，加工困难，而插齿刀相对简单，其制造精度通常比滚刀高；二是插齿加工时形成齿形的包络线要比滚齿加工的多，故其加工的齿形精度要高于滚齿加工的。

(4) 滚齿的齿面表面粗糙度略大于插齿的。这是因为：插齿刀沿轮齿的全长是连续切削，且插齿可调整圆周进给量，使形成齿形的包络线的切线数目较多，造成插齿后的齿面表面粗糙度较小($Ra \; 1.6 \; \mu m$)；而滚齿的轮齿全长是由滚刀刀齿多次断续切出的圆弧面组成的，且滚齿形成的齿形包络线的切线数目又受滚刀的开槽数所限，造成滚齿后的齿面表面粗糙度较大($Ra \; 1.6 \sim 3.2 \; \mu m$)。

(5) 滚齿的生产效率高于插齿的。这是因为滚齿为连续切削，插齿加工的主运动为往复运动，不仅有返回空行程，而且切削速度受到限制。

(6) 滚齿加工范围与插齿加工的不同。螺旋齿轮在滚齿机上加工比在插齿机上加工方便且经济；而内齿轮和小间距的多联齿轮受结构限制，只能插齿加工不能滚齿加工；对于蜗轮和轴向尺寸较大的齿轮轴，只能滚齿加工不能插齿加工。

(7) 滚齿的生产类型与插齿的相同，在单件、成批、大量生产中均被广泛应用。

6.5.4　齿形的精加工方法

滚齿和插齿一般加工中等精度(7～8 级)的齿轮。对于 7 级精度以上或经淬火处理的齿轮，在滚齿、插齿加工之后还需进行精加工，以进一步提高齿形的精度。常用的齿形精加工方法有剃齿、珩齿、磨齿和研齿。

1. 剃齿

剃齿(gear shaving)是用剃齿刀在剃齿机上进行齿轮加工的一种方法，主要用来加工滚齿或插齿后未经淬火(35 HRC 以下)的直齿和螺旋齿圆柱齿轮。剃齿精度可达 6～7 级，表面粗

糙度可达 $Ra\ 0.4\sim0.8\ \mu m$。

剃齿是根据一对螺旋角不等的螺旋齿轮啮合的原理,剃齿刀与被切齿轮的轴线空间交叉一个角度,形成无侧隙双面啮合的自由展成运动。

剃齿刀的形状类似一个高精度、高硬度的螺旋齿圆柱齿轮,齿面上开有许多小沟槽以形成切削刃(见图 6-56)。在与被加工齿轮啮合运动的过程中,剃齿刀齿面上许多的切削刃从工件齿面上剃下细丝状的切屑,提高了齿形精度并降低了齿面表面粗糙度。

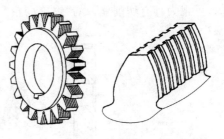

图 6-56　剃齿刀

剃削直齿圆柱齿轮的方法如图 6-57 所示。齿轮固定在芯轴上,并安装在剃齿机的双顶尖间。由于剃齿刀的刀齿呈螺旋状(螺旋角为 β),当它与直齿轮啮合时,其轴线应偏斜 β 角,使剃齿刀的方向与工件的齿向一致,形成无侧隙、双面紧密啮合。剃齿刀高速旋转时,点 A 处的圆周速度 v_A 可分解为沿齿轮圆周切线方向的分速度 v_{An} 和沿齿轮轴线方向的分速度 v_{At}。v_{An} 使工件旋转,v_{At} 为齿面相对滑动速度,即剃削速度。

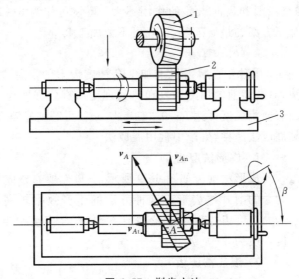

图 6-57　剃齿方法

1—剃齿刀;2—工件齿轮;3—工作台

为了剃削轮齿的全齿宽,工作台需带动齿轮作纵向往复直线运动。为使齿轮两侧获得同样的剃削条件,剃削过程中,剃齿刀作交替正反转运动。此外,为剃去全部余量,工作台在每往复行程终了时,还需作径向进给运动,进给量一般为 $0.02\sim0.04\ mm/str$。

剃齿的目的主要是提高齿形精度和齿向精度,降低齿面表面粗糙度。由于剃齿加工时没有强制性的分齿运动,故不能修正被切齿轮的分齿误差。因此,剃齿前的齿轮多采用分齿精度较高的滚齿加工。剃齿的生产效率很高,多用于大批、大量生产,剃齿余量一般为 $0.08\sim0.12\ mm$。

2. 珩齿

珩齿(gear honing)是用珩磨轮在珩齿机上进行齿形精加工的一种方法,其原理和方法与剃齿的相同。被加工齿轮的齿面表面粗糙度可达 $Ra\ 0.2\sim0.4\ \mu m$。

珩磨轮(见图 6-58)是用金刚砂或白刚玉磨料与环氧树脂等材料混合后浇铸或热压而成

的,可视为具有切削能力的"螺旋齿轮"。

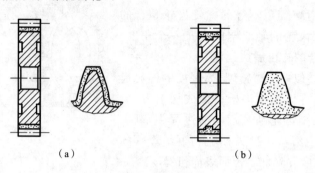

图 6-58　珩磨轮
(a) 带齿芯;(b) 不带齿芯

珩磨时,齿面间除了沿齿向产生相对滑动进行切削外,沿渐开线方向的滑动也使磨粒能切削,齿面的刀痕纹路比较复杂从而使表面粗糙度显著减小,具有磨削、剃削和抛光的综合作用。

珩齿主要用于消除淬火后的氧化皮和轻微磕碰而产生的齿面毛刺与压痕,可有效地降低齿面表面粗糙度,对修整齿形和齿向误差的作用不大。珩齿可作为 6～7 级精度淬火齿轮的"滚→剃→淬火→珩"加工方案的最后工序,一般可不留加工余量。

3. 磨齿

磨齿(gear grinding)是用砂轮在磨齿机上加工高精度齿形的一种方法,是目前加工精度最高的齿形精加工方法,对磨齿前的加工误差和热处理变形有较强的修正能力。被加工齿轮精度可达 4～6 级,齿面表面粗糙度可达 Ra 0.2～0.4 μm。可磨削经淬火或未经淬火的齿轮,磨齿的方法有成形法和展成法两种,生产中常用展成法。

1) 成形法磨齿

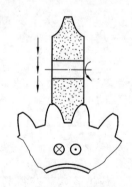

成形法磨齿如图 6-59 所示,其砂轮要修整成与被磨齿轮的齿槽相吻合的渐开线齿形。这种方法的生产效率较高,但砂轮的修整较复杂。在磨齿过程中砂轮磨损不均匀,会产生一定的齿形误差,加工精度一般为 5～6 级。

2) 展成法磨齿

展成法磨齿是根据齿轮齿条啮合原理来进行加工的,常用的有锥形砂轮和双碟形砂轮磨齿两种形式。

图 6-59　成形法磨齿

锥形砂轮磨齿如图 6-60 所示,砂轮的磨削部分修整成与被磨齿轮相啮合的假想齿条的齿形。磨削时,砂轮与被磨齿轮保持齿条与齿轮的强制啮合运动关系,使砂轮锥面包络出渐开线齿形。为了在磨齿机上实现这种啮合运动,砂轮高速旋转,被磨齿轮沿固定的假想齿条向左或向右作往复纯滚动,以实现磨齿的展成运动,分别磨出齿槽的两个侧面Ⅰ和Ⅱ;为了磨出全齿宽,砂轮还需沿着齿向作往复进给运动。每磨完一个齿槽,砂轮自动退离工件,工件自动进行分度。

双碟形砂轮磨齿如图 6-61 所示,将两个碟形砂轮倾斜一定角度,构成假想齿条两个齿的外侧面,同时对两个齿槽的侧面Ⅰ和Ⅱ进行磨削。其原理与锥形砂轮磨齿相同。为了磨出全齿宽,被磨齿轮沿齿向作往复进给运动。

展成法磨齿的生产效率低于成形法磨齿的,但加工精度高,可达 4～6 级,齿面表面粗糙度在 Ra 0.4 μm 以下。在实际生产中,它是齿面要求淬火的高精度齿轮常采用的一种加工方法。

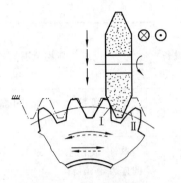

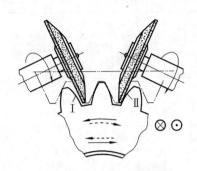

图 6-60　锥形砂轮磨齿　　　　　　　　图 6-61　双碟形砂轮磨齿

4. 研齿

　　研齿(gear lapping)在研齿机上进行,其加工原理如图 6-62 所示,被加工齿轮安装在三个研轮(常使用精密的铸铁齿轮)中间,并相互啮合,在啮合的齿面加入研磨剂,电动机驱动被加工齿轮,带动三个略带负载(或轻微制动状态)的研轮,作无间隙的自由啮合运动。若被加工齿轮为直齿轮,则三个研轮中要有两个螺旋齿轮,一个直齿轮。由于直齿轮与螺旋齿轮啮合时,齿面产生相对滑动,加上研磨剂的作用,在齿面产生极轻微的切削,从而降低齿面表面粗糙度。在研齿过程中,为能研磨全齿宽,被加工齿轮除旋转外,还应轴向快速短距离移动。研磨一定时间后,改变被加工齿轮的旋转方向,研磨齿的另一侧面。

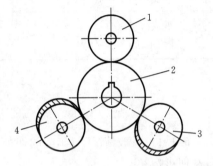

图 6-62　研齿原理
1—研轮(直齿轮);2—被加工齿轮(直齿轮);
3、4—研轮(螺旋齿轮)

　　研齿一般只降低齿面表面粗糙度(包括去除热处理后的氧化皮),表面粗糙度可达 $Ra\ 0.2\sim$ $1.6\ \mu m$,不能提高齿形精度,其齿形精度主要取决于研齿前齿轮的加工精度。

　　研齿机结构简单,操作方便。研齿主要用于没有磨齿机、珩齿机的企业或不便磨齿、珩齿的淬硬齿轮(如大型齿轮)的精加工。在实际生产中,如果没有研齿机,对于淬火后的齿轮,可采用一种简易的研齿方法,将被研齿轮按工作状态装配好,在齿面间放入研磨剂,运行跑合一段时间后拆卸清洗即可。

　　常用齿形加工方法的特点及应用如表 6-7 所示。

表 6-7　常用齿形加工方法的特点及应用

加工方法	加工原理	加工质量		生产率	设备	应用范围
		精度等级	齿面表面粗糙度 $Ra/\mu m$			
铣齿	成形法	9	6.3～3.2	较插齿、滚齿低	普通铣床	单件修配生产,加工低精度外圆柱齿轮、锥齿轮、蜗轮
拉齿	成形法	7	1.6～0.4	高	拉床	大批量生产 7 级精度的内齿轮,因外齿轮拉刀制造复杂,故少用

续表

加工方法	加工原理	加工质量		生产率	设备	应用范围
		精度等级	齿面表面粗糙度 $Ra/\mu m$			
插齿	展成法	8～7	3.2～1.6	一般比滚齿低	插齿机	单件、成批生产,加工中等质量的内外圆柱齿轮、多联齿轮
滚齿	展成法	8～7	3.2～1.6	较高	滚齿机	单件、成批生产,加工中等质量的外圆柱齿轮、蜗轮
剃齿	展成法	7～6	0.8～0.4	高	剃齿机	精加工未淬火的圆柱齿轮
珩齿	展成法	7～6	0.4～0.2	很高	珩齿机	批量生产,精加工已淬火的圆柱齿轮
磨齿	展成法或成形法	6～4	0.4～0.2	成形法高于展成法	磨齿机	精加工已淬火的高精度圆柱齿轮

复习思考题

6.1.1　一般情况下,车削的切削过程为什么比刨削、铣削等的平稳? 车削对加工零件品质有何影响?

6.2.1　试述细长轴加工的特点。为防止细长轴加工中产生弯曲变形,在工艺上需要采取哪些措施?

6.2.2　加工要求精度高、表面粗糙度低的紫铜或铝合金轴件的外圆时,应选用哪种加工方法? 为什么?

6.2.3　研磨、珩磨和抛光的作用有何不同? 为什么?

6.3.1　试用简图说明麻花钻的结构特点和几何参数特点。

6.3.2　为什么钻孔时会出现引偏? 给出几种防止引偏的方法。

6.3.3　钻孔有哪些工艺特点? 在钻孔后进行扩孔、铰孔为什么能提高孔的质量?

6.3.4　镗孔有哪几种方式? 各具有什么特点?

6.3.5　试说明浮动镗孔的特点及应用。

6.3.6　拉削加工有哪些特点? 它适用于什么场合?

6.3.7　试说明珩孔的加工原理。珩孔适用于什么场合?

6.3.8　试说明孔的种类及加工方法,简述孔的加工方法的选择原则。

6.4.1　一般情况下为什么刨削比铣削的生产效率低?

6.4.2　试说明薄板件的刨削特点。

6.4.3　简述平面铣刀的结构特点,并根据铣刀的特点归纳平面铣削的工艺特点。

6.4.4　试比较周铣和端铣的特点。

6.4.5　平面磨削有哪些方式? 对这些方式进行比较。

6.4.6　简述薄板零件的磨削特点。

6.4.7　何谓顺铣法和逆铣法? 试用图示说明。

6.5.1　对7级精度的斜齿圆柱齿轮、蜗轮、扇形齿轮、多联齿轮和内齿轮,各采用什么方法加工比较合适？

6.5.2 对齿面淬硬和齿面不淬硬的 6 级精度直齿圆柱齿轮，其齿形的精加工应当采取什么方法？

6.5.3 试比较插齿和滚齿的加工原理、加工件质量和加工范围。

6.5.4 剃齿能够提高齿轮的运动精度和工作平稳性吗？为什么？

图 7-0　用特种加工方法获得的零件

第 7 章　特种加工及材料成形新工艺

7.1　特种加工简介

随着生产发展的需要和科学技术的进步,具有高熔点、高硬度、高强度、高脆性、高韧度等性能的难切削材料不断出现,各种复杂结构与特殊工艺要求的零件越来越多,使用普通的机械加工方法对它们进行加工往往难以满足要求,于是特种加工得到了发展。特种加工是直接利用电能、化学能、声能和光能等来进行加工的方法,其种类很多,在生产上应用较多的主要是电火花加工、电解加工、激光加工、超声波加工,还有化学加工、电铸、电子束加工和离子束加工等。

特种加工在对硬质合金、软合金、耐热钢、不锈钢、淬火钢、金刚石、宝石、陶瓷等材料的加工中,在对各种模具上特殊截面的型孔、喷油嘴和喷丝头上的小孔与窄缝,以及高精度细长零件、薄壁零件和弹性元件等刚度较小的零件的加工中,均已在加工零件的质量和生产效率上获得了理想的效果。当然,在科学技术日新月异的进步中,特种加工将得到进一步发展。

7.1.1　电火花加工

1. 电火花加工的原理

电火花加工(electrical discharge machining,EDM)就是利用两极间脉冲放电时产生的电蚀现象对材料(毛坯)进行加工的一种方法。如图 7-1 所示,加工时工具电极和工件电极浸入煤油(绝缘介质)中,当脉冲电压加至两极,并使工具电极向工件电极不断移动,且两极间达到一定距离时,极间电压将在某一"最靠近点"使绝缘介质击穿而电离。

电离后的负电子和正离子在电场力作用下,向相反极性的电极加速运动,最终轰击电极(工件),形成放电通道,产生大量热能,使放电点周围的金属迅速熔化和气化,并产生爆炸力,将熔化的金属屑抛离工件表面,这就是放电腐蚀。被抛离的金属屑由工作液带走,于是工件表

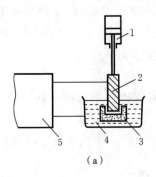
(a)

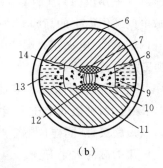
(b)

图 7-1　电火花加工

（a）加工原理；（b）放电区结构

1—自动进给调节系统；2—工具；3—工件；4—煤油；5—脉冲电源；6—阴极；

7—从阴极上抛出金属的区域；8—熔化的金属微粒；9—金属在工作液中凝固的区域；

10—放电通道；11—阳极；12—从阳极上抛出金属的区域；13—工作液；14—气泡

面就形成一个微小的、带凸边的凹坑，如图 7-2 所示，单个脉冲就完成了一次脉冲放电。在脉冲间隔时间内，介质恢复绝缘，等待下一个脉冲的到来。如此不断进行放电腐蚀，工具电极不断向工件进给，只要维持一定的放电间隙，就能在工件表面加工出与工具电极相吻合的型面、型腔来。

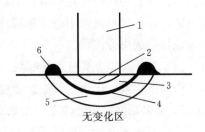

无变化区

图 7-2　电蚀过程

1—放电柱；2—气化区；3—熔化区；

4—重铸层；5—热影响区；6—凸起

放电腐蚀时，由于正、负极接法不同，工具和工件两极的蚀除量不同，这种现象称为极性效应。产生极性效应的基本原因在于，在火花放电过程中，正、负电极表面分别受到负电子和正离子的撞击和瞬时热源的作用，两极表面所分配到的能量不一样，因而熔化、气化、抛出的金属量也就不一样。一般而言，用短脉冲（脉宽小于 30 μs）加工时，负极的蚀除量小于正极的。这是因为：每次通道中火花放电时，负电子的质量和惯性较小，容易获得加速度和速度，很快奔向正极，电能、动能转换成热能后蚀除金属。而正离子由于质量和惯性较大，启动、加速较慢，有一大部分尚未来得及到达负极表面，脉冲便已结束，所以正极的蚀除量大于负极的，此时工件应接正极，称为正极性加工；反之，当用较长脉冲（脉宽大于 300 μs）加工时，则负极的蚀除量将大于正极的，此时工件应接负极，称为负极性加工。这是因为随着脉冲宽度（即放电时间）的加长，质量和惯性较大的正离子也逐渐获得了加速，陆续地撞击在负极表面上。正是由于正离子的质量较大，因此它对阴极的撞击破坏作用也比负电子的大而显著。显而易见，正极性加工可用于精加工，而负极性加工可用于粗加工。

电火花加工按照工具电极的形式及其与工件之间相对运动的特征，可以分为电火花成形加工、电火花线切割、电火花磨削等几类。电火花成形加工是利用成形工具电极，相对工件电极作简单进给运动的一种电加工方法，可以加工各种深孔、异形孔、曲线孔以及特殊材料和复杂形状的零件等；电火花线切割是利用线状电极作工具，对金属导体进行电火花加工的特种加工方法，利用轴向移动的金属丝作工具电极，工件按所需形状和尺寸作轨迹运动，实现工件的切割加工；电火花磨削时，以成形导电磨轮作工具电极并使其作旋转运动，在磨轮与工件之间供给充分的工作液(一般用煤油),工件以一定的速度向磨轮进给,使工件与磨轮之间保持狭小的放电间隙,在放电间隙中产生的高频放电去除金属材料。电火花磨削加工分为电火花成形磨削、电火花小孔内圆磨削、电火花刃磨和电火花螺纹磨削等。

2. 电火花加工的要点

(1)必须使工具电极和工件被加工表面之间经常保持一定的放电间隙,这一间隙随加工条件而定。如果间隙过大,则极间电压不能击穿极间介质,因而不会产生火花放电;如果间隙过小,则很容易形成短路接触,同样也不会产生火花放电。一般放电间隙应控制在 $1\sim100\ \mu\mathrm{m}$ 范围内,这与放电电流的脉冲大小有关。

(2)必须采用脉冲电源。脉冲电源能使放电所产生的热量来不及传导扩散到其余部分,把每一次的放电点分别局限在很小的范围内,否则会像持续电弧放电那样,烧伤表面而无法用作模具电极加工。脉冲宽度一般为 $10^{-7}\sim10^{-3}\ \mathrm{s}$,脉冲间隔时间一般为 $5\times10^{-8}\sim5\times10^{-4}\ \mathrm{s}$。

(3)火花放电必须在绝缘的液体介质中进行。液体介质必须具有较高的绝缘强度,这样有利于产生脉冲性的火花放电。同时,液体介质还能把电火花加工过程中产生的金属屑、炭黑等电蚀产物从放电间隙中悬浮排除出去,并且对电极和工件表面有较好的冷却作用。通常采用煤油作为放电介质。

(4)放电点的功率密度足够高。唯有这样,放电时所产生的热量才能使工件电极表面的金属瞬时熔化或气化。一般电流密度为 $10^5\sim10^6\ \mathrm{A/cm^2}$。

3. 电火花加工设备的主要组成部分

若将电火花腐蚀原理用于零件加工,则电火花加工设备必须具备四大组成部分:脉冲电源、自动进给调节系统、工具电极、液体介质。

1) 脉冲电源

电火花加工用的脉冲电源很多,用于小功率精加工时,常采用 RC 脉冲电源(见图 7-3)。它由两个回路组成,一个是充电回路,一个是放电回路。电容器时而充电,时而放电,一弛一张,故称之为弛张式脉冲电源。

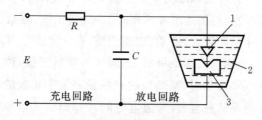

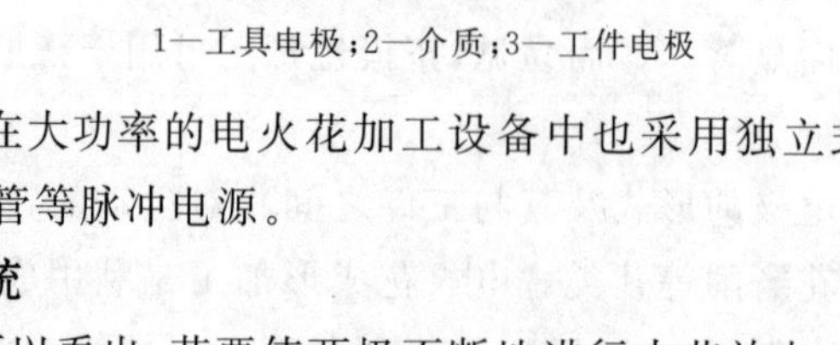

图 7-3　RC 脉冲电源
1—工具电极;2—介质;3—工件电极

除 RC 脉冲电源外,在大功率的电火花加工设备中也采用独立式脉冲电源,如闸流管式、电子管式或可控硅、晶体管等脉冲电源。

2) 自动进给调节系统

从电火花加工原理可以看出,若要使两极不断地进行火花放电,就必须保持两极间有一定的间隙,间隙一般为 $0.01\sim0.2\ \mathrm{mm}$。若间隙过大,则电火花将不能连续工作;若间隙过小,则会引起电弧或短路。必须依靠自动进给调节系统来保证 $0.01\sim0.2\ \mathrm{mm}$ 的间隙。

图 7-4 所示为伺服电动机自动进给调节系统。它直接由桥式测量环节送来的电压和电流

双信号带动执行电动机 M,使其调速及换向。在其等效电路图中,R 为 RC 脉冲电源的限流电阻,电位器 $r = r_1 + r_2$ 为平衡电桥两臂,R_k 为放电间隙的等效平均电阻。当电极间隙为合理值,亦即正常加工时,电桥四个臂的电阻之间的关系为 $r_1 : r_2 = R : R_k$,电桥处于平衡状态,电动机 M 两端电位差为零,工具不动。当两极间隙增大时,放电间隙电阻 R_k 相应增大,电桥逐渐失去平衡;电动机 M 左端电位升高,电流自左向右流动,使工具电极进给。当电极开路时,R_k 为无穷大,此时电极进给最快;反之,当电极间隙减小或接近短路状态时,R_k 大大减小,或接近于零,电桥失去平衡,电动机 M 右端的电位升高,电流自右向左流动,电动机 M 反转而使工具电极离开工件,达到自动调节间隙的目的。

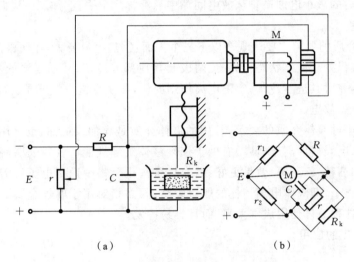

图 7-4 伺服电动机自动进给调节系统
（a）工作原理；（b）等效电路图

3）工具电极

电火花加工时,工具与工件两极同时受到不同程度的电腐蚀,单位时间内工件的电腐蚀量称为加工效率 v_g,而单位时间内工具的电腐蚀量则称为工具损耗率 v_d。衡量某工具是否耐损耗,不只看工具损耗率 v_d 的绝对值大小,还要看同时能达到的加工效率 v_g,即应知道每蚀除单位工件金属时工具相对损耗多少,因此常用相对损耗比(又称相对损耗率)γ 作为衡量工具耐损耗性能的指标,即

$$\gamma = \frac{v_d}{v_g} \times 100\%$$

工具损耗率与极性和工具材料有关,根据加工需要确定极性之后,正确选用工具材料是至关重要的。

一般常用黄铜和紫铜作为工具材料,但有时为了尽量减少电极的蚀耗,最好采用铜基石墨或碳化钨硬质合金等。采用铜基石墨作为工具电极的原因是:在工具尖端的紫铜基体迅速蚀耗的同时,石墨熔点很高,会阻止它进一步蚀耗,于是工具电极其余部分的紫铜基体受到保护。这样就保证了工具电极的形状和尺寸,延长了使用寿命,也提高了加工精度。加工很小的深孔时,经常使用钼丝,它能较好地承受火花放电时所产生的冲击波。

如果工具与工件材料选择正确,则相对损耗率可达 0.1,可见在选择工具材料时,必须考虑工件材料,进行全面衡量。几种材料的相对损耗率如表 7-1 所示。

表 7-1　几种材料的相对损耗率

工具材料	工件材料		
	黄　铜	碳　钢	碳化钨硬质合金
黄　铜	0.5	≈1	3

4）液体介质

火花放电必须在有一定绝缘强度的液体介质(如煤油)中进行。

(1) 液体介质的作用主要表现在以下三个方面：①使两极绝缘，形成火花放电的条件；②把电火花加工后的微小电蚀产物从放电间隙中悬浮排除出去；③加工中对两极起冷却作用，防止工件发生热变形。

(2) 对液体介质的要求主要表现在以下三个方面：①热容量要大，在两极间隙内的液体蒸发时，其他部分应仍处于液体状态，以保证两极及其他部分冷却；②黏度要低，易于流动，以便于带走金属颗粒，并对其进行冷却；③消电离作用要快，即恢复绝缘强度要快，以减少放电后残留的离子，避免电弧放电。

(3) 根据上述对液体介质的要求，常用的液体介质是煤油或机油，也可用变压器油，它们都是碳氢化合物，电离后的离子(H^+)有助于恢复液体绝缘性能。资料表明，使用极性有机化合物的水溶液(如酒精、乙醚等)效果更好，因为从这些化合物中逸出电子所需的能量较小，容易得到放电时的离子，即液体电离消耗的能量较小，因而相对用于腐蚀金属的能量就多一些，效率也高些。但这种液体使用成本太高，而且容易挥发。

4. 电火花加工的应用

1）加工特点

(1) 两极不接触，无明显切削力，故工件变形小。

(2) 可以加工任何难切削的硬、脆、韧、软和高熔点的导电材料。

(3) 直接利用电能加工，便于实现自动化。

2）加工零件的质量

(1) 加工精度主要表现在以下三个方面：①通孔加工精度可达±(0.01~0.05) mm，型腔加工精度可达±0.1 mm；②有圆柱度误差，原因是孔壁上段产生附加放电的机会多，受电蚀的时间长，上部尺寸变大，产生锥度；③得不到清晰的棱角。

导致工件尖角变圆的原因是：①工件和工具的尖角处都存在蚀除量大的问题；②放电间隙的等距性，导致工件上只能被加工出圆弧。目前采用前沿很陡的高频短脉冲加工，复制的尖角精度有所提高，可获圆角半径为 0.1 mm 的尖棱。

(2) 表面质量主要表现在以下两个方面：①粗加工表面粗糙度值在 Ra 80 μm 左右，精加工表面粗糙度值可达 Ra 0.8~1.6 μm，若精度要求在 Ra 0.8 μm 以下，则生产效率将会以几何级数下降，这时一般应采用人工研磨或电解修磨来获得表面粗糙度值低的表面；②电火花加工后的表面易存润滑油，因而提高了表面的润滑和耐磨性，在相同表面粗糙度等级下，其表面质量优于机械加工的。

3）适用范围

(1) 型孔、曲线孔、小孔和微孔的加工，例如各种冲模、拉丝模、喷嘴和异形喷丝孔等。

(2) 型腔加工，例如各种锻模、压铸模、挤压模、塑料模及整体叶轮、叶片等曲面零件。

(3) 线电极切割，例如切割各种复杂型孔(冲裁模)。

（4）可加工螺纹、齿轮等成形面。

（5）电火花磨削、表面强化、刻印等。

4）应用实例

图 7-5 所示为 35 mm 电影胶片冲孔模,其材料为硬质合金,方孔尺寸为 2.8 mm×2 mm,孔公差为 ±0.01 mm,孔距公差为 ±0.05 mm,刃口表面粗糙度为 $Ra\ 0.4\ \mu m$,冲孔模的 12 个方孔、4 个圆孔用电火花加工,只要 4.5 h 就可完成。

图 7-6 所示为电火花加工薄壁孔——波导管穿孔示意图。波导管直径为 12 mm,壁厚为 0.4 mm,材料为黄铜。在管壁加工直径为 12 mm 的孔,以便两波导管相接。如用钻床钻孔,容易使钻头折断或钻偏,工件变形,且钻孔有毛刺。若采用电火花加工,则不但加工零件质量好（加工精度为 ±0.02 mm,表面粗糙度为 $Ra\ 1.6\ \mu m$）,且无钻头折断等问题。

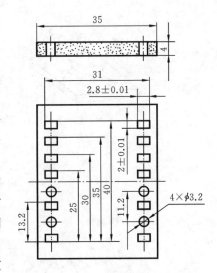

图 7-5　35 mm 电影胶片冲孔模

图 7-7 所示为涡轮叶片气膜冷却孔。以去离子水为工作介质,采用电火花加工技术在厚度为 2 mm 的镍基高温合金 D125L 上进行穿孔加工,冷却孔直径约为 0.5 mm,相比于传统机械加工方法,该技术无切削变形,表面质量好,加工精度高。

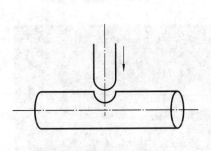

图 7-6　波导管穿孔示意图

图 7-7　涡轮叶片气膜冷却孔

5. 电火花线切割加工

电火花线切割加工（wire cut electric discharge machining, WEDM）是利用一根运动着的金属丝（如直径为 0.02～0.3 mm 的铜丝）作为工具电极,在工具电极和工件电极之间通以脉冲电流,使之产生放电腐蚀,由此切割出所需工件的一种加工方法。控制工作台按确定的轨迹运动,工件就被切割成所需要的形状,如图 7-8 所示。与电火花成形加工相比,电火花线切割加工不需制造成形电极。一般采用数控线切割,自动化程度高,成本低。

电火花线切割加工适合加工各种形状的冲裁模、拉丝模、冷拔模和粉末冶金模等。图 7-9 所示为电动机转子冲裁模,厚度为 5 mm,采用电火花线切割加工方法,可一次成形。试制某些新产品,如图 7-10 所示的螺旋形簧片时,应用电火花线切割加工方法,可直接在板料上切割零件。这样就可以省去模具制作过程。

电火花线切割加工还可加工各种微细孔、槽、窄缝及曲线图形。图 7-11 所示为微型燃气涡轮发动机轴承扫描电子显微镜（SEM）图,采用直径为 30 μm 的钼电极丝利用电火花线切割方法,实现最小圆角半径为 15.9 μm 的微型燃气涡轮发动机轴承的加工,轴承的内径和外径

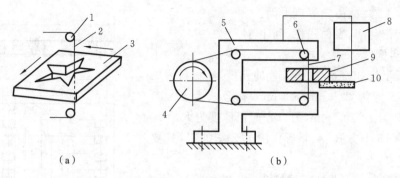

（a）　　　　　　　　　　　　（b）

图 7-8　电火花线切割加工

（a）加工实例；（b）加工原理

1、6—导向轮；2、7—钼丝；3、9—工件；4—传动轮；5—支架；8—脉冲电源；10—绝缘底板

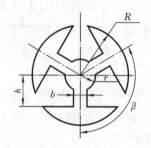

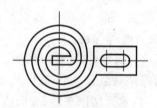

图 7-9　电动机转子冲裁模　　　　　**图 7-10　螺旋形簧片**

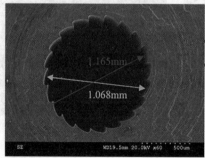

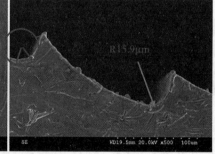

图 7-11　微型燃气涡轮发动机轴承 SEM 图

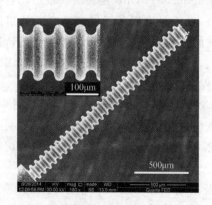

图 7-12　波纹管芯模

分别为 1.068 mm 和 1.165 mm，满足微型燃气涡轮发动机的高精度和微尺寸的零件加工要求。

波纹管广泛应用在仪器仪表等领域，主要作为压力测量元件和密封隔离元件。注塑是制造波纹管的一种常用方法，而芯模的质量直接影响着产品的最终效果。利用微细电火花线切割回转加工的方法，采用直径为 500 μm 的硬质合金电极丝，对工件分别进行粗、半精加工，加工长度为 1.9 mm 的波纹管芯模，实现 63 μm 的波纹周期，加工质量较高，如图 7-12 所示。

实例　超声振动辅助电火花加工。

电火花加工相比于传统的机械加工,具有加工精度高、可加工复杂形状工件和难加工材料等特点,但是随着科学技术的发展,对加工质量的要求越来越高,电火花加工的缺点也逐渐暴露出来,如加工微小结构时排屑困难、电极损耗过快、放电不均匀、短路等。为了发挥电火花加工的优势而避其缺陷,引入外加能场辅助电火花加工,以改善排屑困难、放电不均匀和短路等问题,提高材料的去除率,有效提高零件表面质量和加工精度。外加能场辅助电火花加工主要包括超声振动辅助电火花加工、磁场电火花加工和等离子体辅助电火花加工。

在超声振动辅助电火花加工过程中,工具电极和工件电极同时受到火花放电和超声振动的作用。超声振动的空化作用会促进放电通道间隙中蚀除物的排出,避免极间碎屑的堆积,减少短路现象的发生,从而提高材料去除率和加工效率。

(1) 超声振动对放电通道的影响。电火花加工过程中工件和工具之间的间隙与加工外区域液体连通形成腔体,腔体在工件高频的上下振动中,形成与超声波振动频率相同的周期性变化。这种周期性的变化称为泵吸作用:在两电极相互靠近时腔体空间减小,腔体内的混合介质被排出,在两电极相互远离时腔体形成负压,腔体外的液体形成回流进入腔体内。如此形成循环流动,有效消除加工区域内碎屑的负面影响。泵吸作用使得在侧面加工间隙内的电介质液体产生漩涡,从而对加工的侧壁面造成强烈的冲刷作用,进而提高壁面的加工质量。同时,在超声振动的辅助下,脉冲放电过程中工具电极和工件之间会产生高频弹力波冲击放电通道,使得放电通道产生振荡现象,同时还会引起空化效应,在放电通道内产生高速流动的气泡,气泡与等离子体发生剧烈碰撞,促进电离,进而提高加工效率,如图 7-13 所示。

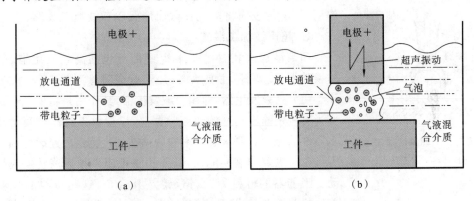

图 7-13　超声振动辅助下电火花的放电通道
(a) 无超声振动辅助下火花放电通道;(b) 超声振动辅助下火花放电通道

(2) 超声振动对工件蚀除物抛出过程的影响。电火花加工过程中,蚀除物排出不及时会造成短路拉弧及二次放电等不正常放电现象。引入超声振动会使熔融材料受到正负交变应力的作用,降低熔融材料表面张力和排出时需克服的摩擦力,其材料颗粒排出效率远大于常规电火花加工的,减少了因排出蚀除物颗粒而频繁动作伺服机构的次数,提高了加工效率。同时超声振动会引起空化效应,空化气泡在极间压力下最终溃灭,溃灭时对熔融材料造成一定的液压冲击,使其二次沸腾,促进其加速膨胀排出材料,材料碎屑也会在交变冲击作用下被振碎,脱离工件,减少极间碎屑的堆积,防止短路和不正常放电。

(3) 超声振动对材料去除率和电极损耗的影响。电火花加工形成放电通道时,在超声振动辅助作用下,放电通道被拉长并产生偏移,放电点和有效放电脉冲数变多;超声振动的空化效应减小了蚀除物的表面张力和运动时的摩擦力,加快了蚀除物的膨胀排出,避免了蚀除物堆积导致的短路现象;超声振动的泵吸作用会对工作液产生扰动,加速蚀除物的排出,改善放电间隙内的加工环境,提高材料去除率,降低电极损耗。

（4）超声振动对工件表面粗糙度的影响。微细电火花加工的表面粗糙度主要与放电能量、凹坑尺寸等因素有关。在超声振动辅助作用下,蚀除物的排出加快,工件表面的烧伤现象得到改善,工件表面质量得到提高;此外,超声振动可以将碎屑颗粒振碎,减小颗粒尺寸,加速排出,振碎的蚀除物冲击工件表面,起到研磨作用,提高了表面精度。

7.1.2　超声波加工

超声波加工(ultrasonic machining,UM)是利用振动频率超过 16000 Hz 的工具头,通过悬浮液磨料对工件进行加工的一种方法,如图 7-14 所示。

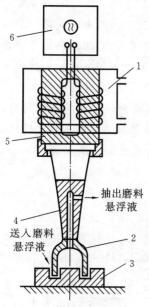

当工具头以 16000 Hz 以上的振动频率、0.01～0.1 mm 的振幅作用于悬浮液磨料时,悬浮液磨料将会以极高的速度,强力冲击加工表面,在被加工表面的局部产生很大的压强,使工件局部材料发生变形,当达到材料强度极限时,其将发生破坏而成粉末被打击下来。虽然每次打击下来的材料不多,但每秒钟的次数很多(16000 次以上),这是超声波加工的主要作用。另外还有悬浮液磨料在工具头高频振动下对工件表面的抛磨作用,以及工作液进入被加工材料间隙处、加速机械破坏的作用。在上述作用下,工件表面将按工具截面形状逐渐被加工成形。

图 7-14　超声波加工
1—冷却器;2—工具头;
3—工件;4—变幅杆;
5—磁致伸缩换能器;
6—高频发生器

1. 超声波加工装置

超声波加工装置的基本组成部分包括高频发生器、磁致伸缩换能器、变幅杆、工具头等,还需有磨料悬浮液。

（1）高频发生器,即超声波发生器,其作用是将低频交流电转变为有一定输出功率的超声频振荡,以提供工具作往复运动和加工零件的能量。要求其功率和频率在一定范围内连续可调。

（2）磁致伸缩换能器,其作用是把超声频振荡转换成机械振动。换能器的材料为铁、铬、镍及其合金,这些材料的长度能随着磁场强度的变化而伸缩,其中镍在磁场中尺寸缩短,而铁、铬则在磁场中伸长,当磁场消失后,它们各自又恢复原有尺寸。

（3）变幅杆,其作用是放大振幅。因为换能器材料的伸缩变形都很小,在共振情况(频率为 16000～25000 Hz)下,其伸缩量不超过 0.005 mm,而超声波加工需要0.01～0.1 mm 的振幅,所以,必须通过上粗下细(按指数曲线设计)的变幅杆进行振幅扩大。由于通过变幅杆的每一截面的振动能量是不变的,因此截面小的地方能量密度大,振幅就大。

（4）工具头,它与变幅杆相连(螺纹连接或焊接在一起),并以放大后的机械振动作用于悬浮液磨料,对工件进行冲击。工具头材料应选硬度不是很大的韧性材料,如用 45 钢制作工具头,能减少工具头的相对磨损。工具头的尺寸和形状取决于被加工表面的尺寸和形状,它们相差一个加工间隙值(稍大于磨料直径)。

磨料悬浮液由工作液和磨料混合而成,常用的磨料有碳化硼、碳化硅、氧化锆或氧化铝等,常用的工作液是水,有时也用煤油或机油。磨料的粒度大小取决于加工精度、表面粗糙度及生产效率的要求。

2. 超声波加工的特点及应用

（1）适用于加工硬材料和非金属材料。

（2）宏观作用力（工件加工时只受磨料瞬时的局部撞击压力，故取横向摩擦力）小，适合加工薄壁或刚度较小的工件。

（3）加工精度高（$\pm(0.01\sim0.05)$mm），表面粗糙度低（$Ra\ 0.01\sim0.04\ \mu m$），工件表面无残余应力、组织变化及烧伤等现象。

（4）工件上被加工出的形状与工具头形状一致，可以进行型孔、型腔及成形面的表面修饰加工，如雕刻花纹和图案等。

（5）加工机床、工具均比较简单，操作维修方便。

（6）生产效率较低。

目前，超声波加工主要用于硬脆材料的套料、切割、雕刻和研磨金刚石拉丝模等。

7.1.3　激光加工

1. 激光加工的原理及微观过程

激光是一种能量高、方向性强、单色性好的相干光。通过光学系统的作用，可以把激光束聚焦为一个极小的光斑，这个光斑的直径仅有几微米或几十微米，而其能量密度可达 1×10^7 W/m²，温度可达 10000 ℃以上，因此，能在几分之一秒甚至更短的时间内使各种坚硬及难熔材料熔化和气化。在激光加工区内，由于金属蒸气迅速膨胀，压力突增，熔融物以极高速度被喷出，喷出的熔融物又产生了一个强烈的反向冲击力作用于熔化区，这样就在高温熔融和冲击波的同时作用下，工件上被打出了一个孔。激光加工就是通过这种原理及微观过程进行打孔和切割的。

图 7-15 所示为固体激光器的工作原理。工作物质（如红宝石、钕玻璃等具有亚稳态能级结构的物质）受到光泵（激励光源）的激发后，便产生受激辐射跃迁，形成激光，并通过由两个反射镜（全反射镜和部分反射镜）组成的谐振腔产生振荡，使光能集中并输出激光束。通过透镜将激光束聚焦到工件加工部位，就可以进行打孔、切割等各种加工。

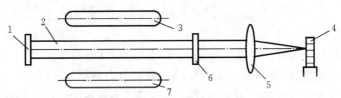

图 7-15　固体激光器的工作原理

1—全反射镜；2—激光工作物质；3、7—光泵（激励脉冲氙灯）；4—工件；5—透镜；6—部分反射镜

2. 激光加工的特点

（1）不需要工具，不存在工具损耗，更没有更换、调整工具等问题，适合自动化连续操作。

（2）不受切削力的影响，易于保证精度。

（3）几乎能加工所有的材料，如各种金属材料、非金属材料（陶瓷、石英、玻璃、金刚石、半导体等）；透明材料只要采取一些表面打毛等措施也可进行加工。

（4）加工速度快，效率高，热影响区小。

（5）适合加工深的微孔（直径小至几个微米，其深度与直径之比可达 10 以上）及窄缝。

（6）可透过玻璃对工件进行打孔，这在某些情况（如工件需要在真空中加工）下是非常便利的。

3. 激光加工的应用

1）激光打孔

激光打孔不需要工具，这有利于打微型小孔及自动化连续打孔。例如，钟表行业的宝石轴承加工，对于直径为 0.12～0.18 mm、深 0.6～1.2 mm 的小深孔，采用工件自动传送，每分钟可连续加工几十个工件。又如，生产化学纤维用的硬质合金喷丝板，一般要在面积为 100 mm² 的喷丝板上打 12000 多个直径为 60 μm 的小孔。过去用机械加工方法加工，需要熟练工人工作一个月，现在采用数控激光打孔，不到半天即可完成，其质量也比机械加工的好。激光打孔孔径可小到 10 μm 左右，且深度与孔径之比可达 5 以上。

2）激光切割

激光切割的工作原理与激光打孔的工作原理基本相同。所不同的是，工件与激光束要相对移动，在生产中一般都是移动工件。如果是直线切割，还可借助柱面透镜将激光束聚焦成线，以提高切割速度。

激光切割已成功地应用于半导体切片，可将 1 cm² 的硅片切割成几十个集成电路块或上百个晶体管管芯，还可用于划线、雕刻等工艺。激光切割用于切割钢板、铁板、石英、陶瓷及布匹、纸张等也都具有良好的效果。

图 7-16 所示为化纤喷丝头的型孔，出丝口的窄缝宽度为 0.03～0.07 mm，长度为 0.8 mm，喷丝板厚度为 0.6 mm，这些微型型孔均可用激光束切割而成。

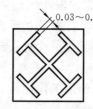

图 7-16　喷丝头的几种型孔

7.2　材料成形新工艺

近年来，随着机械工业的飞速发展与国际竞争的激化，零部件的设计和生产过程的高精度、高效率、低成本、低能耗、省资源已成为提高产品竞争力的唯一途径。以生产尽量接近零件最终形状的产品（近净成形），甚至以完全提供成品零件为目标（净成形）的材料成形新技术、新工艺，已成为重要的发展方向。

7.2.1　粉末冶金

1. 概述

粉末冶金（powder metallurgy）是研究制造各种金属粉末和以粉末为原料通过成形、烧结和必要的后续处理，制取金属材料和制品的一种成形工艺。粉末冶金的生产工艺与陶瓷的生产工艺在形式上类似，又称金属陶瓷法。

粉末冶金工艺能够制造许多用其他方法所不能制造的材料和制品，许多难熔材料的零件至今还只能用粉末冶金工艺来制造。用粉末冶金工艺制造的还有一些特殊性能的材料。例如,由互不溶解的金属或金属与非金属组成的假合金(如铜-钨、银-钨、铜-石墨等),这种假合金具有高的导电性能和高的抗电蚀稳定性,是制造电器触头制品不可缺少的材料。再如,能够通过控制粉末冶金多孔材料的孔隙度和孔径大小,获得优良的使用性能等。

粉末冶金还是一门制造各种机械零件的重要而又经济的成形工艺。由于粉末冶金工艺能够获得具有最终尺寸和形状的零件,实现了少无切削加工,因此,可以节省大量的金属材料和加工工时,具有显著的经济效益。

综上所述,粉末冶金成形工艺既能制造具有特殊性能材料,又能低成本、大批量地近净成形机械零件。

现代粉末冶金工艺的发展已经远远超出上述加工范围而日趋多样化,如同时实现粉末压制和烧结的热压及热等静压法,粉末轧制,粉末锻造,多孔烧结制品的浸渍处理、熔渗处理,精整或少量切削加工处理,热处理等。

目前采用粉末冶金工艺可以制造板、带、棒、管、丝等各种型材,以及齿轮、链轮、棘轮、轴套类等各种零件;可以制造质量仅百分之几克的小制品,也可以用热等静压法制造质量近两吨的大型坯料。对粉末冶金工艺的研究,已成为当今世界各工业发达国家都十分重视的问题。

2. 粉末冶金工艺

粉末冶金法与金属的熔炼法、铸造法有根本的不同。典型的粉末冶金工艺过程是:原料粉末的制备;粉末物料在专用压模中加压成形,得到一定形状和尺寸的压坯;压坯在低于基体金属熔点的温度下加热,使制品获得最终的物理和力学性能。

将处理过的粉末经过成形工序,得到具有既定形状与强度的粉末体,称为成形(压坯)。粉末成形可以用普通模压成形和特殊成形。普通模压成形是在常温下将金属粉末和混合粉末装在封闭的刚性模内,通过压机按规定的压力使其成形。特殊成形是指各种非模压成形。其中使用最广泛的是普通模压成形。

1) 称粉与装粉

称粉就是称量一个压坯所需的粉料的质量或容量。采用非自动压模小批生产时,多用质量法;大量生产和自动化压制成形时,一般采用容量法,且用模具型腔来进行定量。但是,在生产贵金属制品时,称量的精度很重要,即使大量生产也采用质量法。

2) 压制

压制是按一定的压力,将装在模具型腔中的粉料集聚成一定密度、形状和尺寸要求的压坯的工步。

在封闭刚性模中冷压成形时,最基本的压制方式有单向压制、双向压制、浮动压制三种,如图 7-17 所示。其他压制方式或是这三种基本方式的组合,或是用不同结构来实现的。

(1) 单向压制(见图 7-17(a))时,凹模和下冲模不动,由上冲模单向加压。在这种情况下,因摩擦力 f 的作用,制品上、下两端密度不均匀,即压坯直径越大或高度越小,压坯的密度差就越小。单向压制的优点是模具简单,操作方便,生产效率高,缺点是只适合压制高度小或壁厚大的制品。

(2) 双向压制(见图 7-17(b))时,凹模固定不动,上、下冲模以大小相等($F_t = F_s$)、方向相反的压力同时加压,正如两个条件相同的单向压坯从尾部连接起来一样。这种压坯中间密度低,两端密度高而且相等。所以,双向压制的压坯允许高度比单向压坯高一倍,适合压制较长的制品。双向压制的另一种方式是:在单向压制结束后,在密度低的一端再进行一次反向单向

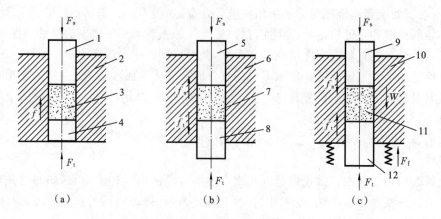

图 7-17　三种基本压制方式

(a) 单向压制；(b) 双向压制；(c) 浮动压制

1、5、9—上冲模；2、6、10—凹模；3、7、11—粉末；4、8、12—下冲模

压制，以提高压坯密度的均匀性。

(3) 浮动压制(见图 7-17(c))时，下冲模固定不动，凹模用弹簧、气缸、液压缸等支承，受力后可以浮动。随后上冲模加压，侧压力使粉末与凹模壁之间产生摩擦力 f_s，若凹模所受摩擦力大于浮动压力 F_f，则弹簧压缩，凹模与下冲模产生相对运动，相当于下冲模反向压制。此时上冲模与凹模没有相对运动。当凹模下降，压坯下部进一步压缩时，在压坯外径处产生阻止凹模下降的摩擦力 f_t。若 $f_t = f_s$，则凹模浮动停止，上冲模又单向加压，与凹模产生相对运动。如此循环，直到上冲模不再增加压力为止。此时，低密度带在压坯的中部，其密度分布与双向压制的相同。浮动压制是最常用的一种压制方式。

压制方式不同，压坯密度的不均匀程度有较大差别。但无论哪一种方式，其密度沿高度的分布都是不均匀的，而且沿压坯截面的分布也是不均匀的。造成压坯密度分布不均匀的原因是粉末颗粒与模具型腔壁在压制过程中产生的摩擦。

粉末装在模具型腔中，形成许多大小不一的拱洞。加压时，粉末颗粒移动，拱洞被破坏，孔隙减小，随之粉粒由弹性变形转为塑性变形，颗粒间从点接触转为面接触。由于颗粒间的机械啮合和接触面增大，原子间的引力使粉末形成具有一定强度的压坯。

压坯从模具型腔中脱出是压制工序中重要的一步。压坯从模具型腔中脱出后，会发生弹性回复而胀大，这种胀大现象称为回弹或弹性后效，可用回弹率来表示，即线性相对伸长的百分率。回弹率的大小与模具尺寸计算有直接的关系。

3）烧结

金属粉末的压坯在低于基体金属熔点下加热，粉末颗粒之间产生原子扩散、固溶、化合和熔接，致使压坯收缩并强化的过程称为烧结。粉末冶金制品因都需要经过烧结，故又称烧结制品(或零件)。

烧结与制粉、成形一样重要，三道工序缺一不可。影响烧结的因素有加热速度、烧结温度、烧结时间、冷却速度和烧结气氛。对烧结工序的要求主要是：制品的强度要高，物理、化学性能要好，尺寸、形状或材质的偏差符合生产的要求，烧结炉易于管理和维修等。

为了达到所要求的性能和尺寸精度，需要烧结炉能调节并控制加热速度、烧结温度与时间、冷却速度，以及炉内保护气体等因素。烧结炉种类较多，按照加热方式，可分为燃料加热烧结炉和电加热烧结炉；根据作业的连续性，可分为间歇式和连续式两类烧结炉。间歇式烧结炉有坩埚炉、箱式炉、高频或中频感应炉等。图 7-18 所示为高频真空烧结炉。

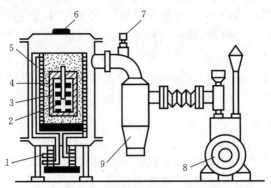

图 7-18　高频真空烧结炉

1—冷却水入口；2—石墨板；3—工件；4—石墨坩埚；5—感应圈；6—观测孔；7—空气入口；8—真空泵；9—过滤装置

连续式烧结炉一般是由压坯的预热带、烧结带和冷却带三部分组成的横长形管状炉，是马弗炉的一种，适用于大量生产。图 7-19 所示为网带传送式烧结炉。

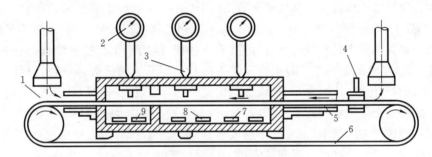

图 7-19　网带传送式烧结炉

1—工件入口；2—温度调节计；3—热电偶；4—保护气体入口；

5—冷却带；6—传送带；7—发热电阻；8—烧结带；9—加热带

烧结时，通入炉内的保护气体是影响烧结质量的一个重要因素。对保护气体的一般要求是：不使烧结件氧化、脱碳或渗碳，能够还原粉末颗粒表面的氧化物，除去吸附气体等。

4）后处理

金属粉末压坯经烧结后的处理称为后处理。后处理种类很多，一般根据产品要求来选择。

（1）浸渍。浸渍就是利用烧结件的多孔性的毛细现象浸入各种液体。例如：为了达到润滑的目的，可浸润滑油、聚四氟乙烯溶液、铅溶液；为了提高强度和耐蚀能力，可浸铜溶液；为了保护表面，可浸树脂或清漆；等等。

（2）表面冷挤压。表面冷挤压是指不经过加温的后处理工艺。例如：为了提高零件的尺寸精度和表面质量，可采用整形工艺；为了提高零件的密度，可采用复压工艺；为了改变零件的形状或表面形状，可采用精压工艺。此外，为提高零件上的横槽、横孔及轴向尺寸精度，可对表面进行切削加工；为提高钢铁制品的强度和硬度，可进行热处理；等等。

3. 粉末冶金工艺的应用

粉末冶金法既是一种制取具有特殊性能的金属材料的方法，也是一种精密的少无切削加工的方法。它可使压制品达到或接近零件图纸所要求的形状、尺寸精度及表面粗糙度，使生产效率和材料利用率大为提高，并可节省切削加工用的机床和生产用地面积。

粉末冶金材料应用很广。在普通机械制造业中,它常用作减摩材料、结构材料、摩擦材料及硬质合金等。在其他工业部门中,它用来制造难熔金属材料(如高温合金、钨丝等)、特殊电磁性能材料(如电器触头、硬磁材料、软磁材料等)、过滤材料(如空气的过滤、水的净化、液体燃料和润滑油的过滤材料,以及细菌的过滤材料等)。

由于压制设备吨位及模具制造的限制,目前粉末冶金工艺还只能用于制造尺寸不大和形状不很复杂的零件。此外,粉末冶金制品的力学性能仍低于铸件与锻件的。

7.2.2　注塑工艺

塑料是以合成树脂或天然树脂为原料,在一定温度和压力条件下可塑性成形的高分子材料。多数塑料以合成树脂为基本成分,一般含有添加剂如填料、稳定剂、增塑剂、色料或催化剂等。塑料可分为热塑性塑料和热固性塑料两大类。热塑性塑料的特点是受热后软化,冷却后固化,再加热仍可软化。热固性塑料在开始受热时也可以软化或熔融,但是一旦固化就不会再软化,即使加热到接近分解的温度也无法软化,而且也不会溶解在溶剂中。

随着石油化工工业的发展和加工技术的提高,塑料的产量逐年增大,应用领域不断扩大。塑料已成为国民经济不可缺少的基础材料,广泛用于日常生活和工程技术领域。一般把原料来源丰富、产量大、应用面广、价格低廉的聚氯乙烯、聚乙烯、聚丙烯、聚苯乙烯等塑料称为通用塑料。工程塑料则是指具有较高物理性能、力学性能,应用于工程技术领域的塑料。显然,与塑料相比,传统的金属在强度、刚度、耐温等方面有显而易见的优势,但塑料以其密度小、比强度大、耐蚀、耐磨、绝缘、摩擦力小、易成形等优良的综合性能,在机械制造、轻工、包装、电子、建筑、汽车、航天航空等领域得到了广泛应用。

塑料制品的成形方法很多,主要有注射成形、挤塑成形、压制成形、中空成形、真空成形、缠绕成形和反应注射成形。这里主要介绍常用的注射成形。

注射成形(injection molding)又称为注塑成形,是将热塑性塑料或某些热固性塑料加工成零件的重要加工方法。注射成形的主要设备是注塑机(其上附有注射模具)。注塑机由注射系统、合模系统、液压和电气控制系统组成(见图 7-20)。注射系统一般由螺杆、料筒、料斗、喷嘴、计量装置、螺杆传动装置、注射缸和注射座移动缸等组成,其作用是使塑料颗粒在螺杆和料筒之间均匀受热,熔融、塑化成塑料熔体,然后将其注入模具型腔。合模系统完成塑料注射模具的开启、闭合动作,在注射过程中起锁紧模具的作用。合模系统主要由模板、拉杆、合模机构及液压缸、制品顶出装置、安全门等组成。

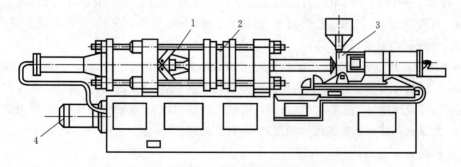

图 7-20　螺杆式注塑机的结构

1—合模系统;2—模具;3—注射系统;4—液压和电气系统

注塑机的工作过程大致如下：

（1）闭模和锁模。模具首先低压、快速地闭合，当动模与定模接近时，进行低压、低速合模，合模后切换为高压，将模具锁紧。

（2）注射。合模动作完成以后，在移动缸的作用下，注射系统前移，使料筒前端的喷嘴与模具贴合，再由注射缸推动螺杆，高压、高速地将螺杆前端的塑料熔体注入模具型腔。

（3）保压。注入模具型腔的塑料熔体在冷却过程中会产生收缩，未冷却的塑料熔体会从浇口处倒流，因此在这一阶段，注射缸仍需保持一定压力进行补缩，这样才能制造出轮廓清晰、密度均匀的塑料制品。

（4）冷却和预塑化。在模具浇口处的塑料熔体冷凝封闭后，保压阶段完成，制品进入冷却阶段。此时，螺杆在液压马达（或电动机）的驱动下转动，使来自料斗的塑料颗粒向前输送，同时受热塑化。当螺杆向前输送塑料颗粒时，螺杆前端压力升高，迫使螺杆克服注射缸的背压后退，螺杆的后退量反映了螺杆前端塑料熔体的体积，即注射量。螺杆退回到设定注射量位置时停止转动，准备下一次注射。

（5）脱模。冷却和预塑化完成后，为了使注塑机喷嘴顶压模具的时间不至于太长，喷嘴处不出现冷料现象，可以使注射系统后退，或者卸去注射缸前移的压力。合模系统开启模具，顶出装置动作，顶出模具内的制品。注塑机的工作循环周期如图 7-21 所示。

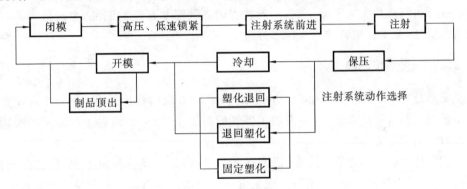

图 7-21　注塑机的工作循环周期

注射模具也是注射成形的重要工艺装备之一，典型的注射模具如图 7-22 所示，它一般包括模架、型腔和芯子、浇注系统、导向装置、脱模机构、排气结构、加热冷却装置等部分。更换模具，就可在注射机上生产出不同的注塑件。

注射温度、模具温度、注射压力和保压时间是影响注射成形和制品性能的重要因素。注射时塑料熔体温度的高低对制品性能的影响很大，一般说来，随着注射温度的提高，塑料熔体的黏度呈下降趋势，这对充填是有利的，也较容易得到表面光洁的制品。但过高的熔体温度会使塑料降解，其力学性能急剧下降。模具温度对制品性能的影响要小得多，但模具温度对塑料熔体的充填过程、注射成形周期、制品的内应力有较大的影响。模具温度过低时，塑料熔体遇到冷的模具，黏度会增大，很难充满整个型腔；模具温度过高时，塑料熔体在模具内完成冷却定形的时间就长，延长了成形周期。对结晶性塑料如聚丙烯、聚甲醛等来说，较高的模具温度能使其分子链松弛，减小制品的内应力。注射压力主要影响塑料熔体的充填能力，注射压力大则熔体较易充满型腔。保压时间取决于浇口尺寸的大小，浇口尺寸大则保压时间就长，浇口尺寸小则保压时间就短。如果保压时间短于浇口封冻时间，

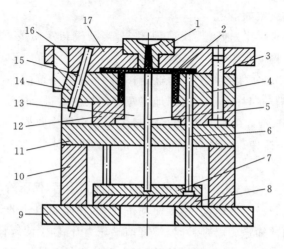

图 7-22　带横向分型抽芯的模具

1—浇口套;2—制品;3—导向柱;4—动模板;5—拉料杆;6—顶杆;7—顶出板;8—顶出底板;9—动模底板;
10—支架;11—动模垫板;12—芯子固定板;13—芯子;14—滑块;15—斜导柱;16—压紧块;17—定模板

则可能得不到轮廓清晰、密度均匀的制品,同时还会因塑料熔体从浇口处倒流而引起分子链取向变化,增大制品的内应力。

注射成形可制造质量大到数千克、小到数克的各种形状复杂的制品,生产效率高,制品能达到较高的精度,是工程塑料的主要成形方法。

7.2.3　快速成形

快速成形技术(rapid prototype technology,RPT)集现代数控技术、CAD/CAM 技术、激光技术和新型材料科学成果于一体,突破了传统的加工模式,大大缩短了产品的生产周期,提高了产品的市场竞争力。

快速成形技术有立体光固化成形、激光选区烧结成形、熔丝沉积成形、分层实体制造成形等,每种技术都基于相同的原理,只是实现的方式不同而已。由设计者首先在计算机上绘制所需生产零件的三维模型,用切片软件对其进行分层切片,得到各层截面的轮廓。按照这些轮廓,激光束选择性地切割一层层的纸(或固化一层层的液态树脂,或烧结一层层的粉末材料),或喷射源选择性地喷射一层层的黏结剂或热熔材料等,形成各截面并逐步叠加成三维产品。上述过程均是在快速成形机上自动完成的,能在几小时或几十小时内制造出高精度的三维产品。

1. 快速成形的主要工艺方法

1)立体光固化成形工艺

立体光固化成形(stereo lithography apparatus,SLA)工艺也称液态光敏树脂选择固化工艺,该工艺由美国的 Chahes Hull 在 1982 年发明,是最早出现的快速成形工艺。其工作原理是:SLA 将所设计零件的三维计算机图形数据转换成一系列很薄的模样截面数据,然后在快速成形机上,用可控的紫外激光束,按由计算机切片软件得到的每层薄片的二维图形轮廓轨迹,对液态光敏树脂进行扫描固化,形成连续的固化点,从而构成模样的一个薄截面轮廓。下一层以同样的方法制造。该工艺从零件的最底薄层截面开始,一次一层,连续进行,直到形成三维立体模样为止。一般每层厚度为 0.076～0.381 mm,最后将模样从树脂液中取出,进行最终的硬化处理,再打光、电镀、喷涂或着色即可。图 7-23 所示为 SLA 工作原理。

这种工艺能直接成形小的、表面粗糙度较低的塑料制品,并且由于紫外激光波长较短(例如对于氦镉激光器,$\lambda = 325$ nm),可以得到很小的聚焦光斑,从而得到较高的尺寸精度。其缺点是:①需要设计支承结构,才能确保在成形过程中制件的每一个结构部分都可靠定位;②成形过程中有物相变化,翘曲变形大,但可以通过支承结构加以改善;③原材料昂贵,有污染,易使人的皮肤过敏。

2) 激光选区烧结成形工艺

激光选区烧结(selective laser sintering,SLS)成形工艺是由美国得克萨斯大学开发的,1989 年开始推广。其工作原理是:使用 CO_2 激光器烧结粉末材料(如蜡粉、PS 粉、ABS 粉、尼龙粉、覆膜陶瓷粉和金属粉等);成形时先在工作台上铺上一层粉末材料,按 CAD 数据控制 CO_2 激光束的运动轨迹,对可熔粉末材料进行扫描熔化,并调整激光束强度使其正好将 $0.125 \sim 0.25$ mm 的粉末烧结;当激光在截面轮廓形状所确定的区域内移动时,就将该层粉末烧结,一层完成后,工作台下降一个层厚,再进行下一层的铺粉烧结;如此循环,最终形成三维产品。与 SLA 工艺一样,每层烧结都是在先制成的那层顶部进行的。未烧结的粉末在制完一层后,可用刷子或压缩空气去掉。图 7-24 所示为 SLS 工作原理。

这种工艺适合成形中小型零件,能直接制造塑料、陶瓷和金属产品。制品的翘曲变形比 SLA 工艺的小,但仍需要为容易发生变形的地方设计支承结构。这种工艺要对实心部分进行填充式扫描烧结,因此成形时间较长。可烧结覆膜陶瓷粉和覆膜金属粉,得到成形件后,将制件置于加热炉中,烧掉其中的黏结剂,并在留下的孔隙中渗入填充物(如铜),可以直接制造零件或工具(模具)。SLS 最大的优点在于可使用的材料很广,几乎所有的粉末都可以使用,所以其应用范围很广。

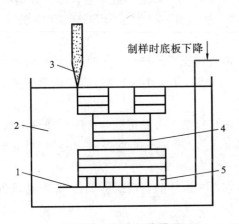

图 7-23　SLA 工作原理

1—底板;2—树脂槽;3—扫描激光器;
4—固化后的树脂模样;5—支承结构

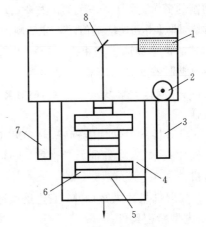

图 7-24　SLS 工作原理

1—激光器;2—滚子;3、7—粉末箱;4—模样制造箱;
5—可竖直运动的底板;6—模样;8—扫描镜

3) 熔丝沉积成形工艺

熔丝沉积成形(fused deposition modelling,FDM)工艺的工作原理是:使用一个外观非常像二维平面绘图仪的装置,只是笔头被一个挤压头代替;挤压头在计算机控制下,根据截面轮廓的信息作三维运动,丝材(如塑料丝)由供丝机构送至挤压头,并在挤压头内加热、熔化,画出

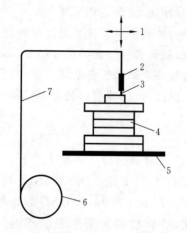

图 7-25　FDM 工作原理
1—可作三维运动的 FDM 头；2—加热的挤压头；
3—熔融的挤出物；4—凝固的模样；
5—固定底板；6—材料卷丝；7—丝状材料

和堆积由切片软件所形成的每一个二维切片薄层；一层完成后，工作台下降一层，再进行下一层的涂覆；如此循环，形成三维产品。图 7-25 所示为 FDM 工作原理。

这种工艺适合成形小塑料件，制品的翘曲变形小，但需要设计支承结构。由于是填充式扫描，因此成形时间较长，为了克服这一缺点，可采用多个热挤压头同时进行涂覆，提高成形效率。

4) 分层实体制造成形工艺

分层实体制造成形(laminated object manufacturing，LOM)工艺也称薄形材料选择性切割，它首先由美国的 Helisys 研制成功。其工作原理是：将需快速成形的产品的三维图形输入计算机的成形系统，用切片软件对该三维图形进行切片处理，得到沿产品高度方向上的一系列横截面轮廓线；单面涂覆有热熔胶的纸卷套在纸辊上，并跨过支承辊缠绕到收纸辊上，电动机带动收纸辊转动，使纸卷按给定方向移动一定的距离，工作台上升至与纸接触；热压辊沿纸面自右向左滚压，加热纸背面的热熔胶，并使这一层纸与基底上的前一层纸黏合；CO_2 激光器发射的激光束经反射镜和聚焦镜等组成的光路系统到达光学切割头，激光束跟踪零件的二维横截面轮廓数据，进行切割，并将轮廓外的废纸余料切割出方形小格，以便成形过程完成后易于剥离余料；每切割完一个截面，工作台连同被切出的轮廓层自动下降至一定高度，然后电动机再次驱动收纸辊将纸移到第二个需要切割的截面，重复下一次工作循环，直至形成由一层层纸粘贴在一起的立体纸模样；剥离废纸小方块，即可得到性能类似硬木或塑料的纸质模样产品。图 7-26 所示为 LOM 工作原理。

与其他快速成形工艺相比，LOM 工艺具有下列优点：

(1) 成形效率高。LOM 工艺不需用激光束扫描所制模样的整个二维横截面，只需沿其横截面的内、外周边轮廓线进行切割，故在短时间(如几小时、几十小时)内就能制出形状复杂的零件模样。

(2) 成形件的力学性能较好。LOM 工艺的制模材料是涂有热熔胶和特殊添加物的纸，其成形件硬如胶木，有较好的力学性能，表面光滑，能承受 $100 \sim 200$ ℃ 的高温，必要时可对成形件进行机械加工。

(3) 成形件尺寸大。LOM 工艺是最适合制造大尺寸模样的快速成形工艺，如发动机气缸体等中、大型精密铸件。

但是，用这种方法成形的产品尺寸精度不高，材料浪费较大，且清除废料困难。

2. 快速成形的应用及发展

快速成形技术给制造业带来了巨大效益，其应用已遍及世界各地。在我国，从事快速成形机开发与研究的公司、大学及快速成形服务中心很多，一些大型企业还配备了快速成形系统，服务于本企业的生产和新产品开发。

快速成形技术的应用可概括为如下几个方面：

1) 复制模具，生产金属或塑料制品

(1) 用快速成形制件作母模，可浇注蜡、硅橡胶、环氧树脂、聚氨酯等软材料，构成软模具，

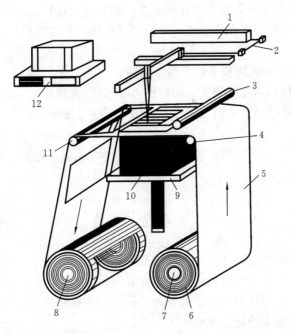

图 7-26　LOM 工作原理

1—激光器；2—光路系统；3—热压辊；4、11—支承辊；5—纸；6—纸卷；7—纸辊；
8—收纸辊；9—工作台；10—纸模样；12—计算机控制系统

用于零件的小批试制。

（2）用快速成形制件作母模，复制硬模具。采用的工艺路线是：用快速成形制件作母模复制硅橡胶模→用硅橡胶模复制石膏模→用石膏模铸造金属模→手工抛光→制成生产用硬模（如注塑模、拉伸模等）。模具的使用寿命可达 1000～10000 件，用于批量生产塑料件和金属件。

2）制造新产品样品，对其形状及尺寸设计进行直观评估

在新产品设计阶段，虽然可以借助设计图和计算机三维实体模型对产品进行评价，但不直观，特别是形状复杂的产品，往往因难以想象其真实形貌，而不能做出正确、及时的判断。采用快速成形技术可以快速制造样品，供设计者和用户直观测量，并迅速反复修改、制造，大大缩短了新产品的设计周期，使设计符合预期的形状和尺寸要求。例如，德国大众汽车公司设计的汽车齿轮箱有 3000 多个表面，该公司采用快速成形技术分 5 块制造齿轮箱的模样，在 10 天内拼合得到与设计完全吻合的样品。

3）用快速成形制件进行产品性能测试与分析

用快速成形机直接制造的产品样品，可用于产品的部分性能测试与分析，例如运动特性测试、风洞试验、有限元分析结果的实体表达、零件装配性能判断等。

例如，美国 Sundstrand Aerospace 公司设计的飞机发电机，由很大的箱体和装于其内的 1200 多个零件构成。仅箱体的工程图就有 50 多张，至少有 3000 多个尺寸。因为箱体形状太复杂，不仅设计、校验十分困难，而且给铸造模样制作造成很大麻烦，时间需三四个月，费用高达数万美元。采用快速成形技术，仅花 2 周就获得了样品，6 周做出了铸造模样。

4）在医学上的应用

目前，外科医生已可以利用 CT 扫描和 MRI（核磁共振成像）所得的数据，用快速成形技术制造人体器官模样,策划头颅和面部的外科手术。他们还用这样的模样进行复杂手术的演习,为骨移植设计样板。牙科医生已用快速成形技术制造病人牙齿的模样进行牙病的诊断和手术安排。

5）直接使用金属材料和陶瓷成形产品结构件

直接使用金属材料和陶瓷成形产品结构件,即所谓的快速制造,这是目前世界快速成形技术发展的方向。国内外已经从事这方面的研究并取得重大成果,如美国 DTM 公司利用 SLS 工艺成形金属件。

总之,快速成形技术作为一种新的制造技术,已经成为制造业的一种新模式,未来必将有更广泛的使用和更大的发展。

复习思考题

7.1.1 特种加工的特点是什么？其应用范围如何？

7.1.2 常规加工工艺与特种加工工艺之间有何关系？

7.1.3 电火花加工与线切割加工的原理是什么？各有哪些用途？

7.1.4 简述激光加工的特点及应用。

7.1.5 简述超声波加工的基本原理及应用范围。

7.2.1 简述粉末冶金的工艺过程。

7.2.2 简述快速成形的原理并举例说明其工艺过程。

图 8-0　经过多道加工工艺获得的美国雪佛兰 350 系列 V8 曲轴

第 8 章　机械加工工艺规程

8.1　基本概念

8.1.1　机械加工工艺过程及其组成

在实际生产中,零件的生产批量、材料、形状、尺寸和技术要求等不同,针对某一零件,其往往不是单独在一种机床上,用某一种加工方法就能加工完成的,而是要经过一定的工艺过程。加工零件时,不仅要根据零件的具体要求,对各组成表面选择合适的加工方法,还要合理地安排加工顺序,逐步地把零件加工出来。本章将介绍与拟定机械加工工艺过程有关的一些基本问题。

生产过程中,直接改变原材料(或毛坯)形状、尺寸和性能,使之变为成品的过程,称为工艺过程。如毛坯的铸造、锻造和焊接,改变材料组织和性能的热处理,零件的机械加工等,都属于工艺过程。

机械加工工艺过程是由一系列工序组成的。工序是指在一个工作地点对一个或一组工件所连续完成的那部分工艺过程。如图 8-1 所示的齿轮零件,单件、小批生产,采用锻造制坯,其机械加工工艺过程可划分为 4 道工序。

工序 1:在车床车外圆、车端面、车台阶端面、钻孔、镗孔、倒角。

工序 2:在滚齿机上滚齿。

工序 3:在插床上插键槽。

工序 4:零件检验。

在同一道工序中,工件可能要经过几次装夹,工件在一次装夹中所完成的那部分工序,称为安装。该齿轮零件在工序 1 中可以有三次安装。

第一次安装:用三爪卡盘夹持小端外圆,粗车大端面、大外圆、钻孔。

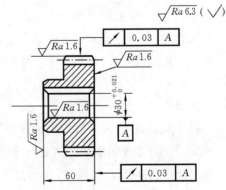

图 8-1　发动机齿轮

第二次安装:调头用三爪卡盘夹持大端外圆,粗车小端面、小外圆、台阶端面;精车小端面、小外圆、台阶端面;倒角。

第三次安装:调头夹持小端外圆,精车大端面、大外圆、精镗孔、倒角。

如果该零件为大批量生产,则其机械加工工艺过程又有不同,可采用"钻孔→拉孔→车削→滚齿→拉削键槽"的方案,由此可见零件的工艺过程与其生产类型紧密相关。

8.1.2　生产类型及其工艺特征

生产类型是指企业生产的专业化程度的类型,根据生产零件的大小和生产纲领确定,生产纲领是企业一年生产的合格产品的数量(即年产量)。参考表 8-1,生产类型可分为单件生产、成批生产和大量生产。

表 8-1　生产类型与生产纲领的关系

生产类型		零件的年产量/件		
		重型机械($W > 200$ kg)	中型机械($W = 100 \sim 200$ kg)	小型机械($W < 100$ kg)
单件生产		5 以下	< 20	< 100
成批生产	小批生产	$5 \sim 100$	$20 \sim 200$	$100 \sim 500$
	中批生产	—	$200 \sim 500$	$500 \sim 5000$
	大批生产	—	$500 \sim 5000$	$5000 \sim 50000$
大量生产		—	> 5000	> 50000

注:W 为零件的质量。

1. 单件生产

单件生产的基本特点是生产的产品品种繁多,每种产品零件仅制造一个或少数几个,很少重复生产。例如,船用大型柴油机、大型汽轮机、重型机械产品的制造及新产品试制等。

2. 成批生产

一年中分批轮流地制造几种不同的产品,每种产品均有一定的数量,工作地的加工对象周期性地重复。同一产品(或零件)每批投入生产的数量称为批量。按批量的多少,成批生产又可分为小批生产、中批生产和大批生产。

在工艺上,小批生产和单件生产相似,常合称为单件小批生产;大批生产和大量生产相似,常合称为大批大量生产,而成批生产仅指中批生产。例如,机床、电机和纺织机械的制造常为成批生产。

3. 大量生产

产品的数量很大,大多数工作地按照一定的生产节拍进行某种零件的某道工序的重复加工。例如,汽车、手表和轴承的制造均采用大量生产方式。

在拟定零件的工艺过程时,由于生产类型不同,所采用的毛坯、加工方法、机床设备、工夹量具以及对工人的技术要求等,都有很大不同。表 8-2 列出了各种生产类型的工艺过程特点。

表 8-2　各种生产类型的工艺过程特点

生产类型	单件生产	成批生产	大量生产
毛坯制造与加工余量	木模手工造型或自由锻造,毛坯精度低,加工余量大	部分用金属模或模锻,毛坯精度及加工余量中等	广泛采用金属模机器造型、精密铸造、模锻或其他高效的成形方法,毛坯精度高及加工余量较小
机床设备及布置	通用设备,极少用数控机床,按机群布置	通用机床及部分高效专用机床和数控机床等按零件类别分工段布置	广泛采用高效专用机床和自动机床按流水线排列或采用自动化线
夹具与安装	多用通用夹具,极少用专用夹具	广泛使用专用夹具	广泛使用高效能的专用夹具
刀具与量具	多用通用刀具与万能量具	较多采用专用夹具与量具	广泛使用高效能的专用刀具与量具
对工人的技术要求	熟练	中等熟练	对操作工人技术要求一般,对调整工人技术要求较高
工艺规程	有简单的工艺路线卡	有工艺规程,关键工序有详细的工艺规程	有详细的工艺规程

8.2　工件的安装和夹具

在进行机械加工时,必须把工件放在机床上,使它在夹紧之前就占据一个正确位置,称为定位。在加工过程中,为了使工件能承受切削力,并保持确定的位置不变,还必须把它压紧或夹牢,称为夹紧。定位与夹紧总称为工件的安装,常称为工件的装夹。

工件安装的好坏将直接影响零件的加工精度,而安装的快慢则影响生产率的高低。工件的安装,对保证质量、提高生产率和降低加工成本有着重要的意义。

8.2.1　夹具简介

夹具是加工工件时,为完成某道工序,用来正确迅速地安装工件的装置。它对保证加工精度、提高生产率和减轻工人劳动量有很大作用。

夹具一般按用途分类,有时也可按其他特征分类。按用途的不同,机床夹具通常可以分为两大类。

1. 通用夹具

指一般已经标准化的、不需特殊调整就可以用于加工不同工件的夹具。如车床上的三爪和四爪卡盘,铣床上的万能分度头、圆形工作台和平口钳,平面磨床上的电磁吸盘等。利用通用夹具装夹工件,生产率较低,一般仅适用于单件小批生产。

2. 专用夹具

指为某一零件某道工序的加工专门设计和制造的夹具,没有通用性。利用专用夹具装夹,工件定位精度高而且稳定,装夹效率也高,广泛用于中、大批和大量生产。但是,由于制造专用夹具的费用较高、周期较长,因此在单件小批生产时,很少采用专用夹具。当工件的加工精度要求较高时,可采用由标准元件组装的组合夹具。

8.2.2 工件的安装方式

根据工件的大小、加工精度和批量的不同,工件的安装有下列三种方式。

1. 直接找正安装

直接找正安装是指工件直接安放在机床工作台或通用夹具上,用划针或百分表等找正工件的位置,再进行夹紧。

图 8-2 所示为用四爪单动卡盘装夹套筒,先用百分表按工件的外圆 A 进行找正,再夹紧工件进行外圆 B 的车削,以保证套筒 A、B 圆柱面的同轴度。

这种安装方式的特点是:生产率低,适用于单件小批生产和形状简单的零件,对工人的技术水平要求高。

2. 划线找正安装

划线找正安装是用划针根据毛坯或半成品上所划的线为基准,找正它在机床上的正确位置的一种安装方法。如图 8-3 所示的车床床身毛坯,为保证床身的各加工面和非加工面的尺寸及各加工面的余量,先在钳工台上划好线,然后在龙门刨床的工作台上用千斤顶顶起床身毛坯,用划针按划线找正并夹紧,再对床身底平面进行粗刨。由于划线既费时,又需技术水平高的划线工,划线找正的定位精度也不高,因此划线找正安装只用于批量不大、形状复杂而笨重的工件,或毛坯尺寸公差很大而无法采用夹具装夹的工件。

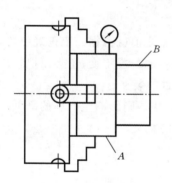

图 8-2 直接找正安装

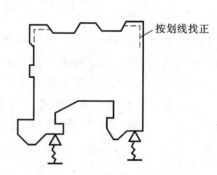

按划线找正

图 8-3 车床床身的划线找正安装

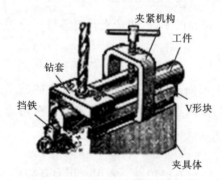

夹紧机构
工件
钻套
V形块
挡铁
夹具体

图 8-4 在轴上钻孔的专用夹具

3. 采用专用夹具安装

大批量生产时,为了提高生产率,同时保证定位精度,一般采用专用夹具安装。工件安装在为其加工专门设计和制造的夹具中,不需进行找正,就可以迅速而可靠地保证工件对机床和刀具的正确相对位置,并可迅速夹紧。图 8-4 所示为在小轴上钻孔所用的一种简单的专用夹具。安装时,工件以外圆面定位在长 V 形块上,以保证所钻孔的轴线与工件轴线相垂直,轴的端面与挡铁接触,以保证所钻孔的轴线与工件端面的距离尺寸。工件在夹具上定位之后,拧紧夹紧丝杠,将工件紧固,即可开始钻孔。钻孔时,利用钻套定位并引导钻头。

8.3　定位基准的选择

8.3.1　工件的基准

在零件的设计和制造过程中,要确定一些点、线或面的位置,必须以一些指定的点、线或面为依据,这些作为依据的点、线或面,称为基准。按基准的作用不同,常把基准分为设计基准和制造基准(工艺基准)两大类。

1. 设计基准

在设计零件图样时,用以确定其他点、线、面位置的基准称为设计基准。如图8-5所示的柴油机机身零件,平面 N 和孔 I 的位置是根据平面 M 确定的,平面 M 是平面 N 和孔 I 的设计基准。孔 II、III 的位置是根据孔 I 的中心线确定的,所以,孔 I 的中心线是孔 II、III 的设计基准。

2. 制造基准(工艺基准)

在制造零件和装配机器的过程中采用的基准称为工艺基准,也称为制造基准。工艺基准又分为定位基准、度量基准和装配基准,分别用于工件加工时的定位、工件的测量检验和零件的装配,这里仅介绍定位基准。

工件在加工过程中,用于确定工件在机床或夹具上的正确位置的基准称为定位基准。图8-1 所示的齿轮零件小批生产工序 1 中精车大端面、大外圆和精镗孔时,用三爪卡盘夹持小端外圆,则小端外圆面就是大端面、大外圆、内孔的定位基准。车削图 8-6 所示的齿轮轮坯的外圆 C 及端面 D 时,若以已加工的内孔 F 将工件安装在心轴上,则孔的轴线就是外圆和左端面的定位基准。

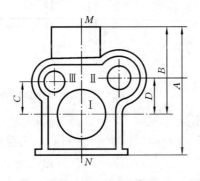

图 8-5　设计基准分析

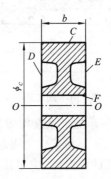

图 8-6　齿坯加工

必须指出,作为定位基准的点或线,总是以具体表面来体现的,这种表面就称为定位基面。例如,图 8-6 所示齿轮孔的轴线并不具体存在,而是由孔的表面来体现的,因而孔是外圆和左端面的定位基面。

8.3.2　定位基准的选择

在零件加工过程中,合理选择定位基准对保证零件的尺寸精度和位置精度有着决定性的作用。

定位基准又有粗基准和精基准两种。用毛坯表面(即未加工的表面)作为定位基准的称为粗基准,而用已加工表面作为定位基准的则称为精基准。

1. 粗基准的选择

对毛坯进行机械加工时,第一道工序只能以毛坯表面定位,这种基准面即粗基准。粗基准的选择有两个出发点:一是要保证各加工表面有足够的余量;二是要保证各加工表面对非加工表面具有一定的位置精度。由此确定的粗基准的选择原则为以下几点。

1) 应选择非加工面为粗基准

这样可使加工表面与非加工表面之间的位置误差最小,有时还可能在一次装夹中加工出较多的表面。如图 8-7 所示的铸铁件,用不需要加工的小外圆 A 作粗基准,不仅能保证 $\phi90H7$ 孔壁的厚薄均匀,而且能在一次装夹中车削出除小端面以外的全部加工表面,使 $\phi160Js6$ 孔与 $\phi90H7$ 孔同轴,大端面、内台阶端面与孔的轴线垂直。

2) 选择加工余量最小的表面为粗基准

为保证各个加工表面具有足够的加工余量,应选择毛坯余量最小的表面为粗基准。如图 8-8 所示,自由锻件毛坯大外圆 M 的余量小,小外圆 N 的余量大,且 N、M 轴线的偏差较大。若以 M 为粗基准车削外圆 N,则在调头车削外圆 M 时,可使其得到足够而均匀的余量。反之,若以 N 为粗基准,则外圆 M 可能因余量过小而无法满足加工要求,致使工件报废。

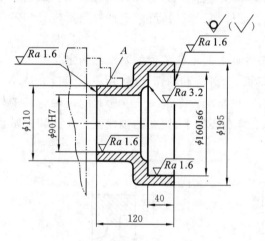

图 8-7　用不加工表面作粗基准

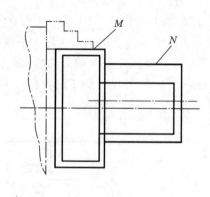

图 8-8　用最小余量表面作粗基准

3) 选择要求加工余量均匀的表面为粗基准

这样可以保证加工作为粗基准的表面时,余量均匀。如图 8-9 所示,为保证导轨面有均匀的组织和一致的耐磨性,应使其加工余量均匀。为此,选择导轨面为粗基准加工床腿底面,然后再以底面为基准加工导轨面,这样导轨面加工余量均匀,且可使加工余量最小。

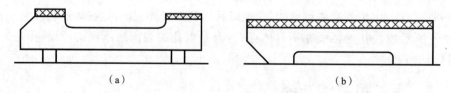

（a）　　　　　　　　　　　　　　（b）

图 8-9　床身加工的粗基准选择

4) 方便工件装夹与定位可靠

粗基准表面应尽量平整光洁,有足够大的面积,且应避开飞边、浇道、冒口等缺陷。

5）粗基准不重复使用

粗基准一般只在第一道工序中使用,应避免重复使用。这是因为粗基准表面粗糙,重复使用易导致较大的定位误差,无法保证各加工表面之间的位置精度。

2. 精基准的选择

选择精基准一般应遵循如下原则。

1）基准重合原则

尽可能选择设计基准作为定位基准,避免因定位基准与设计基准不重合而产生的定位误差。如图 8-10(a)所示零件,如果按图 8-10(b)选择 A 面为定位基准加工 B 面和 C 面,则对 B 面来说,是符合"基准重合"原则的;而对 C 面来说,定位基准与设计基准不重合,尺寸 c 要通过尺寸 a 间接得到。因 B 面与 A 面之间的尺寸有公差 T_a,当加工一批零件时,在 C 面与 B 面之间尺寸 c 的误差中,除因其他原因产生的加工误差外,还应包括因定位基准与设计基准不重合而引起的定位误差,该误差值为 T_a。

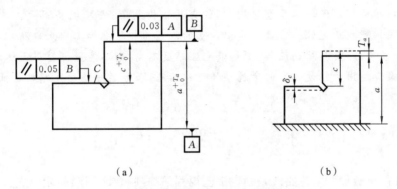

(a)　　　　　　　　　　　　　　(b)

图 8-10　基准不重合误差示例

2）基准统一原则

加工位置精度要求较高的某些表面时,应尽可能选用统一的定位精基准。例如加工较精密的阶梯轴时,常以两端中心孔为定位基准,采用两顶尖装夹方式,精车各表面,并在磨削前修研中心孔,再以中心孔定位磨削各表面。这样有利于保证各表面间的同轴度等位置精度。

此外,所选择的精基准应能保证定位准确、可靠,夹紧机构简单、操作方便。

必须指出,精基准的选择不能只考虑本工序定位夹紧是否合适,而应结合整个工艺路线统一考虑。

上述粗、精基准的各条选择原则,都是在保证工件加工质量的前提下,从不同角度提出的工艺要求和保证措施,有时这些要求和措施会出现相互矛盾的情况,在制定工艺规程时必须结合具体情况进行全面、系统的分析,分清主次,解决主要问题。

实例　加工图 8-11 所示的活塞零件时,粗、精基准应如何选择?

分析　活塞是往复式发动机和压缩机的重要组成零件。由于其内腔形状复杂,常采用铸造铝合金、灰口铸铁或球墨铸铁材料,经铸造成形后,进行机械加工。

(1)精基准的选择:理论上采用活塞外圆为精基准可以满足"基准重合"的原则,但由于活塞壁薄、刚度小,以外圆为基准夹紧时易使活塞变形。因此,通常采用"基准统一"原则,以内止口及其端面为统一的辅助精基准。加工时,首先把内止口及端面加工出来,再以内止口及端面为精基准加工销孔、外圆及顶面等。

(2)粗基准的选择:粗基准的选择有两种方案。方案一是以不加工的内腔表面定位加工

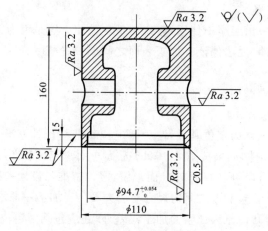

图 8-11　活塞零件

　　内止口及端面,这样可以保证活塞壁厚均匀,但夹具结构复杂、安装调整不便。当生产批量不大时,可以采用内壁找正定位。方案二是以活塞的外圆为粗基准加工内止口及端面,这样可使外圆加工时余量均匀,夹具结构简单,但如果毛坯精度不高,则不能保证壁厚差达到技术要求。

　　因此,方案二适用于精度较高的金属型铸造铝活塞,而方案一适用于精度较低的砂型铸造的铸铁活塞。

8.4　工艺路线的拟定

　　拟定零件的机械加工工艺路线是制定工艺规程的一项重要工作,拟定工艺路线时需要解决的主要问题是:选定各表面的加工方法、安排工序的先后顺序。

8.4.1　表面加工方法的选择

　　一般选择表面加工方法时,应注意以下几个方面。

　　(1)加工表面的技术要求是决定表面加工方法的首要因素,此外,还要考虑零件的生产类型、材料性能以及现有的加工条件等。例如,在单件小批生产中,一般采用通用机床和工艺装备进行加工;在大批大量生产中,采用高效率的专用机床及先进的加工方法,如大批量加工内孔时可采用拉床和拉刀。

　　(2)具有一定加工质量要求的表面,一般都需要进行多次加工才能达到精度要求。加工方法的选择步骤总是首先确定被加工零件主要表面的最终加工方法,然后再选择前面一系列工序的加工方法和顺序。可提出几个方案进行比较,选择其中一个比较合理的方案。例如,加工一个直径为 $\phi25H7$ mm 和表面粗糙度为 $Ra\ 0.8\ \mu m$ 的孔,可有四种加工方案:①钻孔→扩孔→粗铰→精铰;②钻孔→粗镗→半精镗→磨削;③钻孔→粗镗→半精镗→精镗→精细镗;④钻孔→拉孔。因此应根据零件加工表面的结构特点和产量等条件,确定采用其中一种加工方案。

　　(3)一个零件通常由许多表面组成,但各个表面的几何性质不外乎是外圆、孔、平面及各种成形表面等。因此,熟悉和掌握这些典型表面的各种加工方案对制定零件加工工艺路线是十分必要的。工件上各种典型表面所采用的典型工艺路线如表 8-3、表 8-4 所示,可供选择表面加工方法时参考。

表 8-3 外圆及内圆表面的机械加工工艺路线

加工表面	加工要求	加工方案	说　明
外圆	IT8 $Ra\ 0.8\sim1.6\ \mu m$	粗车→半精车→精车	(1) 适合加工除淬火钢以外的各种金属件; (2) 若在精车后再加上一道抛光工序,则表面粗糙度可达 $Ra\ 0.05\sim0.2\ \mu m$
	IT6 $Ra\ 0.2\sim0.4\ \mu m$	粗车→半精车→粗磨→精磨	(1) 适合加工淬火钢件,也可用于加工未淬火钢件或铸件; (2) 不宜用于加工有色金属件(因切屑易堵塞砂轮)
	IT5 $Ra\ 0.01\sim0.1\ \mu m$	粗车→半精车→粗磨→精磨→研磨	(1) 适合加工淬火钢件,不适合加工有色金属件; (2) 可用镜面磨削代替研磨作为终了工序; (3) 常用于加工精密机床的主轴颈外圆
内圆	IT7 $Ra\ 0.8\sim1.6\ \mu m$	钻孔→扩孔→粗铰→精铰	(1) 适合成批和大批大量生产; (2) 常用于加工未淬火钢件和铸件上的孔(小于 50 mm),也可用于加工有色金属件(但表面粗糙度不易保证); (3) 在单件小批生产时可用手铰(精度可更高,表面粗糙度更小)
	IT7~IT8 $Ra\ 0.8\sim1.6\ \mu m$	粗镗→半精镗→精镗两次	(1) 多用于加工毛坯上已铸出或锻出的孔; (2) 一般大量生产中用浮动镗杆加镗模或用刚性主轴的镗床来加工
	IT6~IT7 $Ra\ 0.1\sim0.4\ \mu m$	粗镗(或扩孔)→半精镗→粗磨→精磨	(1) 主要用于加工精度和表面粗糙度要求较高的淬火钢件,对于铸件或未淬火钢件,则磨孔生产率不高; (2) 当孔的要求更高时,可在精磨之后再进行珩磨或研磨
	IT7 $Ra\ 0.4\sim0.8\ \mu m$	钻孔(或扩孔)→拉孔	(1) 主要用于大批大量生产(如能利用现成拉刀,也可用于小批生产); (2) 只适用于中、小零件上中、小尺寸的通孔,且孔的长度一般不宜超过孔径的 3~4 倍
	IT6~IT7 $Ra\ 0.1\sim0.2\ \mu m$	钻孔(或粗镗)→扩孔(或半精镗)→精镗→金刚镗→脉冲滚挤	(1) 特别适合加工成批、大批、大量生产的有色金属件上的中、小尺寸孔; (2) 可用于加工铸铁箱体上的孔,但滚挤效果通常不如有色金属件的显著

表 8-4 平面的机械加工工艺路线

加工要求	加工方案	说　明
IT7~IT8 $Ra\ 1.6\sim3.2\ \mu m$	粗刨→半精刨→精刨	(1) 因刨削生产率较低,故常用于单件和小批生产; (2) 加工一般精度的未淬硬表面; (3) 因调整方便故适应性较大,可在工件的一次装夹中完成若干平面、斜面、倒角、槽等的加工

加工要求	加工方案	说　　明
IT7 $Ra\ 1.6\sim3.2\ \mu m$	粗 铣 → 半 精 铣 →精铣	(1) 大批大量生产中一般平面加工的典型方案; (2) 若采用高速密齿精铣,则加工质量和生产率有所提高
IT5～IT6 $Ra\ 0.2\sim0.8\ \mu m$	粗刨(铣)→半精刨(铣)→精刨(铣)→刮研	(1) 刮研可达到的精度很高(平面度、表面接触斑点数、配合精度); (2) 劳动量大、效率低,故只适用于单件、小批生产
IT5 $Ra\ 0.2\sim0.8\ \mu m$	粗刨(铣)→半精刨(铣)→精刨(铣)→宽刀低速精刨	(1) 宽刀低速精刨可大致取代刮研; (2) 适用于加工批量较大、要求较高的不淬硬平面
IT5～IT6 $Ra\ 0.2\sim0.8\ \mu m$	粗铣→半精铣→粗磨→精磨	(1) 适用于加工精度要求较高的淬硬和不淬硬平面; (2) 对要求更高的平面,可采用后续滚压或研磨工序
IT8 $Ra\ 0.2\sim0.8\ \mu m$	(1)粗铣→拉削; (2) 拉削	(1) 适用于加工中、小平面; (2) 生产率很高,用于大量生产; (3) 刀具价格昂贵
IT7～IT8 $Ra\ 1.6\sim3.2\ \mu m$	粗 车 → 半 精 车 →精车	对于大型圆盘、圆环等回转零件的端平面,一般常在车床(立式车床)上与外圆(或孔)一同加工,这样可保证它们之间的相互位置精度

8.4.2　工序的安排

工序的安排是指合理地安排切削加工工序、热处理工序、检验工序和其他辅助工序的先后次序,是制定零件加工工艺的关键。

1. 机械加工工序的安排

一个零件有许多表面要加工,各表面机械加工工序的安排应遵循如下原则。

1) 先基准面,后其他面

首先应加工用作精基准的表面,以便为其他表面的加工提供可靠的定位基准表面,这是确定加工工序的一个重要原则。例如,阶梯轴类零件常选择两端中心孔作为定位基准,机械加工时一般首先加工端面,打中心孔。

2) 先主要表面,后次要表面

主要表面一般是指零件上的工作表面、装配基面等,其技术要求高,加工工序较多,且加工的质量对零件质量的影响甚大,因此应先加工。一些次要表面如紧固用的螺孔、键槽等,一般可穿插在主要表面加工工序之间或加工之后进行。

3) 粗精分开原则

技术要求较高的零件,其主要表面应按"粗加工→半精加工→精加工→光整加工"的顺序安排,使零件逐渐达到较高的加工质量。粗加工时,背吃刀量和进给量较大,目的是以较高的效率切除大部分加工余量,精加工的目的是使零件的精度和表面粗糙度达到最终要求。

2. 热处理工序的安排

热处理的目的不同,热处理工序的内容及其在工艺过程中的顺序也不同。

为了改善金属的组织和切削加工性能而进行的预备热处理,如退火、正火等,通常安排在粗加工之前;为了提高材料的强度、表面硬度和耐磨性,以保证最终的力学性能要求的最终热处理,如轴、齿轮等零件的淬火、渗碳淬火处理,通常安排在半精加工之后和磨削加工之前。

铸件常安排时效处理,以消除铸造和机械加工中产生的内应力,保持精度的稳定性。对于精度要求一般的铸件,只需在粗加工前或后安排一次人工时效处理;对于大而结构复杂的铸件,或精度要求很高的非铸件类工件,则应在半精加工之后安排第二次人工时效处理,使精度稳定。

3. 检验工序和辅助工序的安排

检验工序是保证产品质量的有效措施之一,是工艺过程中不可缺少的内容。除了各工序操作者自检外,下列情况中还应考虑单独安排检验工序:①零件从一个车间转到另一个车间加工之前;②零件粗加工阶段结束之后;③重要工序加工的前后;④零件全部加工结束之后。

电镀、发蓝、油漆等表面处理工序一般都安排在工艺过程的最后。但有些大型铸件的不加工面,常在加工之前先涂防锈油漆等。

去毛刺、倒棱边、去磁、清洗等工序应适当穿插在工艺过程中进行。这些辅助工序不能忽视,否则会影响装配工作,妨碍机器的正常运行。

8.5　零件机械加工的结构工艺性

在设计零件时,不仅要考虑零件的使用要求,还要考虑设计出的零件是否便于加工、装配、维修等,也就是零件的结构工艺性。结构工艺性良好的零件,可以较经济、高效、合理地加工出来。

零件结构工艺性的好坏是相对的,它随着科学技术的发展和生产条件的不同而变化。例如,精度要求高的复杂曲线、曲面的加工,以前在传统机床上是很困难的,现在采用数控机床则易于实现。另外,零件的制造包括毛坯成形、机械加工、热处理和装配等多个阶段,在设计零件时,必须综合考虑,尽可能使各个阶段都具有良好的工艺性。各种毛坯成形方法的结构工艺性在前面章节已有提及,本节将重点讨论机械加工的结构工艺性,在设计零件时应考虑以下几个方面。

1. 零件的结构应便于安装

要考虑到机械加工时零件在机床上装夹的要求,使零件能方便、可靠地定位夹紧;同时还要有足够的刚度,以便减小零件在夹紧力或切削力作用下的变形。

1) 增加辅助安装面

在车床上零件常用三爪卡盘、四爪卡盘装夹。图 8-12(a)所示的轴承盖零件在车床上加工时,如夹在 A 处,则一般卡爪伸出的长度不够,夹不到 A 处;如夹在 B 处,则因 B 处为圆弧面而夹不牢固。为了方便装夹,将此处结构改为图 8-12(b)所示结构,使 C 处为一圆柱面;或在毛坯上增加一辅助安装面,如图 8-12(c)所示。

图 8-13(a)所示的薄壁套筒,在卡盘夹紧力的作用下,容易产生变形,影响几何精度,改成图 8-13(b)所示的结构,增加了结构刚度,提高了加工精度。

2) 增加工艺凸台或工艺孔

刨削或铣削较大型工件时,经常将工件直接安装在工作台上。如图 8-14 所示,刨削上平面时要使加工面水平,工件较难安装,将图 8-14(a)所示结构改为图 8-14(b)所示结构,增加一

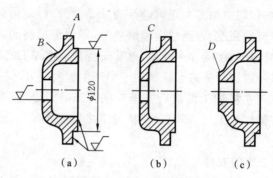

图 8-12　轴承盖结构的改进

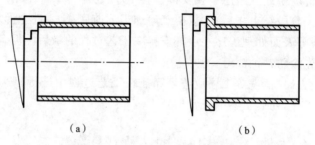

图 8-13　薄壁套筒结构的改进

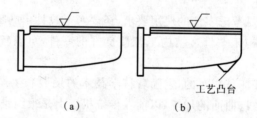

图 8-14　设计工艺凸台

个工艺凸台后容易找正安装,加工完上平面后可将凸台切除。

　　图 8-15(a)所示的大平板铸件,在刨床或铣床上加工上平面时,不便用压板、螺栓夹紧,改成图 8-15(b)所示结构,在平板侧面增加装夹用的工艺孔,则便于装夹,也便于吊运。

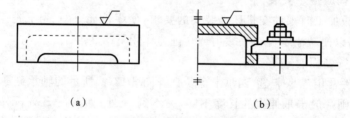

图 8-15　设计工艺孔

2. 零件的结构应便于加工和测量

1) 应留有退刀槽、空刀槽和越程槽

　　为避免刀具或砂轮与工件的某一部分相碰,使加工无法进行,有时要留出退刀槽、空刀槽或越程槽等。如图 8-16(a)所示,螺纹无法加工到轴肩根部,必须留出螺纹退刀槽;如图 8-16(b)所示,在齿轮轴的轴肩处要留有滚齿加工的越程槽;如图 8-16(c)所示,多联齿轮齿圈间要

留出插齿加工的空刀槽；图 8-16(d)所示为刨削时的越程槽，刨削或插削时，刨刀或插刀要超越加工面一段距离，以加工出完整表面；如图 8-16(e)所示，在轴肩处必须留出砂轮越程槽，防止砂轮与工件肩部相碰，以及砂轮磨损的圆棱在工件上造成不必要的圆角；图 8-16(f)所示为磨内孔时的越程槽，以保证加工精度。

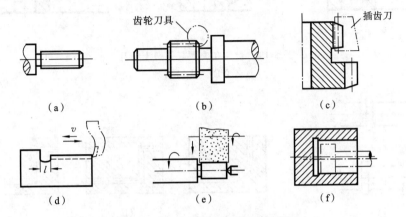

图 8-16　退刀槽、空刀槽和越程槽

如图 8-17(a)所示的设计，加工时不易获得精确的角度，由于刀具磨损等形成的圆角会影响配合件的装配，若该配合处需要润滑，则沉积在底部的润滑剂由于不可压缩，会形成阻力。改成图 8-17(b)所示的设计则没有这些问题。因此，一般精度要求较高的两个面之间应设计沉割槽。

2）对凸台的孔要留有加工空间

如图 8-18 所示，设计箱体、机架类零件侧壁凸台上的安装孔时，若孔的轴线距侧壁的距离 S 太小，则钻头无法进入加工部位，一般 $S \geqslant D/2 + (2 \sim 5)$mm。

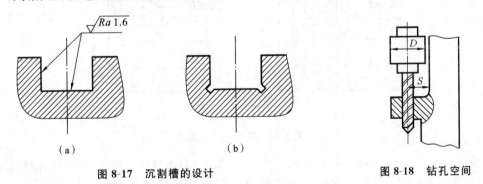

图 8-17　沉割槽的设计　　　　　　　　图 8-18　钻孔空间

3）孔轴线应与其端面垂直

钻孔时钻头切入和切除的表面应与孔的轴线垂直，以使钻头的两条主切削刃受力均衡，否则钻头易产生引偏，甚至折断，因此，应尽量避免在曲面或斜壁上钻孔。图 8-19(a)所示结构不合理，可改为图 8-19(b)或图 8-19(c)所示结构。图 8-20(a)中轴上的油孔应改为图 8-20(b)所示的结构。

4）避免弯曲孔

零件上的加工孔，应尽量避免设计成弯曲孔。如图 8-21(a)(b)所示，零件上的孔无法机械加工出来，如图 8-21(c)所示，零件上的孔虽能加工，但还需加一个柱塞。

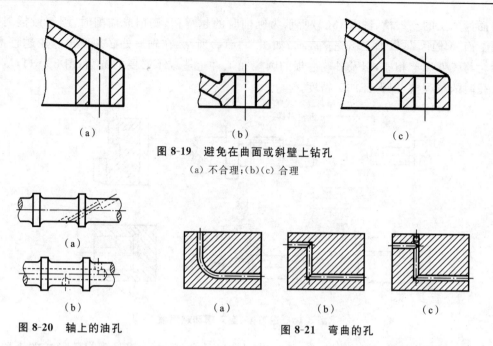

图 8-19　避免在曲面或斜壁上钻孔

(a) 不合理；(b)(c) 合理

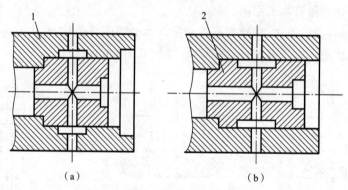

图 8-20　轴上的油孔　　　　　图 8-21　弯曲的孔

5) 尽量减少内表面加工

工件内表面的加工比外表面的困难，设计时，在满足使用要求的前提下，应尽量减少内表面的加工。图 8-22(a)所示的设计，需在零件 1 上镗削孔内环槽，加工和测量不便，改为图 8-22(b)所示设计后，只需在零件 2 上车外槽，加工难度降低。

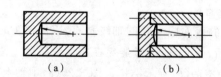

图 8-22　减少内表面加工

图 8-23(a)所示零件的内部为球面凹坑，很难加工；为达到使用要求，需将零件难加工的部位拆分，如图 8-23(b)所示，拆分为两个零件，则凹坑采用外部加工即可，比较方便。

图 8-23　合理的拆分

3. 结构设计应有利于保证加工质量和提高生产率

1) 尽量减小配合接触面积

减小配合接触面积可以减小加工面积，减小加工量。箱体、支座等零件的底面要安装在基座上,一般需要对底面进行加工,常在底面设计凹槽,如图 8-24 所示,既减小了加工面积,又增加了结构的刚度。如图 8-25 所示的轴承座零件,在底面设计凹槽以减小加工面积,此外,将底部需安装螺纹坚固件的部位设计成凸台或沉孔,同样可以减小加工面积,保证接触良好。

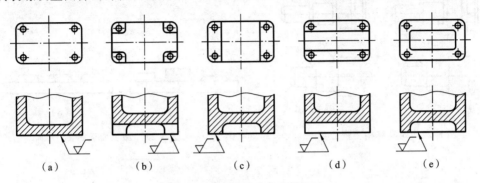

图 8-24　箱体等零件底面的设计

(a) 不合理;(b)(c)(d)(e) 合理

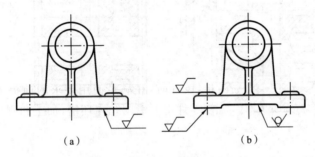

图 8-25　减小不必要的加工面积

(a) 结构工艺性不好;(b) 结构工艺性好

如图 8-26 所示,加工较大的轴套配合件时,若按图 8-26(a)将轴外圆表面 A 设计成整体的光滑表面,就需对整个表面进行光整加工;改为图 8-26(b)所示结构后,既可以保证配合性能,又能减小机械加工和装配的工作量。

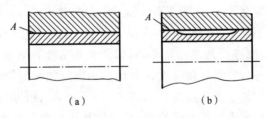

图 8-26　减小加工面积

2)同类结构要素要统一

如图 8-27 所示,同一工件上的退刀槽、过渡圆尺寸及形状应该一致,这样可缩短换刀和对刀时间。此外,零件上键槽的类型、宽度应尽可能一致,以减少刀具种类,缩短加工辅助时间。

3)尽量减少走刀次数

同一面上的凸台应设计得一样高,从而减少工件的安装次数,缩短对刀时间。图 8-28(a)所示结构需多次对刀,改成图 8-28(b)所示结构后,只需对刀一次即可加工出三个小凸台。

4)便于多件一起加工

如图 8-29(a)所示的齿轮,多件一起滚齿加工时,装夹刚度较差,且刀具轴向进给行程较长;改为图 8-29(b)所示的设计后,则解决了前述问题,有利于多件加工,提高生产效率。

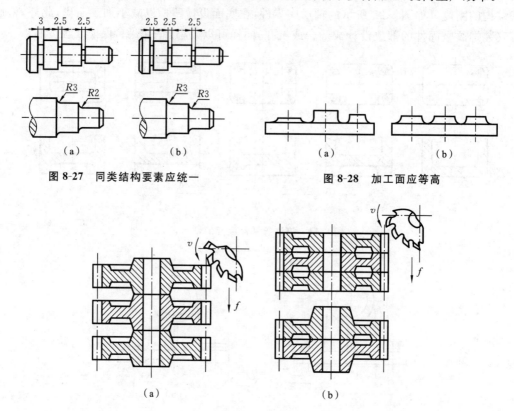

图 8-27　同类结构要素应统一　　　　　　　　图 8-28　加工面应等高

图 8-29　齿轮加工

4. 应提高零件结构设计标准化程度

零件上的结构要素如孔径及孔底形状、中心孔和退刀槽的尺寸、圆角半径、螺纹的公称直径和螺距、齿轮的模数等,其参数值应尽量参照国家标准选取,以便能使用标准刀具加工;零件表面的尺寸公差、几何公差和表面粗糙度也应参照国家标准确定,以便使用通用量具进行检验。

如图 8-30 所示与轴配合的孔,当批量较大时,若采用图 8-30(a)所示设计,则孔的公称尺寸及公差都是非标准值,不便于采用钻→扩→铰方案加工,改成图 8-30(b)所示设计后,则可以采用标准化的铰刀和塞规进行加工和检测,可以大大提高生产效率。如图 8-31 所示,设计不通孔时,从一直径到另一直径的过渡应设计出与钻头顶角相同的圆锥面(见图 8-31(b)),而图 8-31(a)所示的设计则增加了加工难度。如图 8-32(a)所示,设计的锥孔的锥度值和尺寸都是非标准的,既不能采用标准锥度的塞规检验,又不能与标准的外锥面配合使用。改进后,其锥面和直径都采用标准值,图 8-32(b)所示为莫氏锥度;图 8-32(c)所示为米制锥度。

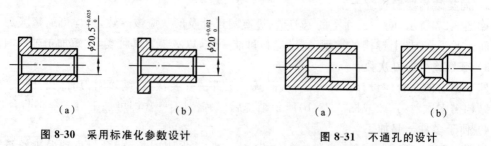

图 8-30　采用标准化参数设计　　　　　　　图 8-31　不通孔的设计

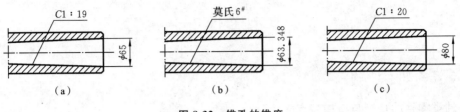

图 8-32　锥孔的锥度

实例　图 8-33 所示为一配换齿轮轴零件,材料为 45 钢,数量 10 件。分析其机械加工的结构工艺性。

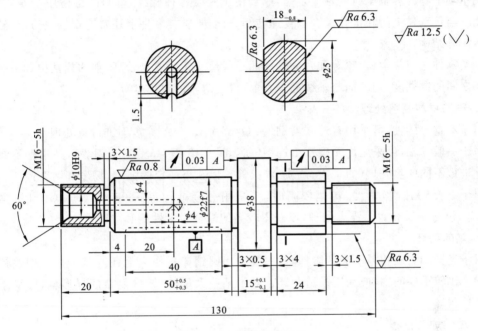

图 8-33　配换齿轮轴零件

分析　(1) 便于安装的工艺结构:该零件为轴类零件,各轴颈面等需在车床上加工,轴扁平面、油槽等次要表面需采用铣削加工,耐磨部位的轴颈面(ϕ22f7)需淬火后磨削加工。半精车、铣削和磨削时采用两顶尖装夹方式,符合基准重合和基准同一的原则。因此,为便于零件的装夹,在 ϕ10H9 孔端部设计 60°定位锥面和 120°保护锥面作为辅助定位面。

(2) 便于加工的工艺结构:为了便于车削两端的螺纹,必须留出螺纹退刀槽(3×1.5 mm);为使铣削轴扁平面时刀具不与轴肩面相碰,要留出轴扁退刀槽(3×4 mm);为保证 ϕ22f7 表面的加工精度,必须在轴肩处设计砂轮越程槽(3×0.5 mm)。

(3) 提高效率的工艺结构:图中多个退刀槽、越程槽的宽度保持一致,这样可以减少刀具数量,缩短换刀时间。

(4) 提高标准化程度:图中 ϕ4 油孔的尺寸和孔底形状便于采用标准麻花钻加工;ϕ10 与 ϕ4 孔的过渡锥面与标准麻花钻顶角一致;螺纹的尺寸设计与标准相符;油槽的尺寸设计应便于采用标准的铣刀加工。

此外,两端螺纹端部、ϕ22f7 轴颈端部需倒角,以便于装配。

8.6　典型零件工艺过程

8.6.1　轴类零件

1. 轴类零件的功能与结构特点

轴类零件主要用来支承齿轮等传动零件,用来传递转矩。轴类零件是回转体零件,其长度大于直径,一般由内外圆柱面、圆锥面、螺纹、花键及键槽等组成。外圆用于安装轴承、齿轮等,轴肩用于轴上零件和轴本身的轴向定位,螺纹用于安装各种螺纹紧固件,键槽用于安装键块,花键用于与传动件上的花键孔配合以传递转矩。此外,轴类零件上还常有螺纹退刀槽、砂轮越程槽等工艺结构。

轴类零件上与轴承、齿轮等配合的轴颈面一般尺寸精度要求较高,轴的相互位置精度主要有轴颈之间的同轴度、定位面与轴线的垂直度、键槽对轴的对称度等。

2. 轴的材料及热处理

对于不重要的轴,可采用普通碳素钢(如 Q235A、Q275A 等),不进行热处理。

对于一般的轴,可采用优质碳素结构钢(如 35 钢、40 钢、45 钢、50 钢等),并根据不同的工作条件进行不同的热处理(如正火、调质、淬火等),以获得一定的强度、韧度和耐磨性。

对于重要的轴,当精度、转速较高时,可采用合金结构钢 40Cr、轴承钢 GCr15、弹簧钢 65Mn 等,进行调质和表面淬火处理,以获得较高的综合力学性能和耐磨性。

3. 轴的毛坯

对于光轴和直径相差不大的阶梯轴,一般采用圆钢棒料作为毛坯。对于直径相差较大的阶梯轴及比较重要的轴,应采用锻造制坯。对于某些大型的、结构复杂的异形轴,可采用球墨铸铁铸造制坯。

4. 轴的加工过程

按照先基准后其他、先主后次和先粗后精的原则,轴类零件的加工过程一般可划分为以下工序,如图 8-34 所示。

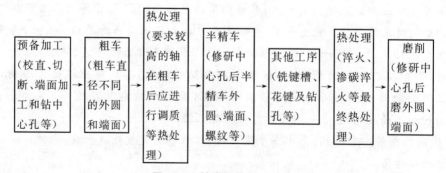

预备加工(校直、切断、端面加工和钻中心孔等) → 粗车(粗车直径不同的外圆和端面) → 热处理(要求较高的轴在粗车后应进行调质等热处理) → 半精车(修研中心孔后半精车外圆、端面、螺纹等) → 其他工序(铣键槽、花键及钻孔等) → 热处理(淬火、渗碳淬火等最终热处理) → 磨削(修研中心孔后磨外圆、端面)

图 8-34　轴类零件加工工序

要求不高的外圆在半精车时就可加工到规定尺寸,退刀槽、越程槽、螺纹、倒角应在半精车时加工,键槽、花键在半精车后淬火前进行铣削加工。

一般在确定主要表面加工方法的同时就要确定其定位基准。阶梯轴类零件,精加工时常选择两端中心孔作为定位精基准,符合基准重合和基准统一原则。采用两顶尖装夹方式,车削或磨削各轴颈面、轴肩面时,能较好地保证各轴颈面间的同轴度和轴肩面对轴线的垂直度;铣削键槽时,能较好地保证键槽对轴线的对称度等。粗加工或半精加工时,为了能承受较大切削力,常选择一端外圆面和另一端中心孔作为定位基面,采用一夹一顶的装夹方式。热处理后或精加工前,一般应修研中心孔,以提高定位精度。

5. 轴类零件的加工工艺过程举例

如图 8-35 所示的某挖掘机减速器的中间轴,在中批生产条件下,制定该轴的加工工艺过程。

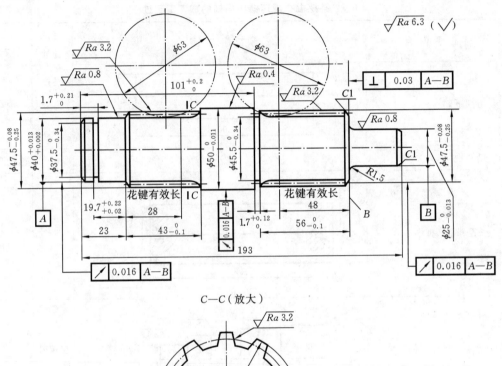

图 8-35　某挖掘机减速器中间轴简图

1）零件各部分的技术要求

（1）在轴中有花键的两段外圆轴颈对轴线 A—B 的径向圆跳动的公差为 0.016 mm;直径为 $\phi50h5$ mm 段的轴颈对轴线 A—B 的径向圆跳动公差为 0.016 mm;端面对轴线 A—B 的垂直度公差为 0.03 mm。

（2）零件材料为 20CrMnMo 钢,渗碳淬火处理,渗碳层深度为 0.8～1.2 mm,淬火硬度为 58～62 HRC。

2）工艺分析

该零件的各配合表面除本身有一定的精度和表面粗糙度要求外,相互间还有一定的位置精度要求。根据各表面的具体要求,可采用如下的加工方案:粗车→精车→铣花键→热处理→

磨削。

在粗加工时,为提高生产率选用较大的切削用量,选一外圆与一中心孔为定位基准;在精加工时,为保证各配合表面的位置精度,用轴两端的中心孔为定位基准。为保证定位基准的精度和表面粗糙度,在精加工之前、热处理后应修整中心孔。

3) 工艺过程

在中批生产条件下,其工艺过程可按表 8-5 安排。

表 8-5　某挖掘机减速器中间轴的加工工艺过程

序号	工序内容	工序简图	定位基准	机床设备
1	切割下料	$\phi 55$　200	—	锯床
2	热处理(退火)	—	—	热处理炉
3	铣两端面,打中心孔	$Ra\,6.3$　9　$\phi 5$　60°　$Ra\,1.6$　2　193　2　$Ra\,6.3$	毛坯外圆	打中心孔专用机床
4	粗车右端外圆 粗车:从 $\phi 55$ 车至 $\phi 53 \times 129$; 粗车:从 $\phi 53$ 车至 $\phi 50 \times 90$; 粗车:从 $\phi 50$ 车至 $\phi 28 \times 33$	$Ra\,6.3$　$Ra\,6.3$　$Ra\,6.3$　$\phi 53_{-0.1}^{0}$　$\phi 50_{-0.1}^{0}$　$\phi 28_{-0.1}^{0}$　2　$Ra\,6.3$　33　90　129	左端外圆及右端顶尖孔	卧式车床 1
5	粗车左端外圆 粗车:从 $\phi 55$ 车至 $\phi 50 \times 64$; 粗车:从 $\phi 50$ 车至 $\phi 43 \times 22.5$	$Ra\,6.3$　$Ra\,6.3$　$\phi 43_{-0.1}^{0}$　$\phi 53_{-0.1}^{0}$　$\phi 50_{-0.1}^{0}$　2　64　22.5$_{-0.1}^{0}$　193	右端外圆及左端顶尖孔	卧式车床 2
6	热处理(退火)	—	—	热处理炉
7	修整顶尖孔	60°　$Ra\,0.8$　2　2	外圆	卧式车床 3

续表

序号	工 序 内 容	工 序 简 图	定位基准	机床设备
8	精车左端外圆 　精车花键部分：从 $\phi50$ 车至 $\phi47.5^{-0.08}_{-0.25}$，长度至尺寸； 　精车轴颈：从 $\phi43$ 车至 $\phi40^{+0.2}_{+0.1}$，长度至尺寸； 　车退刀槽； 　倒角		右端外圆及左端顶尖孔	卧式车床 4
9	精车右端外圆 　精车圆柱段：从 $\phi53$ 车至 $\phi50^{+0.2}_{+0.1}$，保证 $\phi50$ 长度尺寸； 　精车花键部分：从 $\phi50$ 车至 $\phi47.5^{-0.08}_{-0.25}$，长度至尺寸； 　精车轴颈：从 $\phi28$ 车至 $\phi25^{+0.2}_{+0.1}$，长度至尺寸； 　车退刀槽； 　倒角			
10	铣花键槽 　铣右端花键底径 $\phi41.5^{\ 0}_{-0.1}\times48$； 　铣左端花键底径 $\phi41.5^{\ 0}_{-0.1}\times28$		两端顶尖孔	花键铣床
11	去毛刺	—		
12	中间检查	—		
13	热处理(渗碳淬火)	—	—	热处理炉
14	研磨顶尖	—	—	钻床
15	磨各轴颈外圆 　磨 $\phi25^{\ 0}_{-0.013}$ 轴颈； 　磨 $\phi40^{+0.013}_{+0.002}$ 轴颈； 　磨 $\phi50^{\ 0}_{-0.011}$ 轴颈		两端顶尖孔	外圆磨床

序号	工 序 内 容	工 序 简 图	定位基准	机床设备
16	清洗	—	—	—
17	终检	—	—	—

注:工序简图中"⌄"符号所指为定位基准。

8.6.2　轮类零件

飞轮、齿轮、带轮、套类都属于盘类零件,其加工过程相似,因此,不妨以齿轮为例来分析这类零件的加工工艺。

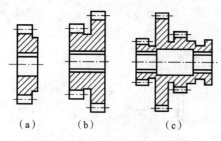

图 8-36　圆柱齿轮的结构形式
(a) 单齿轮;(b) 双联齿轮;(c) 多联齿轮

1. 齿轮零件的结构特点

由于功能不同,齿轮具有各种不同的形状与尺寸,但从工艺的角度,可将其看成由齿圈和轮体两部分构成的。齿圈的结构形状和位置是评价齿轮结构工艺性的一项重要指标。单齿轮(见图 8-36(a))的结构工艺性最好。双联齿轮(见图 8-36(b))和多联齿轮(见图 8-36(c)),由于轮缘间的轴向距离较小,小齿圈不便于刀具或砂轮加工,因此加工方法受限制。

2. 机械加工的一般工艺过程

加工一个精度较高的圆柱齿轮,大致经过如下加工方案:毛坯制造及热处理→齿坯加工→齿形加工→齿端加工→轮齿热处理→定位面精加工→齿形精加工。

1）齿轮的材料及热处理

齿轮的材料及热处理对齿轮的加工性能和使用性能都有很大的影响,选择时要考虑齿轮的工作条件和失效形式。对速度较高的齿轮传动,齿面易点蚀,应选用硬面层较厚的高硬度材料;对有冲击载荷的齿轮传动,轮齿易折断,应选用韧度较高的材料;对低速重载的齿轮传动,齿既易折断又易磨损,应选用强度大、齿面硬度高的材料。当前生产中常用的材料及热处理方法大致如下:

(1) 中碳优质碳素结构钢(如 45 钢)应进行调质或表面淬火。这种钢经正火或调质处理后,金相组织得以改善,材料的可加工性提高。但其淬透性较差,一般只对齿面进行表面淬火。它常用于低速、轻载或中载的普通精度齿轮。

(2) 中碳合金结构钢(如 40Cr)应进行调质或表面淬火。这种钢经热处理后综合力学性能好,热处理变形小,适合制造承受较大载荷和一定冲击的齿轮。

(3) 渗碳钢(如 20Cr、20CrMnTi 等)经渗碳淬火,齿面硬度可达 58～63 HRC,而心部又有较高的韧度,既耐磨又能承受冲击载荷,适合制造表面承受强烈磨损并承受动载荷的齿轮。

(4) 铸铁以及非金属材料(如夹布胶木与尼龙等)的强度低,容易加工,适合制造轻载荷的传动齿轮。

2）毛坯制造

齿轮毛坯的制造形式取决于齿轮的材料、结构形状、尺寸大小、使用条件及生产类型等因素。齿轮毛坯形式有棒料、锻件和铸件。

（1）尺寸较小、结构简单而且对强度要求不高的钢制齿轮可采用轧棒作为毛坯。

（2）强度、耐磨性和耐冲击要求较高的齿轮多采用锻件，生产批量小或尺寸大的齿轮采用自由锻件，批量较大的中小齿轮则采用模锻件。

（3）尺寸较大（直径为 400～600 mm）且结构复杂的齿轮常采用铸造方法制造毛坯，尺寸小而形状复杂的齿轮可以采用精密铸造或压铸方法制造毛坯。

3）齿坯加工

齿形加工前的齿轮加工称为齿坯加工。齿坯的外圆、端面或内孔经常作为齿形加工、测量和装配的基准，所以齿坯的精度对整个齿轮的精度有着重要的影响。齿坯加工的主要内容包括：齿坯的孔加工（对于盘套类齿轮）、端面和顶尖孔加工（对于轴类齿轮）及齿圈外圆和端面的加工。以下主要讨论盘类齿轮的齿坯加工过程。

盘类齿轮的齿坯一般由孔、外圆、端面和越程槽等组成，其技术要求除尺寸精度和表面粗糙度要求外，还有位置精度要求。位置精度一般有外圆对内孔轴线的径向圆跳动（或同轴度）、端面对内孔轴线的端面圆跳动（或垂直度）等。为保证外圆和端面对内孔轴线的圆跳动要求，一般以轴线部位的内孔作为定位精基准，采用心轴装夹方式，车削或磨削外圆及端面；此外，如果零件结构允许，常采用在一次装夹中完成孔、外圆面及端面等的精加工，以保证较高的位置精度要求。

齿坯的加工工艺方案主要取决于齿轮的轮体结构和生产类型。

（1）大批、大量生产加工中等尺寸齿坯时，采用"钻→拉→多刀车"的加工方案，步骤如下：

①以毛坯外圆及端面定位进行钻孔或扩孔；

②以端面支承进行拉孔；

③以内孔定位在多刀半自动车床上粗、精车外圆、端面、车槽及倒角等。

（2）成批生产齿坯时，常采用"车→拉"的加工方案，步骤如下：

①以齿坯外圆或轮毂定位，粗车外圆、端面和内孔；

②以端面支承拉出内孔（或花键孔）；

③以内孔定位精车外圆及端面等。

（3）单件小批生产齿轮时，一般齿坯的孔、端面及外圆的粗、精加工都在通用车床上经两次安装完成，但必须注意将内孔和相关表面的精加工放在一次安装内完成，以保证相互间的位置精度。

4）齿形加工

齿形加工是整个齿轮加工的核心与关键。齿形加工方案的选择，主要取决于齿轮的精度等级、结构形状、生产类型和齿轮的热处理方法及生产厂家的现有条件。对于不同精度的齿轮，常用的齿形加工方案如下：

（1）8 级以下精度的齿轮用滚齿或插齿方法就能满足要求。对于淬硬齿轮可采用"滚（插）齿→齿端加工→淬火→校正内孔"的加工方案，但在淬火前齿形加工精度应提高一级。

（2）6～7 级精度齿轮的齿面若不需淬硬，可采用"滚（插）齿→齿端加工→剃齿"的加工方案。

对于齿面需要淬硬的 6～7 级精度的齿轮，可采用"滚（插）齿→齿端加工→剃齿→表面淬火→校正基准→珩齿"的加工方案。

（3）5 级以上精度的齿轮一般采用"粗滚齿→精滚齿→齿端加工→淬火→校正基准→粗磨齿→精磨齿"的加工方案。

5）齿端加工

齿轮的齿端加工方式有倒圆、倒尖及倒棱等（见图 8-37），经倒圆、倒尖及倒棱加工的齿轮,在沿轴向移动时容易进入啮合。倒棱后齿端去除锐边,防止了在热处理时因应力集中而产生微裂纹。齿端倒圆应用最广,图 8-38 所示为采用指形铣刀倒圆齿端。

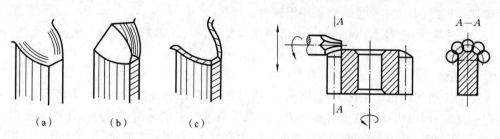

图 8-37　齿端加工后的形状

(a) 倒圆;(b) 倒尖;(c) 倒棱

图 8-38　采用指形铣刀倒圆齿端

齿端加工必须安排在齿形淬火之前,通常在滚(插)齿之后进行。

6)齿轮的热处理

齿轮的热处理可分为齿坯的预备热处理和轮齿的表面淬硬热处理。齿坯的热处理通常为正火和调质,正火一般安排在粗加工之前,调质则安排在齿坯加工之后。为延长齿轮寿命,常常对轮齿进行表面淬硬热处理,根据齿轮材料与技术要求不同,常安排渗碳淬火和表面淬硬热处理。

7)精基准校正

轮齿淬火后其内孔常发生变形,内孔直径可缩小 0.01~0.05 mm,为确保齿形的品质,必须对基准孔加以修整。修整一般采用拉孔和磨孔工艺。

8)齿轮精加工

以磨过(修正后)的内孔定位,在磨齿机上磨齿面或在珩齿机上珩齿。

3. 圆柱齿轮加工工艺过程举例

圆柱齿轮如图 8-39 所示。在单件小批生产的条件下,制定该齿轮的加工工艺过程。

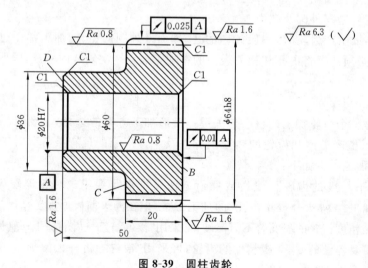

图 8-39　圆柱齿轮

1)技术要求

(1)齿轮外径 ϕ64h8 mm 对孔 ϕ20H7 mm 轴线的径向圆跳动公差为 0.025 mm。

(2)端面对 ϕ20H7 mm 轴线的端面圆跳动公差为 0.01 mm。

(3)齿轮的精度为 7 级,模数 $m=2$,齿数 $z=30$,材料为 HT200。

2）工艺分析

该零件属于单件、小批生产,齿坯的粗、精加工可在通用车床上经两次安装完成。其轮齿加工可采用"滚齿→齿端加工→剃齿"的加工方案。

3）定位基准的选择

由零件的各表面的位置精度要求可知,外圆面 $\phi64h8$ mm 及端面 B 都与孔 $\phi20H7$ mm 轴线有位置精度的要求,要保证它们的位置精度,只要在一次安装内完成外圆面 $\phi64h8$ mm、端面 B 和孔 $\phi20H7$ mm 轴线的精加工,所以要以 $\phi36$ mm 外圆面为定位基准,精车大外圆、端面 B,精镗孔。$\phi36$ mm 外圆面要作为精基准,就要以 $\phi64h8$ mm 外圆面为粗基准来加工 $\phi36$ mm 外圆面,所以加工该零件的粗基准是 $\phi64h8$ mm 外圆面。轮齿的加工以端面 B 及 $\phi64h8$ mm 外圆面为定位基准。

4）工艺过程

在单件、小批生产中,该齿轮的工艺过程可按表 8-6 进行安排。

表 8-6　单件、小批生产时齿轮加工工艺过程

序号	工序	工 序 内 容	加 工 简 图	加工设备
1	铸造	造型、浇注和清理	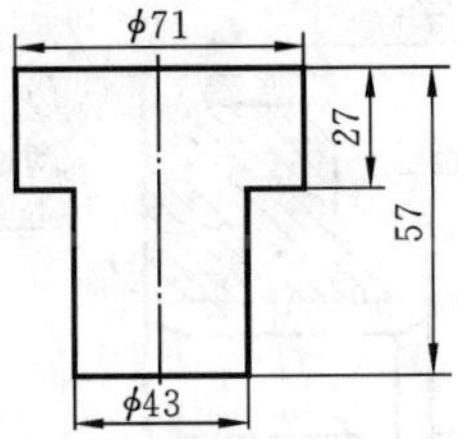	—
2	车	（1）粗车、半精车小头外圆面和端面至 36×30； （2）倒角（小头）； （3）掉头,粗车、半精车大头外圆面和端面至 65×22； （4）钻孔至 $\phi18$； （5）粗镗孔至 $\phi19$； （6）精车大头外圆面和端面,保证尺寸 $\phi64h8$、50 及 20； （7）半精镗孔、精镗孔至 $\phi20H7$	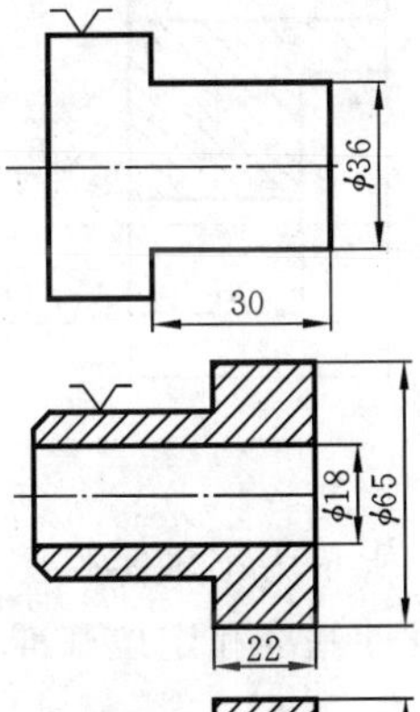	车床

续表

序号	工序	工序内容	加工简图	加工设备
3	滚齿	滚齿余量为 0.03～0.05		滚齿机
4	倒角	倒角	—	—

复习思考题

8.1.1 生产纲领的含义是什么？不同生产类型的工艺过程及生产组织有何特点？

8.3.1 试分析图 8-40 所示齿轮的设计基准及滚切齿形时的定位基准。

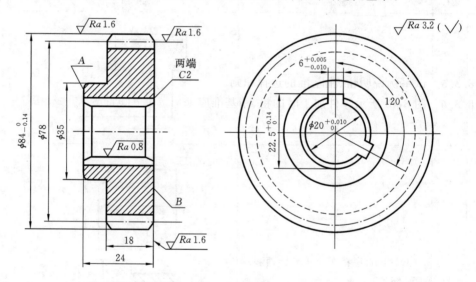

图 8-40　齿轮

8.3.2 图 8-41 所示为小轴零件图及在车床顶尖间加工小端外圆及台肩面 2 的工序图。试分析台肩面 2 的设计基准和定位基准。

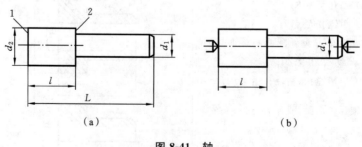

图 8-41　轴

(a) 零件图；(b) 工序图

8.3.3 试分析下列情况的定位基准：

（1）浮动铰刀铰孔；

（2）珩磨连杆大头孔；

（3）浮动镗刀镗孔；

（4）磨削床身导轨面；

（5）无心磨外圆；

（6）拉孔；

（7）超精加工主轴轴颈。

8.3.4　图 8-42 所示零件的 A、B、C 面，$\phi10H7$ mm 及 $\phi30H7$ mm 孔均已加工，试分析加工 $\phi20H7$ mm 孔时选用哪些表面定位最为合理，为什么？

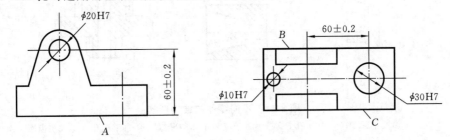

图 8-42　支座

8.3.5　试举例说明粗、精基准的选择原则。

8.3.6　图 8-43 所示零件加工时的粗、精基准应如何选择？试简要说明理由。

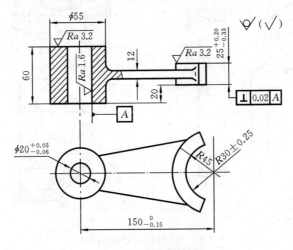

图 8-43　连杆零件图

8.3.7　加工轴类零件时，常以什么作为统一的精基准？为什么？

8.5.1　何谓零件的结构工艺性？它有什么实际意义？

8.5.2　设计零件时，考虑零件结构工艺性的一般原则有哪几项？

8.5.3　增加工艺凸台或辅助安装面，可能会增加加工的工作量，但为什么还要它们？

8.5.4　为什么要尽量减少加工时的安装次数？

8.5.5　为什么零件上的同类结构要素要尽量统一？

8.5.6　分析图 8-44 所示各零件的结构，找出哪些部位的结构工艺性不妥当，为什么？并绘出改进后的图形。

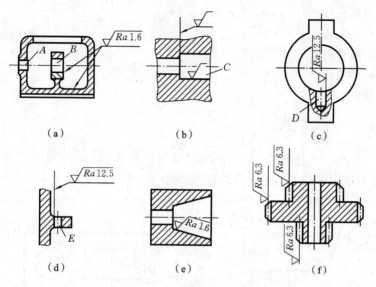

图 8-44　不同零件的结构形状

(a) 加工孔 A、B；(b) 加工孔 C；(c) 加工孔 D；(d) 加工孔 E；(e) 加工锥孔；(f) 加工齿面

8.5.7 试指出图 8-45 所示零件难以加工或无法加工的部位，并提出改进意见。

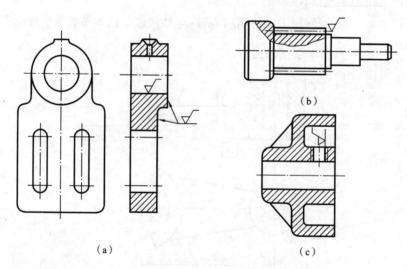

图 8-45　不同零件的结构形状

(a) 轴承座；(b) 半轴齿轮；(c) 端盖

8.6.1 图 8-46 所示为减速箱输出轴的零件图。

该轴以两个 $\phi 35^{+0.025}_{+0.008}$ mm 的轴颈及 $\phi 48$ mm 轴肩确定其在减速箱中的径向和轴向位置，轴颈处安装滚动轴承。径向圆跳动为 0.012 mm，端面圆跳动为 0.02 mm。$\phi 40^{+0.050}_{+0.034}$ mm 是安装齿轮的表面，采用基孔制过盈配合。$\phi 30^{+0.041}_{+0.028}$ mm 轴颈是安装联轴器的。配合面表面粗糙度直接影响配合性质，所以，不同的表面有不同的表面粗糙度要求。一般与滚动轴承相配合的表面要求为 $Ra\ 0.2\sim0.8\ \mu m$，与齿轮孔、联轴器孔配合的表面要求为 $Ra\ 0.8\sim1.6\ \mu m$。调质处理后的硬度不低于 224 HBW。材料可选用 45 钢或球墨铸铁。生产批量为单件、小批。试拟定其机械加工工艺过程。

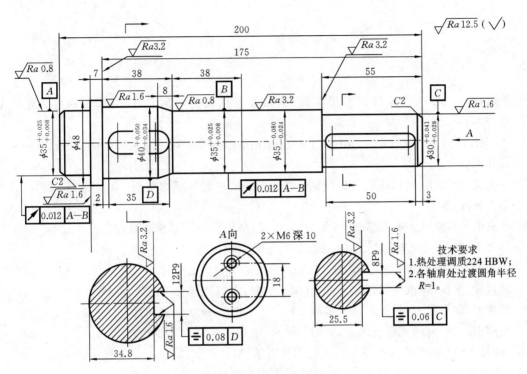

图 8-46 减速箱输出轴

8.6.2 图 8-47 所示为车床主轴箱齿轮,在小批生产条件下:

(1) 试确定毛坯的生产方法及热加工工艺;

(2) 试拟定机械加工工艺过程。

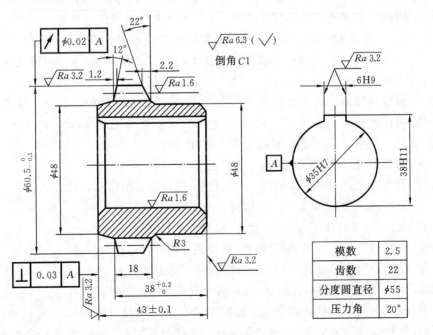

模数	2.5
齿数	22
分度圆直径	φ55
压力角	20°

图 8-47 齿轮

参 考 文 献

[1] 周世权,杨雄.基于项目的工程实践(机械及近机械类)[M].武汉:华中科技大学出版社,2009.

[2] SCHEY J A. Introduction to manufacturing processes [M]. New York: McGraw Hill, 1999.

[3] 沈其文,赵敖生.材料成形与机械制造技术基础——材料成形分册[M].武汉:华中科技大学出版社,2011.

[4] 熊良山.机械制造技术基础[M].3版.武汉:华中科技大学出版社,2019.

[5] 邓文英.金属工艺学[M].5版.北京:高等教育出版社,2008.

[6] 傅水根.机械制造工艺基础[M].3版.北京:清华大学出版社,2010.

[7] 翁世修,吴振华.机械制造技术基础[M].上海:上海交通大学出版社,1999.

[8] 邢建东,陈金德.材料成形技术基础[M].2版.北京:机械工业出版社,2011.

[9] 杜丽娟.工程材料成形技术基础[M].北京:电子工业出版社,2003.

[10] 柳百成.21世纪的材料成形加工技术与科学[M].北京:机械工业出版社,2004.

[11] 李言祥.材料加工原理[M].北京:清华大学出版社,2017.

[12] 黄天佑.材料加工工艺[M].2版.北京:清华大学出版社,2010.

[13] 安萍,殷亚军,沈旭,等.虚实结合,融合创新[C]//第十二届高校机械类课程报告论坛论文集,2017.

[14] 李维.燃气轮机涡轮精铸工艺研究[J].特种铸造及有色合金,2010,30(4):354-356,290.

[15] 吴殿杰.国内汽车发动机缸体铸件铸造技术发展趋势[J].现代铸铁,2012(A02):23-30.

[16] 吴敏,李俊涛,邵京城,等.汽车发动机铸铁缸体铸造现状[J].铸造,2011,60(2):37-41.

[17] 段国庆,冯涛,孙建民,等.激光增材制造技术在铸造中的应用[J].铸造技术,2019,40(7):662-670.

[18] 张俊.金属模具的无模化铸型快速制造技术[J].科技与创新,2015,13:127-129.

[19] 姚智慧.现代机械制造技术[M].哈尔滨:哈尔滨工业大学出版社,2000.

[20] 吕炎.锻造工艺学[M].北京:机械工业出版社,1995.

[21] 夏巨谌,张起勋.材料成形工艺[M].北京:机械工业出版社,2009.

[22] 李尚健.锻造工艺及模具设计资料[M].北京:机械工业出版社,1991.

[23] 林法禹.特种锻压工艺[M].北京:机械工业出版社,1991.

[24] 肖景容,姜奎华.冲压工艺学[M].北京:机械工业出版社,2012.

[25] 王同海.管材塑性加工技术[M].北京:机械工业出版社,1998.

[26] 范春华.快速成形技术及其应用[M].北京:电子工业出版社,2009.

[27] 张彦华.焊接结构原理[M].北京:北京航空航天大学出版社,2011.

[28] 赵兴科.现代焊接与连接技术[M].北京:冶金工业出版社,2016.

[29] 严绍华.材料成形工艺基础(金属工艺学热加工部分)[M].北京:清华大学出版社,2001.

[30] 张云鹏.材料成形技术[M].北京:冶金工业出版社,2016.

[31] 陶冶.材料成形技术基础[M].北京:机械工业出版社,2002.

[32] 胡亚民.材料成形技术基础[M].重庆:重庆大学出版社,2000.

[33] 童幸生,徐翔,胡建华.材料成形及机械制造工艺基础[M].武汉:华中科技大学出版社,2002.

[34] 王爱珍.机械工程材料成形技术[M].北京:北京航空航天大学出版社,2005.

[35] 詹武.工程材料[M].北京:机械工业出版社,1997.

[36] BENJAMIN W N. Modern manufacturing process engineering[M]. New York:McGraw Hill,1989.

[37] 韩荣第.金属切削原理与刀具[M].3版.哈尔滨:哈尔滨工业大学出版社,2007.

[38] 陆建中,孙家宁.金属切削原理与刀具[M].5版.北京:机械工业出版社,2011.

[39] 王晓霞.金属切削原理与刀具[M].北京:航空工业出版社,2000.

[40] 陶乾.金属切削原理(修订本)[M].北京:中国工业出版社,1962.

[41] 陈日曜.金属切削原理[M].2版.北京:机械工业出版社,1992.

[42] KALPAKJIAN S, SCHMID S R. Manufacturing engineering and technology[M]. 7th edition. New Jersey:Pearson Education Inc. , 2014.

[43] 严岢年.现代工业训练教程(特种加工)[M].南京:东南大学出版社,2001.

[44] 王贵成.精密与特种加工[M].北京:机械工业出版社,2013.

[45] 刘晋春,白基成.特种加工[M].5版.北京:机械工业出版社,2008.

[46] 吴林,陈善本.智能化焊接技术[M].北京:国防工业出版社,2000.

[47] 姜焕中.电弧焊及电渣焊[M].2版.北京:机械工业出版社,1992.

[48] 陈彬.特种焊接工基本技术[M].上海:金盾出版社,2003.

[49] 朱正行,严向明,王敏.电阻焊技术[M].北京:机械工业出版社,2000.

[50] 中国机械工程学会焊接学会.电阻焊理论与实践[M].北京:机械工业出版社,1994.

[51] 张万昌.机械制造技术基础[M].2版.北京:高等教育出版社,2007.

[52] 许音.机械制造基础[M].北京:机械工业出版社,2000.

[53] 赵敖生,沈其文.材料成形与机械制造技术基础——机械制造分册[M].武汉:华中科技大学出版社,2015.

[54] 张彦.微小孔电火花-电解复合加工基础研究[D].南京:南京航空航天大学,2016.

[55] XU B, WU X, LEI J, et al. Laminated fabrication of 3D queue micro-electrode and its application in micro-EDM[J]. The International Journal of Advanced Manufacturing Technology,2015,80(9-12):1701-1711.

[56] WANG Y K, ZENG Z Q, WANG Z L, et al. Design and fabrication of an aerodynamic micro-air journal bearing using micro-wire electrical discharge machining[J]. Key Engineering Materials,2013,562-565:8-12.

[57] 郭程.复杂回转结构的微细电火花线切割加工技术研究[D].哈尔滨:哈尔滨工业大学,2014.

[58] 欧欧才,吴飞鸥,闵正清,等.浅谈开展砂型铸造铸件最小壁厚问题的研究[C]//第十三届全国铸造年会暨2016中国铸造活动周论文集,2016.

二维码资源使用说明

　　本书配套数字资源以二维码的形式在书中呈现，读者第一次利用智能手机在微信端扫码成功后提示微信登录，授权后进入注册页面，填写注册信息。按照提示输入手机号后点击获取手机验证码，稍等片刻收到 4 位数的验证码短信，在提示位置输入验证码成功后，重复输入两遍设置密码，点击"立即注册"，注册成功（若手机已经注册，则在"注册"页面底部选择"已有账号？绑定账号"，进入"账号绑定"页面，直接输入手机号和密码，提示登录成功）。接着提示输入学习码，需刮开教材封底防伪涂层，输入 13 位学习码（正版图书拥有的一次性使用学习码），输入正确后提示绑定成功，即可查看二维码数字资源。手机第一次登录查看资源成功，以后便可直接在微信端扫码登录，重复查看本书所有的数字资源。

　　友好提示：如果读者忘记登录密码，请在 PC 端输入以下链接 http://jixie.hustp.com/index.php? m＝Login，先输入自己的手机号，再单击"忘记密码"，通过短信验证码重新设置密码即可。